U0266742

新生物学丛书

护航生物经济
Safeguarding the Bioeconomy

美国国家科学院
美国国家工程院　编
美国国家医学院

郑　涛　林梦宣　叶玲玲　译

沈倍奋　审

科学出版社

北　京

图字：01-2021-7615号

内 容 简 介

　　美国国家科学院、工程院和医学院受美国国家情报总监办公室委托组建特设专家委员会对美国生物经济发展状况进行全面系统评估。为加速美国生物经济发展并保持其世界领先地位，特设专家委员会着重围绕评估范围、测评方法、潜在风险与政策缺陷、发展战略规划与措施建议等方面形成了咨询评估报告。本报告定义了生物经济的概念与范围，创建了测量框架与评估方法，论证了发展方向与趋势，分析了美国的优势与风险，提出了战略规划以及参与国际合作的机制。

　　本报告可作为高等学校生物学、医学、经济学、安全学、管理学、军事学、法学、教育学及农林等专业的高年级本科生和研究生的学习用书，也可作为各级党政管理干部的培训材料，亦可作为国家安全学研究及规划部门人员的参考资料。

This is a translation of *Safeguarding the Bioeconomy*, National Academies of Sciences, Engineering, and Medicine; Division on Earth and Life Studies; Policy and Global Affairs; Health and Medicine Division; Division on Engineering and Physical Sciences; Board on Life Sciences; Board on Agriculture and Natural Resources; Board on Science, Technology, and Economic Policy; Board on Health Sciences Policy; Forum on Cyber Resilience; Committee on Safeguarding the Bioeconomy: Finding Strategies for Understanding, Evaluating, and Protecting the Bioeconomy While Sustaining Innovation and Growth © 2020 National Academy of Sciences. First published in English by National Academies Press. All rights reserved.

图书在版编目 (CIP) 数据

　　护航生物经济/美国国家科学院，美国国家工程院，美国国家医学院编；郑涛，林梦宣，叶玲玲译. —北京：科学出版社，2022.6

　　（新生物学丛书）

　　书名原文: Safeguarding the Bioeconomy

　　ISBN 978-7-03-072430-4

　　Ⅰ. ①护⋯ Ⅱ. ①美⋯ ②美⋯ ③美⋯ ④郑⋯ ⑤林⋯ ⑥叶⋯
Ⅲ. ①生物工程–工程经济学 Ⅳ. ①Q81-05

　　中国版本图书馆 CIP 数据核字(2022)第 093847 号

责任编辑：罗　静　刘　晶 / 责任校对：王晓茜
责任印制：吴兆东 / 封面设计：刘新新

科 学 出 版 社 出版

北京东黄城根北街 16 号
邮政编码：100717
http://www.sciencep.com

北京中科印刷有限公司印刷
科学出版社发行　各地新华书店经销

*

2022 年 6 月第　一　版　　开本：B5 (720×1000)
2024 年 4 月第二次印刷　　印张：19 3/4
字数：398 000

定价：218.00 元
(如有印装质量问题，我社负责调换)

"新生物学丛书"专家委员会

主　　任　蒲慕明

副 主 任　吴家睿

专家委员会成员

昌增益	陈洛南	陈晔光	邓兴旺
高　福	韩忠朝	贺福初	黄大昉
蒋华良	金　力	康　乐	李家洋
林其谁	马克平	孟安明	裴　钢
饶　毅	饶子和	施一公	舒红兵
王　琛	王梅祥	王小宁	吴仲义
徐安龙	许智宏	薛红卫	詹启敏
张先恩	赵国屏	赵立平	钟　扬
周　琪	周忠和	朱　祯	

《护航生物经济》参与委员会

"护航生物经济:
在保持创新和增长的同时寻求达成理解、
评估和保护生物经济的战略"委员会

生命科学委员会

农业和自然资源委员会

地球和生命研究部

科学、技术和经济政策委员会

政策和全球事务部

健康科学政策委员会

健康和医学部

网络弹性论坛

工程和物理科学部

美国国家科学院·美国国家工程院·美国国家医学院

美国国家科学院是 1863 年根据林肯总统签署的《国会法案》成立的，它是一个私营的非政府机构，在与科学和技术有关的问题上为国家提供建议。其成员一般为由业界同行推选出的在科学研究上有突出贡献的学者。马西娅·麦克纳特（Marcia McNutt）博士是现任美国科学院院长。

美国国家工程院是根据美国国家科学院章程于 1964 年成立的，其宗旨是将工程实践纳入国家决策之中。成员一般为由业界同行推出的有突出贡献的学者。约翰·L. 安德森（John L. Anderson）博士是现任美国工程院院长。

美国国家医学院（前身为医学研究所）是根据美国国家科学院章程于 1970 年成立的，其职责是就医疗和健康问题向国家提供咨询。成员一般为由业界同行推出的对医学和健康领域有杰出贡献的学者。维克多·J. 佐（Victor J. Dzau）博士是现任美国国家医学院院长。

美国国家科学院、工程院和医学院（NASEM）为国家提供独立、客观的分析和建议，并开展解决复杂问题和为公共政策决策提供信息的其他活动。NASEM 还鼓励教育和研究，表彰对其做出杰出贡献的人，并增进公众对科学、工程和医学问题的理解。

有关美国国家科学院、工程院和医学院的更多信息，请访问 www.national-academies.org。

由美国国家科学院、工程院和医学院发表的咨询研究报告，记录了专家撰写委员会对研究任务陈述的循证共识。报告通常包括基于委员会收集的信息和委员会审议的结果、结论和建议。每份报告都经过了严格独立的同行评议程序，其代表了 NASEM 在任务陈述上的立场。

由美国国家科学院、工程院和医学院出版的论文集，记录了 NASEM 召开的研讨会、专题讨论会或其他活动中的报告和讨论。会议记录中包含的陈述和意见是参与者的个人陈述和意见，不代表受到其他参与者、计划委员会或 NASEM 的认可。

有关 NASEM 其他内容和活动的信息，请访问 www.nationalacademies.org/about/whatwedo。

"护航生物经济:
在保持创新和增长的同时寻求达成理解、
评估和保护生物经济的战略" 委员会

托马斯·M. 小康奈利 (Thomas M. Connelly, Jr.), 美国化学学会主席, 华盛顿特区

史蒂文·M. 贝洛文 (Steven M. Bellovin), 哥伦比亚大学, 纽约

帕特里克·M. 博伊尔 (Patrick M. Boyle), 马萨诸塞州波士顿, 银杏生物工程公司

凯瑟琳·查莱特 (Katherine Charlet), 卡内基国际和平基金会, 华盛顿特区

卡罗尔·科拉多 (Carol Corrado), 世界大型企业联合会, 纽约

J. 布拉德利·迪克森 (J. Bradley Dickerson), 新墨西哥州, 桑迪亚国家实验室

黛安·迪尤利斯 (Diane DiEuliis), 华盛顿特区, 美国国防大学

杰拉尔德·爱泼斯坦 (Gerald Epstein), 华盛顿特区, 美国国防大学

史蒂文·L. 埃文斯 (Steven L. Evans), 印第安纳州印第安纳波利斯, 陶氏农业科学公司 (退休)

乔治·B. 弗里斯沃尔德 (George B. Frisvold), 图森, 亚利桑那大学

杰弗里·L. 弗曼 (Jeffrey L. Furman), 马萨诸塞州波士顿, 波士顿大学

琳达·卡尔 (Linda Kahl), 加州胡桃溪, SciScript 通讯公司

艾萨克·S. 科纳 (Isaac S. Kohane), 马萨诸塞州波士顿, 哈佛医学院

凯尔文·H. 李 (Kelvin H. Lee), 纽瓦克, 特拉华大学

玛丽·E. 麦克森 (Mary E. Maxon), 加利福尼亚州伯克利, 劳伦斯伯克利国家实验室

莫琳·麦肯 (Maureen McCann), 印第安纳州西拉斐特, 普渡大学

皮尔斯·D. 米利特 (Piers D. Millett), iGEM, 马萨诸塞州波士顿

工作人员

安德里亚·霍奇森（Andrea Hodgson），生命科学委员会研究主任

弗朗西斯·夏普尔斯（Frances Sharples），生命科学委员会主任

凯瑟琳·鲍曼（Katherine Bowman），生命科学委员会高级项目官员

史蒂文·M. 莫斯（Steven M. Moss），生命科学委员会副项目官员

科萨纳·杨（Kossana Young），生命科学委员会高级项目助理

卡拉·兰尼（Kara Laney），农业和自然资源委员会高级项目官员

盖尔·科恩（Gail Cohen），科学、技术和经济政策委员会主任

史蒂文·肯德尔（Steven Kendall），科学、技术和经济政策委员会项目
　官员

斯科特·沃莱克（Scott Wollek），健康科学政策委员会高级项目官员

勒奈特·米利特（Lynette Millett），网络弹性论坛主任

科 学 顾 问

罗娜·布里埃（Rona Briere），编辑

艾莉莎·迪凯特（Alisa Decatur），编辑助理

"新生物学丛书"丛书序

当前，一场新的生物学革命正在展开。为此，美国国家科学院研究理事会于2009年发布了一份战略研究报告，提出"新生物学"（New Biology）时代即将来临。这个"新生物学"，一方面是生物学内部各种分支学科的重组与融合，另一方面是化学、物理、信息科学、材料科学等众多非生命学科与生物学的紧密交叉与整合。在这样一个全球生命科学发展变革的时代，我国的生命科学研究也正在高速发展，并进入了一个充满机遇和挑战的黄金期。在这个时期，将会产生许多具有影响力、推动力的科研成果。因此，有必要通过系统性集成出版相关主题的国内外优秀图书，为后人留下一笔宝贵的"新生物学"时代精神财富。

科学出版社联合国内一批有志于推进生命科学发展的专家与学者，联合打造了一个21世纪中国生命科学的传播平台——"新生物学丛书"。希望通过这套丛书的出版，记录生命科学的进步，传递对生物技术发展的梦想。"新生物学丛书"下设三个子系列：科学风向标，着重收集科学发展战略和态势分析报告，为科学管理者和科研人员展示科学的最新动向；科学百家园，重点收录国内外专家与学者的科研专著，为专业工作者提供新思想和新方法；科学新视窗，主要发表高级科普著作，为不同领域的研究人员和科学爱好者普及生命科学的前沿知识。

如果说科学出版社是一个"支点"，这套丛书就像一根"杠杆"，那么读者就能够借助这根"杠杆"成为撬动"地球"的人。编委会相信，不同类型的读者都能够从这套丛书中得到新的知识信息，获得思考与启迪。

"新生物学丛书"专家委员会

主　任：蒲慕明

副主任：吴家睿

2012年3月

译 者 序

生物经济是人类社会发展中一个古老的经济领域，更是一个新兴的强劲发展领域，时代不同，其内涵也不同。即使已经成为当今全球"热词"，关于生物经济的定义、范围、特征、影响与测量等也是莫衷一是，尚无定论。这可能正是其魅力所在——内涵和边界处于快速发展之中，但这并不影响它日益凸显的重要性。随着生物数据时代的来临及基因编辑、合成生物学等新兴颠覆性技术的发展，生物经济已经开始对 21 世纪全球格局演变带来深远影响，甚至成为大国竞争的重要战场。生物经济竞争发展不仅生动体现在经济与市场领域，而且深刻隐含在科技、健康、安全、法规、伦理、先进制造、人居环境以及国际合作等诸多领域。

2012 年美国政府发布《国家生物经济蓝图》，为使生物经济在未来几年甚至几十年内实现充满活力的发展并带来重大经济和社会效益，确定了美国生物经济的五个战略目标，即增加奠定生物经济基础的研发投资，推动发明从研究实验室到市场的转变，减少障碍并提高监管流程的速度和可预测性，加强人员培训以满足国家劳动力需求，支持发展公私合作伙伴关系和激励竞争前合作。为适应"美国优先"的政策需要，评估美国生物经济发展态势与《国家生物经济蓝图》实施效果，总结经验、不足与教训，加速美国生物经济发展并维护美国的全球领先地位，并为美国政府提供措施建议，受美国国家情报总监办公室委托，美国国家科学院、工程院和医学院于 2018 年召集专家委员会开展咨询，评估美国生物经济的范围，确定评估其经济价值的方法，识别潜在经济和国家安全风险及相关的政策缺口，提出促进发展与保证安全并重的政策措施，建立追踪未来进步和发展的机制，研究在保持创新和增长的同时了解、评估和保护美国生物经济的战略。

由美国最高层的安全情报机构委托美国最高层的科技咨询机构专门开展一个新兴科技经济领域的研究评估，不仅反映了美国政府对生物经济领域发展的特别重视，更反映了美国强力发展生物经济以维护其全球领先地位的迫切性，同时也反映了加速生物经济发展的复杂性和艰巨性。由于这项咨询项目的任务广泛性和目标特殊性，委员会于 2018 年 12 月成立，由 17 名成员组成，均具有广泛的专业知识，包括生命科学、工程、计算机科学、经济学、法律、战略规划和国家安全。委员会成员具有在学术界、联邦机构、国家实验室、非政府组织和工业界（大型和创业型公司）的工作经验，并曾在包括人类健康、制药、农业和工业生物科学的许多生物经济领域工作。鉴于 21 世纪全球经济、科技、安全等综合竞争背景下生物经济创新发展的加速性和重要性，为保持美国世界领先甚至主导地位，委员会着重围绕评估范围、测评方法、风险分析、技术预见以及发展战略、应对机制等方面，形成了包括定义和测量美国生物经济、理解美国生物经济的生态系统和识别美国生物经济的新趋势、了解与美国生物经济有关的风险以及护航美国生物经济的战略等四个部分内容的咨询评估报告。高质量专家团队的组建和清晰的研究目标、任务分解、难点确定以及研究步骤计划，支撑并保证了历时两年完成的《护航生物经济》咨询报告的开创性、知识性和参考性。

2022 年 5 月国家发展改革委印发了《"十四五"生物经济发展规划》（以下简称《规划》），这是我国经济社会发展领域的一件大事，也是一件新事物。该《规划》内容丰富、目标宏伟、意义重大。制定好规划很难，落实好规划更难，确保按照科学路径顺利实施规划并实现目标必然需要克服很多挑战，其中许多科技问题、管理问题、前瞻问题以及内在规律和范式等可能值得并需要深入思考和专门研究。因此，《护航生物经济》的翻译出版恰逢其时，可资感兴趣的同志参考借鉴。

在翻译过程中，我们努力忠实原文。需要提醒的是，由于美国特殊的政治生态，文中部分案例与阐述带有偏见甚至谬误，读者应予正确辨析。文中个别语句稍作删减，但不影响阅读主体内容。由于译者水平有限，译文中可能有纰漏或不当之处，敬请读者批评指正。

在本书一年半的翻译过程中，得到了沈倍奋院士的孜孜指导、审改和积极鼓励，她深谙国家发展建设所需，多次过问进度，她的严谨和强烈责任感深深激励着我们。本书还得到了张士涛院长和焦剑副院长的大力支持，陈惠鹏、高玉伟、生甡、冯华等专家的鼎力相助，以及祖正虎、许晴、陈晶宁、张斌、张文斗、程瑾、王辉、崔金平、王友亮、杨志新、李北平等同志提供的大量帮助，在此一并表示诚挚的感谢。本书的翻译出版得到了科技部国家重点研发计划重点专项2017YFC1200300 和中国工程院咨询课题 2017-XY-31 的支持。

译者

2022 年 5 月 18 日

前　言

　　美国生物经济包括令人振奋的科学技术驱动的经济活动，这些经济活动在许多前沿领域不断扩大和发展。美国人的日常生活从美国的生物经济中受益，包括他们吃的食物、他们得到的健康福利、他们生活的环境质量，以及他们所消耗的燃料、材料和产品，并且生物经济将在所有这些领域，甚至可能在其他一些领域做出更大的贡献。美国的科学和技术是所有上述福祉的来源。在公共和私人投资的推动下，美国在生物经济领域保持了显著的技术领先地位，而且已经持续了很长一段时间。

　　与此同时，生物经济所包含的强大技术也可能导致国家安全和经济出现脆弱性问题。例如，生物技术可能被滥用来制造致命的病原体，这些病原体可以危害我们的食物供应（农作物和动物），甚至是人类自身。工程生物学可以用来消灭入侵物种，但这样的行为可能会产生意想不到的环境后果。基因组技术可以用来设计为个体定制的疾病治疗方法，但同样的技术也可以用来识别一个种群或亚种群的基因弱点。庞大的基因数据库可以用于揭示人们的祖先，处理犯罪问题，但这些数据也可能被滥用。虽然基因等大型数据集对医学进步做出了贡献，但它们也展现出潜在的安全和隐私问题。

　　此外，在过去十年中，全球生物经济的竞争日趋激烈。虽然经济竞争一直是全球商业的一部分，但全球生物竞争在某些方面已经超越了国家之间一般的经济竞争。在某些情况下，美国的知识产权和专有技术遭到了公然的剽窃。例如，其他国家个人和组织的跨境网络入侵导致美国机构专有信息和数据的泄露。此外，更为难以察觉的竞争力丧失也可能发生。一些国家的政策导致信息共享不对称，美国研究人员经常被拒绝获取和使用这些信息。虽然采取类似政策进行报复是一种应对方式，但这种方式与催生全球生物经济和更广泛科学事业的体系背道而驰，全世界都从建立在世界各地科学家合作努力基础上的科学信息交流中受益。

　　本报告是应美国国家情报总监办公室的要求撰写的，正是上述这些安全和经济问题为本报告所载的研究提供了动力。为了开展这项研究，美国科学院、工程院和医学院召集了“护航生物经济：在保持创新和增长的同时寻求达成理解、评估和保护生物经济的战略”委员会。本委员会于 2018 年 12 月成立，由 17 名成员组成，负责研究在保持创新和增长的同时理解、评估和保护生物经济的战略。鉴于这项任务的广度，委员会成员均具有广泛的专业知识，包括生命科学、工程、计算机科学、经济学、法律、战略规划和国家安全。委员会成员目前或过去具有在学术界、联邦机构、国家实验室、非政府组织和工业界（大型和创业型公司）的工作经验，并曾在包括人类健康、制药、农业和工业生物科学的许多生物经济领域工作。

本委员会在 2019 年 1～6 月期间举行了四次现场会议，其中三次会议是公开研讨会。另外还举行了三次邀请公众参加的网络研讨会。在这些会议和网络研讨会上，委员会听取了总共 36 位发言者（见附录 B）关于美国生物经济的各个方面的发言。此外，委员会成员还私下举行了多次电话会议，既有全体会议，也有小组会议。

本委员会的工作得到了 NASEM 工作人员的重要支持。考虑到我们任务的广度，生命科学委员会，农业和自然资源委员会，科学、技术和经济政策委员会，健康科学政策委员会，以及网络弹性论坛的工作人员做出了重大贡献。这项研究的完成离不开他们的辛苦努力。委员会特别要感谢研究主任安德里亚·霍奇森（Andrea Hodgson）的指导和领导。

委员会的任务范围很广，令人生畏。如上所述，它负责制定理解和评估美国生物经济的策略，并提出在保持创新和增长的同时保护生物经济的战略建议。我们工作的核心是保有对立的概念，即保卫和发展、安全和开放。当思想、信息、产品、服务和数据自由交换时，科学和创新就会蓬勃发展。美国有着开放和欢迎的文化。作为一个国家，它出于意愿和倾向而开放，并从这种开放中受益匪浅。在委员会审议的所有方面，其努力就各项建议达成共识时，首要考虑的是在保证开放收益的同时解决安全问题。委员会认识到，国际合作对美国生物经济的持续成功至关重要。

虽然做出选择并不总是容易的，但还是可以谨慎地做出决定。委员会相信美国有能力保护生物经济并促进其增长。我们认为，本报告提出的建议可以作为充分实现美国生物经济前景和潜力的重要参考。

托马斯·M. 康纳利主席
"护航生物经济：
在保持创新和增长的同时
寻求达成理解、评估和保护生物经济的战略"委员会

致　　谢

作为本研究的一部分，在委员会举办的会议和研讨会上，参与者所进行的讨论极大地充实了这份咨询研究报告的内容（附录 B 中提供了完整的参与者名单）。委员会特别想要感谢那些通过个人讨论、非正式的信息请求或其他方法为信息收集工作做出贡献的人：马萨诸塞大学阿默斯特分校的劳拉·哈斯（Laura Haas）、美国互联网安全中心的托尼·萨格（Tony Sanger）、康奈尔大学的弗雷德·施耐德（Fred Schneider）。

这份咨询研究报告草稿经过了具有不同观点和技术专长的人员的审阅。独立审阅的目的是提供坦诚的和批判性的意见，以帮助美国国家科学院、工程院和医学院使每份发布的报告尽可能合理，并确保其在质量、客观性、证据充分性，以及费用支出方面符合机构的制度标准。为了保证审议程序的诚信性，审阅意见和草稿是保密的。

委员会感谢下列人士对本报告的审议：

帕特里夏·布伦南（Patricia Brennan），美国国家医学图书馆

约翰·坎伯斯（John Cumbers），SynBioBeta

德鲁·恩迪（Drew Endy），斯坦福大学

理查德·B. 弗里曼（Richard B. Freeman），哈佛大学

米歇尔·加芬克尔（Michelle Garfinkel），欧洲分子生物学组织

瓦尔·吉丁斯（Val Giddings），信息技术和创新基金会

安迪·海因斯（Andy Hines），休斯顿大学

约瑟夫·卡纳布罗基（Joseph Kanabrocki），芝加哥大学

史蒂文·B. 利普纳（Steven B. Lipner），卓越代码软件保障论坛

本·彼得罗（Ben Petro），美国国防部

吉恩·罗宾逊（Gene Robinson），伊利诺伊大学厄巴纳-香槟分校

霍华德·B. 罗森（Howard B. Rosen），独立顾问

菲利普·P. 沙皮拉（Philip P. Shapira），曼彻斯特大学

达琳·所罗门（Darlene Solomon），安捷伦公司

塞缪尔·S. 维斯纳（Samuel S. Visner），MITRE 公司

大卫·齐伯曼（David Zilberman），加利福尼亚大学伯克利分校

虽然上面列出的审稿人提供了许多建设性的意见和建议，但他们并没有被要求认可本报告的结论或建议，也没有在报告发布前看到最终稿。这份报告由普渡大学的迈克尔·R. 拉脱维亚（Michael R. Ladisch）和麻省理工学院的彼得·卡尔（Peter Carr）负责审阅。他们负责确保按照美国 NASEM 的标准对这份报告进行独立审查，并确保认真考虑所有审查意见。最终内容的责任完全由参与委员会和 NASEM 承担。

目　　录

第1部分　定义和测量美国生物经济

第 3 部分　了解与美国生物经济有关的风险

第 4 部分 护航美国生物经济的战略

摘　要①

在过去的 50 年里，工程原理与计算机和信息科学进步的结合已经改变了生命科学和生物技术。正是读取遗传密码、编辑生物体基因组以及利用全合成基因组创造生物体等这些能力的突破改变了研究方式和可以创造的产品类型。从概念上讲，生物经济是与生命科学研究体系有关的经济活动。生物经济产品的示例包括：通过生物合成而不仅仅是化学合成途径合成的化学品（如 1,3-丙二醇）；作为环境生物传感器的微生物；由生物合成蜘蛛丝制成的织物；由酵母或细菌制成的新型食品及其添加剂。美国的生物经济为开发新产品、实现诸如低碳消费和改善医疗保健解决方案等收益提供了一种手段。生物经济还为科技创新、创造就业和经济增长开辟了新途径。然而，生物经济在带来希望的同时，也带来了一些安全脆弱性和令人担忧的问题。

鉴于生物经济发展的速度和重要性，美国国家情报总监办公室要求美国国家科学院、工程院和医学院召集一个专家委员会评估美国生物经济的范围，并确定如何评估其经济价值。委员会同时还被要求识别生物经济面临的潜在经济和国家安全风险及相关的政策缺口，思考用以保护数据等生物经济产出的网络安全解决方案，并确定用于追踪未来进步和发展的机制（委员会的完整任务陈述见信息栏 S-1）。为响应这一要求，本报告根据委员会的分析对生物经济的价值进行了评估。此外，委员会的任务不单单是对生物经济进行地平线扫描，而是提出并讨论可以用来完成这项任务的方法。

信息栏 S-1　任　务　陈　述

为保护和维持由生命科学的研究与创新驱动的经济活动（统称为生物经济），将召集一个由美国国家科学院、工程院和医学院人员组成的特设委员会来构思相关战略。为了完成这项任务，委员会将概述美国生物经济的概况，以及：

- 概述现有的评估生物经济价值的方法，并确定美国国家评估中未充分体现或遗漏的无形资产，如生成和汇总数据集的价值。
- 提供一个测量无形资产（如数据集）价值的框架。
- 概述通常用于确定在全球经济中的战略领导地位的指标，并确定美国目前保持领导地位且最具竞争力的领域。

---

① 本摘要不包括参考引文，此处信息的参考文献见完整报告。

- 概述潜在的经济和国家安全风险，并确定与收集、汇总、分析和共享生物经济的数据等产出相关的政策缺口。
- 思考生物经济中是否存在需要创新网络安全解决方案的独特特征。此外，确定来自生物经济不同领域（生物医学、农业、能源等）的数据或其他知识产权是否需要不同的保护措施，或者相同的措施是否对所有领域都有效。此外，还要确定基础研究是否需要不同的保障机制，或者对工业和制造业有效的实践对于基础研究是否适用且足够。
- 发展地平线扫描机制的概念，以识别有潜力驱动未来生物经济发展的新技术、市场和数据来源。思考是否需要额外的战略（除了为生物经济现有的组成部分制定的战略）来保护这些新技术和数据，并评估这些战略对创新和生物安全的影响。

委员会将编写一份咨询研究报告，确定保护生物经济的各种策略选项，并对每种选项的利弊进行分析。然后，委员会将推荐一个或多个选项，以解决上述问题，并在保持创新和增长的同时，最有效地保护生物经济的技术、数据及其他知识产权。

S.1 定义美国生物经济

美国生物经济是一个广泛而多样化的体系，跨越许多科学学科和部门，包括范围广泛且动态变化的利益相关者。基础生命科学研究通常始于对院校和联邦研究机构或公司研发部门的科学家的研究工作及进行培训的公共投资。除了这些传统的利益相关者以外，许多大型研究机构还促进了当地创新生态系统的发展，引入了更广泛的利益相关者，包括民间科学实验室、创业孵化园、初创企业、小微企业和大型工业企业的合作伙伴，以及材料、工具和专业知识的供应商网络。计算机与信息科学（包括机器学习）的进步使得以新的方式分析、使用生物数据成为可能，并极大地加速了生物经济的发展。工程原理和方法使自动化、高通量实验成为可能，进一步加速了生物经济的增长。信息栏 S-2 提供了生命科学、生物技术、工程、计算与信息科学如何作为生物经济驱动力的更多细节。目前，对于生物经济还没有统一的定义，导致了对哪些活动属于生物经济范畴的不同解释。一项根本的挑战是，生物经济活动涉及许多部门和科学学科，通常聚焦于一个国家的经济优先事项，并将国民收入核算体系中测量的传统领域的各子集结合起来。因此，为生物经济和生物经济战略定义，以及制定绩效指标的尝试，总是从决定哪些经济活动作为直接的生物经济组成部分开始。

信息栏 S-2　美国生物经济的四个驱动因素

生命科学：这是使人们能够认识世界上所有生命的生物学分支学科，是生物经济的核心，具体包括生物学、生物医学、环境生物学和农业科学。

生物技术：应用于并支持生命科学的技术进步，如高级测序、代谢工程、基因表达的表观遗传调节和基因编辑，都在推动生物经济。它们被用于一系列目的，包括治疗疾病、提高作物产量和创造新产品。

工程学：生物技术的进步需要数百万次的实验才能将一种新产品推向市场。机器人技术、微流体技术、组织工程技术和细胞培养技术都是用于帮助生产生物经济产品的工程技术。此外，工程原理（如设计-构建-测试）在生物学中的应用大大加速了合成生物学领域的发展。

计算与信息科学：计算允许对可预测结果的实验进行数学建模。先进的计算技术(如机器学习)极大地提高了在大型复杂数据集中观察非明显模式和作出"明智猜测"的能力，从而排除不可能的实验，并指出最有希望的线索。

自 2012 年《美国国家生物经济蓝图》首次明确美国生物经济定义以来已取得了重大进展，一个新的、全面的美国生物经济定义将使美国政府能够更好地评估生物经济的现状，并制定支持和维护其持续增长的战略。这样的定义还可以指导所需的指标和数据收集工作，以追踪生物经济增长，开展经济评估，并使政策制定者能够跟上生物经济可能带来的国家或经济安全新挑战的发展步伐。委员会认识到定义需要足够灵活，以便在未来纳入新的发展，因此制定了一个不将生物经济范围限制在特定领域、技术或过程的广泛定义。

建议 1：为界定美国生物经济的范围并为评估生物经济及其资产建立一个统一的框架，美国政府应采用以下对美国生物经济的定义：

美国生物经济是由生命科学和生物技术的研究与创新驱动，并由工程、计算与信息科学的技术进步实现的经济活动。

这一定义包含了与"生命科学和生物技术的研究及创新"相互作用或为"生命科学和生物技术的研究及创新"专门建立的所有产品、过程和服务，旨在灵活预测生命科学和所有生物技术内的新进展及新应用。此外，委员会的定义还参考了其他学科对生命科学的影响。因此，这个定义充分包含了许多不同的学科、工程原理和领域与生命科学的融合。生物经济的跨学科性质是其成功和增长的关键，使其能够扩展到那些传统上被认为独立于生命科学的经济部门。图 S-1 是美国生物经济的概念图。

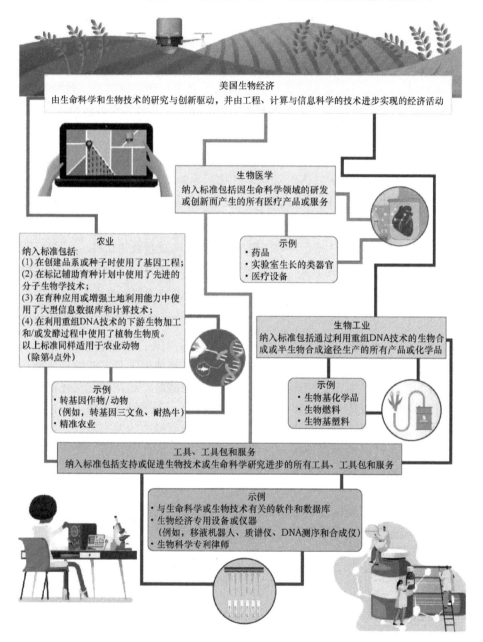

图 S-1　本报告所提出生物经济定义范围内的重点领域示例和解释。委员会将生物经济内的活动分为三个主要领域：农业、生物医学和生物工业。此外，委员会还确定了工具、工具包和服务这一跨领域的类别。

S.2　测量美国生物经济

如果能够充分评估生物经济对更大规模美国经济的贡献，将会提高人们对生物经济的重要性以及监测和保护生物经济的必要性的认识。对生物经济的投入和产出进行全面评估，还有助于未来对基础研究领域投资如何与生产率挂钩进行分析，从而能够更好地追踪公共投资的效果。这种加强的追踪还可以为了解生物经济的增长领域并可能设定的增长目标提供一种方法。因此，更好的生物经济增长指标可以作为该领域健康的指标，允许用于评估政策变化对生物经济（或其子行业）带来的经济潜力的影响，并帮助从安全角度确定值得保护的领域。

根据本委员会的计算和现有数据，2016 年美国生物经济约占美国国内生产总值（GDP）的 5.1%，以美元计算，相当于 9592 亿美元。

然而，在进行这一分析时，委员会发现许多因素使测量生物经济对美国整体经济的贡献十分困难。如上所述，生物经济的定义中所包含的内容差异很大；生物经济与科学和商业化联系在一起，这导致了评估其价值有不同方法；生物经济方面的数据缺陷很大。

用于评估生物经济价值的概念还带来了其他挑战。试图量化生产者和消费者收益的社会福利分析，对于评估像生物经济这样分散的领域来说，是一种特别苛刻的方法。理论上，人们可以将生物经济的价值评估为该领域中所有活跃企业的自有价值或附加价值的总和。然而，这在实践中是困难的，因为在该领域经营的许多公司都是多元化的，这意味着它们的商业活动跨越许多不同的领域，而且很难将这些公司的生物经济部分单独区分开来。

此外，现有的用于测量经济活动的数据收集机制不足以全面监测生物经济。这在一定程度上是由于使用了新的生物基途径来创造以前完全与生物学无关的部门生产的产品。

鉴于这些障碍，委员会决定需要一个有针对性的专门框架来分析生物经济的价值（信息栏 S-3）。生物经济的主要领域（农业、生物工业和生物医学）首先被认为是上述生物经济定义中所包含的主要活动类别。然而，当从基于科学领域的概念图转向包含在生物经济中的活动的经济图时，这种分组将需要改变以适应当前的经济分类系统。因此，委员会需要确定获取经济活动数据的主要领域的子集。以下 6 个部分被视为生物经济的近似值，这是根据现有数据所能确定的最好结果，但要认识到它们并不能完全反映委员会所定义的生物经济：

- 基因工程作物/产品；
- 生物基工业材料（如生物基化学品和塑料、生物燃料、农业原料）；
- 生物药物、生物制剂和其他药品；

- 生物技术消费品（如基因检测服务）；
- 生物技术研发商业服务，包括实验室检测（试剂盒）和购买的设备服务（如测序服务）；
- 生物数据驱动的患者医疗保健解决方案设计，即精准医疗投入（不包括患者护理服务本身和在其他地方计算的药物）。

信息栏 S-3　生物经济的估值框架

1. 为生物经济定义设定边界，以确定感兴趣的主要领域（见第 2 章）。
2. 确定拟纳入的主要领域的子集，包括相关的生物经济专用设备投资（如测序仪）和服务（如生物技术专利和法律服务），以及为该领域使用而生产和/或策划的无形资产（如基因组数据库）。
3. 确定与划定的生物经济领域相对应的相关生产数据。

   a. 表 3-2（见第 3 章）提供了一个基于北美行业分类系统（NAICS）代码的绘图，该代码目前被美国人口普查局用于收集关于生产价值的详细数据。

   　　— 某些生物经济活动本质上比现有的 NAICS 代码更狭窄，测量这些活动需要基于辅助的信息来源（或新的 NAICS 代码）进行估算，或根据机构层面的调查或行政微观数据构建新的聚合。

   　　— 对于每个生物基生产活动，确定当前与潜在（在现有技术下）生物基的份额（例如，确定多大比例的塑料是通过生物基过程生产的）。

   b. 根据国民经济核算中使用的相同方法和数据（"按行业划分的 GDP"），估算每个相关生物经济活动的附加价值。

   c. 确定适当的行业间联系和供应来源（即国内与国外），并根据这些联系估算相关的投入-产出"乘数"。

4. 估算的附加价值之和是生物经济生产对美国经济的直接影响；投入-产出乘数所隐含的额外附加价值估计了生物经济对美国经济的总贡献。

委员会提出以下建议，以帮助扩大和加强数据收集工作，从而促进今后对生物经济的评估。

建议 2：美国商务部和美国国家科学委员会应扩大并加强与委员会定义的美

国生物经济的经济贡献相关的数据收集工作。

建议 2-1：美国商务部和其他参与收集美国经济数据的相关机构及实体应扩大生物经济数据的收集和分析范围。美国商务部应从科学机构的合作伙伴和非政府生物经济利益相关者那里获得输入信息，以补充和指导这些工作。

建议 2-2：应修订现有的北美行业分类系统（NAICS）和北美产品分类系统（NAPCS）代码，以更准确地反映和追踪与生物科学相关的商业活动和投资，并追踪生物经济的各部分（如化学品和材料的生物生产）的增长。此外，美国商务部的技术评估办公室应开展一项研究，旨在对以生物为基础的产品、过程和服务在美国经济中的渗透情况进行更丰富的描述。这样一项研究将大大促进 NAICS 和 NAPCS 代码的修订。此外，美国人口普查局应完善并定期收集生物经济活动的全面统计数据。

建议 2-3：美国商务部经济分析局应领导创建与美国中央国民经济账户相关联的生物经济卫星账户。这些卫星账户应包括作为资产的生物信息数据库，并应随着时间的推移扩大到包括生物经济所带来的环境和健康惠益。

建议 2-4：美国国家科学委员会应指示美国国家科学基金会为《科学与工程指标》报告进行新的数据收集工作和对生物经济创新进行分析，以便更好地描述和反映生物经济的深度与广度，重点是确定能够洞察美国领导力和竞争力的指标。

S.3　护航美国生物经济的战略

美国政府在生命科学、计算与信息科学以及工程领域的强大且持续的投资历史推动了当今生物经济的发展。然而，随着其他国家对其生物经济的投资不断增加，美国目前在这一领域的领导地位将受到挑战。尤其是在生命科学中计算与信息科学的应用方面逐渐落后，可能会破坏美国在日益全球化、数据驱动的生物经济中的领导地位。为保持美国在世界上的领导地位，需要制定战略，既应对美国生物经济面临的外来和内在风险，又确保美国生物经济的发展得到支持和优化。

为回应其任务陈述，委员会确定的美国生物经济面临的外来和内在风险包括：①将会损害生物经济持续增长或阻碍其当前运行所在的创新生态系统的风险；②来自针对知识产权或关键生物经济信息的盗窃、腐败、不对称或获取限制、可能损害美国生物经济的风险，例如，给予另一方竞争优势；③滥用生物经济产出或实体带来的风险。

S3.1　为美国生物经济确定领导者并制定战略

委员会虽然认识到生物经济中的所有利益相关者都可以发挥作用，但还需要有领导者和战略方向。考虑到本报告中所讨论的生物经济的广度横跨许多领域，生命科学研究分布在美国政府的许多机构和部门也就不足为奇了。此外，没有一个机构对生物技术行业或更大的生物经济的活力担负主要责任。这种分散的分布对大规模协调提出了重大挑战，特别是在没有明确的候选机构来担任领导者的情况下。每个机构和部门都有明确的任务和相关的科学领域；因此，没有任何政府机构有权全面监督和评估美国的生物经济，更不用说制定促进和保护生物经济的战略了。这种科学机构的分布式网络除了阻碍协调以外，还对全面测量生物经济构成挑战，也不利于建立一个整体的地平线扫描过程以识别新兴科学技术的发展。鉴于生物经济缺乏一个明显的政府主导机构，委员会得出结论认为，需要建立一种机制，让科学、经济和安全机构能够弥补目前在沟通和协调方面存在的差距。

建议 3：总统执行办公室应建立一个政府层面的战略协调机构，负责保护和实现美国生物经济的潜力。为了取得成功，这个协调机构应由白宫高层领导主持，代表来自科学、经济、监管和安全机构。该机构应负责相关的预见活动，并听取各种外部利益相关者的意见。

  建议 3-1：协调机构应制定、采纳并定期更新一项以维持和发展美国生物经济为目标的生存战略。这一战略的信息来源应包括每个相关科学机构正在进行的、正式的地平线扫描过程，以及产业界、非政府组织和学术界。此外，通过这一战略，协调机构应确定美国政府促进生物经济的手段并提高人们对此的认识，包括政府采购生物基产品等现有手段。

护航美国生物经济并应对所面临挑战的战略要素详述如下。

S3.2 资助和支持生物经济研究体系

美国的生物经济依赖于强大而资金充足的研究体系，它为创新播撒火种，并支持技术熟练且多样化的从业人员队伍。对基础研究支持的不足将削弱美国产生突破性科学成果或实现可直接应用于经济的增量学习的能力。最终，这也将削弱美国培养和招募世界上最优秀的研究人才（包括国内人才）的能力，特别是在与其他在生物经济上投入巨资的国家竞争时。

对科学和工程研究的公共投资在推动美国研究体系发展方面发挥了基础性作用。这些投资建立了大学研究和教育体系，不断培养出比任何其他国家更多的博士毕业生。目前，美国在生物科学公共投资方面仍处于世界领先地位，但对政府资金支持的削弱是一个亟待解决的问题。对过去和当前投资的分析表明，联邦政府在这一领域的投资增速已经停滞，而其他国家却在增加投资。

建议 4：为了保持美国在全球生物经济中的竞争力和领导地位，美国政府应优先投资基础生物科学、工程、计算与信息科学。此外，培养各级人才以支持这些研究领域应成为未来公共投资的高度优先事项。

S3.3　建设并维持技术熟练的从业人员队伍

联邦政府对美国大学和生物经济培训项目投入的资金不足，可能削弱培养和留住技术熟练的从业人员的能力。联邦政府加大对科学（Science）、技术（Technology）、工程（Engineering）和数学（Mathematics）（STEM）教育的支持，并在社区学院与行业之间建立旨在培养技术熟练从业人员的合作关系，可以为美国那些传统就业机会可能发生变化的地区创造就业机会。在农村地区发展生物技术能力以及在这些地区投资培训项目和设施，可以在发展生物经济的同时为这些群体提供新的机会。

除了重视培养国内生物经济从业人员外，美国历史上一直受益于吸引世界各地的学生和科学家进入其大学学习的能力。国际学生在美国高校招生人数中占很大比例，尤其是研究生阶段的 STEM 学科的学生；外国出生的雇员也构成了美国 STEM 从业人员队伍的重要组成部分。这些研究人员为美国目前所依赖的充满活力的研究体系做出了巨大贡献。然而，最近签证政策的变化，以及针对与外国政府、人才项目和资金有潜在联系的研究人员的调查和新政策，也有可能阻碍世界各地有才华的研究人员来到美国，甚至阻碍他们与美国科学家开展合作。

建议 4-1：美国政府应继续支持那些吸引和留住能够为美国生物经济做出贡献的世界各地科学家的政策，应认识到开放的学术交往一直对美国的科技体系非常有益，即使它本质上也为其他国家提供了潜在的益处。旨在减轻美国研究机构的外国研究人员所带来的经济和安全风险的政策，应由美国安全、科学和任务机构密切合作，并通过与一批公认的科学领袖进行持续接触来制定。让这个小组能够充分了解威胁环境将极大地促进这些讨论，因为可能需要访问机密、专有或其他非公开信息。

S3.4　应对知识产权威胁

除了因美国未能采取行动促进和支持其生物经济而造成的损害外，生物经济也很容易受到其他不公平或非法行为的损害，如知识产权窃取。美国生物经济历来受益于参与开放、全球化和协作交流的科学环境，这种环境依赖于个人的学术诚信，以及坚持研究规范和价值观的意愿。一些联邦官员越来越担心美国科学事业的开放会危及其诚信和竞争力。

在保护创新和发展的同时护航美国生物经济，需要更加深入理解基础科学研究的公开行为以及对基础科学研究的参与推动企业家自主创新的机制，包括在美国国内和在科学与经济领域的竞争对手间；反过来，还需要更加深入理解对开放的限制可能如何影响科学研究环境的机制。决策者必须努力实现平衡，以最大限度地提高科学开放的收益，同时保护美国的经济和安全利益免受那些不平等开放国家的侵害。

S3.5 确保价值链安全和审查国外投资

维持美国的生物经济需要确保推动其发展的价值链的安全。随着生物经济不断渗透到新的领域，能够生产以前的非生物基产品的生物路线不断发展，这将不断破坏现有的价值链。然而，生物经济价值链关键部分中断或面临风险，如供应短缺、运输中断或对单一来源的依赖，对国家来说是重要的风险。如果供应来源位于海外，且因此容易受到政治关系变化或其他美国无法控制的因素的影响，那么对单一来源的依赖就尤为重要。对美国生物经济至关重要的生物经济价值链的关键组成部分、关键能力和关键供应来源仍有待确定，确保获取这些资产的机制也有待确定。

在过渡空间里，研究过度专注于大学层面的开发，对于证明商业应用投资的合理性仍然太过冒险，这一过渡空间意味着风险投资帮助初创公司茁壮成长的机会。然而，可能需要对这些早期到中期阶段开发者的风险投资来源进行更多的审查，特别是考虑到其他国家对美国生物经济公司和初创企业的投资越来越多的趋势。存在这样的实例，即非美国国内机构（私人资本支持或政府支持的）对美国生物经济企业（既包括非常成功的大公司，也包括小公司和初创公司）的投资是以获取知识产权为目标的。

美国外国投资委员会（CFIUS）负责审查对美国公司的潜在外国投资和收购。2018 年 8 月，时任美国总统特朗普签署《外国投资风险审查现代化法案》，扩大了 CFIUS 的权限。鉴于生物经济的专业性，委员会认为，CFIUS 可能需要更多的主题专业知识，以充分评估对美国生物经济实体的外国投资的影响。

建议 5：美国政府应从能够访问相关机密信息的政府科学和经济机构中召集代表，以便为安全机构提供主题专业知识，从而：①识别生物经济全球价值链中对美国利益至关重要且必须确保访问的各个方面；②协助美国外国投资委员会评估涉及美国生物经济的外国交易对国家安全的影响。

S3.6 优先考虑网络安全和信息共享

生命科学研究是由大量数据的收集和分析驱动的，这些数据通常是通过使用自动化和联网的仪器产生的。高通量的计算处理、信息交换和存储能力使人们处理这些数据的能力日益增强。不充分的网络安全实践和保护使生物经济面临着与这些庞大的数据存储和联网的自动化仪器相关的重大新风险。

虽然大型公司往往已经意识到传统的网络问题，并拥有提供保护的信息技术基础设施，但较小的公司和学术机构并不总是能够意识到自己也是网络入侵的目标。因此，委员会得出的结论是，所有利益相关者（各种规模的公司、学术机构、政府机构等）都需要采用网络安全方面的最佳实践，以创建一种促进和重视网络安全的组织文化。可以通过许多不同的方式来推动采用这些最佳实践。例如，培训生物经济领域的所有研究人员，以提高对网络安全威胁和漏洞的认识；采用美国国家标准与技术研究所的网络安全框架（该框架适用于各种规模和类型的组织）；对于某些组织来说，需要任命首席信息安全官。

接受联邦资助的研究人员通常被要求在公共数据库中分享他们的数据，从而使这些至关重要的数据库迅速扩大。然而，潜在的冗余、不准确、甚至相互冲突的条目造成了一个严重的问题，该问题随着数据的持续泛滥而日益严重。合并、管理和验证数据库及冗余条目的尝试表明，需要付出相当大的努力，但是这对研究的潜在净效益是巨大的。

生物经济依赖于使用开源软件，这意味着软件及其源代码对任何人都是开放的。然而，软件行业已经认识到，代码开源对保证其质量、鲁棒性和安全性几乎没有任何助益。例如，如果一个恶意行为者故意在源代码中引入一个漏洞，使第三方能够进行未经授权的访问，那么这个开源软件就有可能被滥用。通过为生物经济建立更正式的开源软件库、对代码的任何更改进行测试的机制、代码更改的测试方案以及对有权更改者的限制，这些担忧可能能够得到缓解。可以为改进相关软件制订计划和激励措施。参与信息共享团体还可以推动生物经济利益相关者分享在检测、缓解和防止网络入侵方面的经验，就像他们在许多基础设施领域所做的那样。

以下建议可以帮助改善网络安全和信息共享实践。

建议 6：所有生物经济利益相关者都应采取最佳实践，以保护信息系统（包括存储信息、知识产权、私人专有信息以及公共和私营数据库的信息系统）免受数字入侵、泄露或操纵。

建议 7：为了保护生物信息数据库的价值和用途，美国科学基金机构应对这些数据库的现代化、管理和完整性进行投资。

建议 8：生物经济利益相关者应争取成为一个或多个相关"信息共享和分析中心"或"信息共享和分析组织"的成员，或考虑为生物经济成员创建一个新的、基于行业的信息共享组织。美国国土安全部的网络安全与基础设施安全局应召集生物经济领域的利益相关者参加会议，以提高对网络威胁信息共享模式的认识。与会人员应考虑是否需要一个活跃的存储库来托管和维护与生物经济相关的关键开源软件、算法组件和数据集。

S.4　国际参与的机会

美国生物经济存在于更广泛的全球生物经济背景中。科学是一项全球性的事业，参与一项能够推动并接纳思想和讨论的自由流动、已发表成果的广泛传播以及跨学科和跨国界合作的科学事业，可以获得巨大的价值。所有参与者都可以享受到这样一个系统的好处。此外，未来的挑战将是全球性的，需要协调一致的全球性应对。这将需要同积极发展和投资于本国生物经济的国家进行合作，特别是那些同样致力于开放科学、开放经济发展以及负责任的研究和创新的国家。然而，尽管美国继续参与国际合作并在全球生物经济中发挥积极作用是至关重要的，但在这项全球性的事业中，仍然存在着不平等的贸易实践、样本和数据共享方面缺乏互惠性、甚至阻碍公司将他们的产品推广至非国内市场的监管制度。这些做法以及其他类似的做法有可能破坏合作者之间的互信，从而阻碍研究的进展、创新方法和思想的传播，以及新产品社会和经济效益的实现。

建议 9：美国政府应通过世界贸易组织、经济合作与发展组织等实体，以及其他双边和多边参与，与组成全球生物经济的其他国家共同努力，促进交流与合作。这种国际合作的目标将是：①推动经济增长；②在尊重国际法和国家主权与安全的框架内加强治理机制建设；③创造公平竞争的环境。

1 绪 论

数据科学及应用数学的进步促进了可用于计算生物学的深度学习和机器学习的发展，工程技术的进步使自动化和高通量实验成为可能，这些进步都在加速生命科学领域的发现[1]。这些领域的共同进步和工程原理在生物学上的应用反过来又使创造基于生物过程、材料和信息的新产品成为可能。这些产品以及创造了产品的研究和开发，正在改变许多行业的面貌并刺激经济活动[2]。"生物经济"一词在过去二十年里作为概念化此项经济活动的方式而出现，该术语有不同的属性，其含义也在不断演变。此外，由于这个术语将生物学与经济活动联系在一起，其含义因环境和国家而异，反映了世界各地广泛的自然资源和技术优势。尽管存在差异，但已有超过 40 个国家认识到生物经济在解决某些社会需求方面的潜力，并明确表示了它们通过将这一概念纳入其政策战略来促进本国生物经济的意图（El-Chichakli et al.，2016），目标是利用生物学的力量，开辟创新和产品开发的新途径。

美国在支持和发展充满活力的生命科学研究体系方面有着悠久的历史，该体系正在为许多经济领域的增长做出越来越大的贡献，并为整个国家提供了很多收益，如改善健康和环境以及生产创新的产品等，通常会带来更好的生活质量。目前，美国在许多生物技术[3]领域处于领先地位，并拥有巨大的自然和农业资源、生物衍生原料来源（包括现实的和潜在的），以及技术能力。

美国生物经济的前景带来了增长和繁荣的希望，并通过健康和环境效益改善了生活质量。例如，生物经济为创造化学品、能源和材料提供了潜在的、新的生物基途径，使之能够替代石油原料等传统投入。因此，生物经济也有助于减缓气候变化。然而，这种希望并非没有漏洞和担忧。生物经济的许多方面都严重依赖健康而强大的农业部门作为生物经济产品和服务的消费者和贡献者。此外，随着其他国家加快生物技术投资（使它们能够推进其研究和创新基础），美国在生物技术领域的明显领导地位将受到挑战，这反映了全球经济竞争的一个正常的方面，也使人们认识到，就像全世界从美国的发展中受益一样，美国民众也将从其他国家的生物经济发展中受益。鉴于这些重大利益及其带来的挑战，美国国家情报总

---

[1] 就本报告而言，"生命科学"一词拟包括生物学、生物医学、环境生物学和农业科学。

[2] 免责声明：在报告中提及商业公司或产品的例子仅供说明之用，并不意味着得到委员会、NASEM 或者任何为这项研究提供资金的组织的认可。

[3] 任何利用生物系统、活生物体、生物过程或其衍生物为特定用途制造或修改产品、过程的技术应用。

监办公室（ODNI）要求美国科学院、工程院和医学院（National Academies of Sciences, Engineering, and Medicine，NASEM）召集一个特设委员会来考虑如何保护和维持美国的生物经济。本报告展示了这项研究的结果。

1.1 美国生物经济史

有几次事件促使美国定义并考虑了对其自身生物经济具有结构重要性的领域。大衰退（Great Recession），即 2000 年代末到 2010 年代初全球市场总体经济显著下滑的一段时期，催生了美国为刺激经济复苏的一系列努力。在此期间，2009 年美国国家研究委员会（NRC）发表了《21 世纪的新生物学》（NRC，2009）报告。这份报告描述了生物学日渐增长的力量，并解释了生物技术的进步及其如何与包括计算和工程在内的许多其他学科发生重要的交叉融合，从而满足人类在健康、食品与营养、能量、环境等不同领域的广泛需求（NRC，2009）。尽管这份报告关注的是社会效益，但也指出了研究创新和经济效益之间的深层联系。

2010 年，美国政府首次认识到对国家生物经济进行战略规划的必要性。白宫管理和预算办公室及科学技术政策办公室（OSTP）[①]在 2012 财年预算的科学技术优先事项联合指导备忘录中，指示各机构将努力促进经济可持续增长和创造就业列为优先事项。具体来说，建议各机构在某些领域"支持为 21 世纪生物经济奠定基础的研究"，在这些领域，"生物技术的进步和我们设计生物系统能力的提高有可能解决国家在农业、能源、健康和环境方面的关键需求"。将生物技术明确作为未来美国生物经济的一个关键特征，符合美国公共和私营研究部门在前沿工程生物学和大数据方法方面的优势，而这些方面使美国得以利用生物学研究的潜力来应对国家范围面临的挑战。

除了为联邦研究中驱动美国生物经济的科学和技术优先事项制定专门指南之外，美国政府还在改革专利制度、刺激经济增长、允许企业家创建新公司和创造新的就业机会等方面作出了相当大的努力。由此产生的《2011 年美国发明法案》（P.L. 112-29）解决了生物技术、医疗器械、先进制造业等重点行业的发展障碍。该法案旨在通过提供一种快速的专利申请程序，使申请人能够在 12 个月内获得裁定，从而减少当时的专利积压，重要的是，将美国专利系统从"先发明"系统变为"先申请"系统，由此，使美国专利政策与世界各地的其他专利系统相一致。

2012 年，《美国国家生物经济蓝图》[②]制定了战略目标，包括加强相关研发工作、推进研究发现从实验室到市场、减少监管障碍、发展 21 世纪的生物经济从业

---

① 见 https://www.whitehouse.gov/sites/whitehouse.gov/files/omb/memoranda/2010/ m10-30.pdf。

② 见 https://obamawhitehouse.archives.gov/sites/default/files/microsites/ostp/national_bioeconomy_blueprint_april_2012.pdf。

人员，以及培育关键的公私伙伴关系。报告还强调了将生物技术作为美国生物经济战略的关键驱动力的必要性。自该报告发布以来，一系列重大进展已加速了美国生物经济的增长：

- 美国农业部（USDA）通过"生物优先项目"①、"生物炼制援助项目（更名为"生物炼制、可再生化学品和生物基产品制造援助项目"②）和"生物质作物援助项目"③，加大了生物基产品的采购力度。
- 工程生物学领域取得了重大进展，包括涉及兆核酸酶、锌指、转录激活因子样核酸酶（TALEN）和规律成簇间隔短回文重复序列（CRISPR）的基因编辑方法。
- 2016 年，启动"精准医疗计划"④。其目标是利用生物数据和新的分析工具得出可以应用于了解疾病、开发诊断和治疗方法的推论。
- 2016 年，《十亿吨生物质》（*The Billion Ton Biomass*）报告（美国农业部和美国能源部）提供了证据和数据，说明到 2030 年，10 亿吨可再生生物质可能产生 500 亿加仑（1 加仑≈3.785 L）的生物燃料（即 25%的液体运输燃料），制造 500 亿磅（1 磅≈0.454 kg）的生物基化学品/产品，减少 4.5 亿吨的二氧化碳排放，创造 110 万个直接就业岗位，即 2.5 亿美元留在美国（DOE，2016；Rogers et al.，2017）。
- 2016 年，美国能源部建立了第一家开放的公共生物铸造厂——the Agile BioFoundry⑤，以应对行业确定的竞争前研究挑战。
- 2016 年，美国国家科学基金会启动了"大创意"倡议，其中包括"生命规则项目"⑥。
- 发布《2017 年新版生物技术监管协调框架》，旨在提高透明度，以确保安全、简化的监管流程，并加速生物发明的上市转化（EOP，2017）。
- 2017 年，美国农业部发布了一份跨部门工作组报告，概述了提高生物技术产品的公众认可、对此类产品的联邦监管体系进行现代化和精简化，并加快这些产品的商业化的必要性，所有这些都将通过生物技术改善生物经济（USDA，2017）。
- 2018 年，LanzaTech 公司与太平洋西北国家实验室和维珍大西洋航空公司合作，开发和测试新的生物喷气燃料（Bauer and Burton，2018）。

---

① 见 https://www.biopreferred.gov/BioPreferred/faces/pages/AboutBioPreferred.xhtml。
② 见 https://www.rd.usda.gov/programs-services/biorefinery-renewable-chemical-and-biobased-product-manu-facturing-assistance。
③ 见 https://www.fsa.usda.gov/programs-and-services/energy-programs/BCAP/index。
④ 见 https://obamawhitehouse.archives.gov/precision-medicine。
⑤ 见 https://agilebiofoundry.org/how-we-got-here。
⑥ 见 https://www.nsf.gov/news/special_reports/big_ideas/life.jsp。

- 2019 年，美国能源部和农业部的生物质研究与开发委员会发布了《生物经济倡议：实施框架》（BRDB，2019）。
- 2019 年，工程生物学研究联盟（EBRC）发布了其技术研究路线图《工程生物学：下一代生物经济的研究路线图》[①]，概述了工程生物学的技术主题和应用领域。

除了之前提到的 2009 年美国国家研究委员会（NRC）报告《21 世纪的新生物学》外，NASEM 最近的一些报告也详细阐述了生物技术的具体领域。其中包括：

- 《生物产业化：加快化学品先进制造的路线图》（NRC，2015）也具体谈到了通过微生物生物技术生产化学品和燃料。它为扩大工程生物学在化学品生产中的应用提供了路线图。
- 《转基因作物：经验与前景》（NASEM，2016）展示了转基因作物开发和使用方面的进展。
- 《为未来的生物技术产品做准备》（NASEM，2017）设想了未来 5～10 年的可能发展，并思考了支持这些发展所需的监管框架。
- 《合成生物学时代的生物防御》（NASEM，2018）思考了基于合成生物学的各种强大工具可能被滥用的情况。
- 《气态碳废物流》（NASEM，2019）确定了一些有潜力推动美国生物经济的原料（二氧化碳、一氧化碳、甲烷）。

除了这些出版物，自 2013 年以来，NRC 和 NASEM 与英国和中国的科学院合作，开展了一系列题为"定位合成生物学，迎接 21 世纪的挑战"的研讨会。此外，NRC 和 NASEM 在 2014 年、2015 年和 2016 年召开了三次研讨会，探讨与生命科学数据相关的生物经济、新兴技术和安全问题。

美国并不是唯一一个发现拥有生物经济或专注于生物技术投资可带来经济优势的国家。经济合作与发展组织（OECD）、欧盟委员会（European Commission）和几个欧洲国家都各自撰写了相关立场文件及路线图。2012 年，英国成立了合成生物学领导委员会，由政府和私营部门的代表共同担任主席。中国认为合成生物学具有加速经济增长的潜力，已经制定了自己的长期（20 年）规划和目标。第 2 章详细讨论了其他国家定义其生物经济和组织其生物经济战略的方法。

因此，全球生物经济除了重要的科学合作之外，还包括国家之间的经济竞争和合作。生物技术方面的领导地位有可能带来经济优势，而生物技术方面的落后

---

① 见 https://roadmap.ebrc.org。

可能会付出代价，或者至少是失去机会的代价。

1.2　生物技术和生命科学的进展

对于美国生物经济来说，创新过程往往始于基础研究。基础生物学中的重大发现是交义性的，其潜在的应用领域往往是未知的。生命科学领域的革命正在加速，其动力来自基因组读写技术、简易基因和基因组编辑技术，以及通过全基因组关联研究（GWAS）从而利用自然多样性识别潜在的理想性状基因。系统生物学和合成生物学的突破为植物、动物和微生物的工程化改造提供了前所未有的可能。下列四个示例可以说明这样一种循环，即发现可以牵引技术的发展，然后技术的发展又会扩大发现的范围。这里仅举几个示例，用于说明如今赋能技术如何推动了发现科学的基础研究体系，以致新知识的产生速度持续加快。尽管不同应用领域的转化和发展的时间尺度不同，但一个重要的问题是，如何才能最有效地将这些知识所得的收益转化为生物经济和对社会的积极影响。实现这些科学突破的潜力需要相应的创新生态系统，该系统的各个组成部分将在本章稍后讨论。

1.2.1　例 1：下一代测序技术

在 20 世纪的最后十年，使用传统的桑格测序和鸟枪法测序来生成公共资助的人类基因组序列和遗传模型物种的基因序列，这是一项涉及国际研究合作的艰苦工作（Shendure et al.，2017）。在 21 世纪的前 20 年中，下一代深度测序技术就建立在这个基础上，利用上一代测序的序列作为最终的库，与更先进仪器产生的短序列进行匹配。下一代测序缩小了样本的规模，实现了大规模的并行测序反应，即同时测序和分析数百万个寡核苷酸（DNA 碱基短链）。因此，测序反应的小型化使单个实验中可运行的反应数量倍增，大大提高了数据采集的速度（Shendure et al.，2017）。以大学单个研究人员所能支配的科研经费，就可获得原核生物和复杂真核生物蛋白质编码区的完整基因组序列。可以在物种之间、同一物种内或在选定的种群内比较基因和基因组序列，以及 RNA 转录本。小型化的 DNA 和 RNA 测序设备可以用于进一步促进现场工作的开展。即将问世的仪器可以以 DNA 聚合的速度读取单个 DNA 分子的序列，而设备仅约为 U 盘大小（Jupe et al.，2019）。

一个多世纪以来，遗传学家一直使用关联图谱来识别突变表型的致病基因。对于像亨廷顿舞蹈病和囊性纤维化这样因单个基因突变而导致的疾病，这是一种合理的方法。然而，许多人类疾病或作物和动物中所期望的性状具有多基因特性，这意味着可能有多个基因同时导致了疾病或性状。从人类、植物或动物的健康群体和患病群体中获得数以千计的基因组序列，可以识别导致特定疾病风险的突变组合。可获得的序列越多，在患病群体与健康群体之间的遗传差异及疾病风险的关联分析中，统计学发挥的作用就越大。这些 GWAS 研究已经识别了数十或数百个与自闭症、精神分裂症、肥胖和心脏病有关的新候选基因[①]及生化途径（Hall et al.，2016）。因此，学术界正在开始了解这些疾病的复杂分子基础，并为药物开发和诊断提供新的治疗靶点。同样，将 GWAS 应用于植物和动物种群有助于从根本上认识生长发育、抗逆性以及增产等所需性状（Rai et al.，2019；Sun and Guan，2018）。第一项 GWAS 研究发表于 2005 年，现在有约 4000 项研究计划，有超过13 万个关联（GWAS 编目[②]）。23andMe 和 Ancestry DNA 等公司利用 GWAS 预测向他们的个人消费者提供关于遗传疾病风险或其他遗传特征的报告。他们还可以使用消费者共同贡献的数据，为制药公司自己的 GWAS 分析提供丰富的数据集。

1.2.2 例 2：分析化学

已开发出新的分析方法，可以确定植物和微生物细胞及发酵培养基内复杂混合物中的化学成分的结构和浓度，以及在木质纤维素生物质加工过程中产生的化学成分。这些复杂的混合物可能包含以前未知的具有各种特性（如大小、挥发性、溶解度、极性、酸度、碱度、电离能、反应性和浓度）的化合物。现在可对这些化合物进行高通量和高度专业化的分析，包括基于高分辨率分离的方法、新型电离和解离方法、高分辨率质谱和多级串联质谱（Aksenov et al.，2017）。

对活细胞中核酸以外分子的数量和类型进行记录的能力有两个主要作用。第一，在基础研究中，通过对活细胞蛋白质和代谢物含量的准确表征表明，转录本水平与其翻译产物之间缺乏相关性，进而揭示酶和酶复合物合成的初级代谢物与次级代谢物之间缺乏相关性。利用蛋白质组学和代谢组学数据对生化途径及其代谢通量的计算建模，提供了一个系统层面的视图，据此可以在芯片中检验关于系统内某一组分的扰动效应的假说，然后通过实验验证（Ideker et al.，2001）。第二，随着对生命系统理解的增加，有可能从对系统及其组成部分的描述，发展到设计新的组成部分和途径及其基因控制。对这种机制的理解可用于控制细胞、组织和生物体水平上的天然或合成的途径。例如，通过酵母中的工程化途径而非植物黄花蒿中的天然途径生产抗疟药青蒿素是对这一概念的最早证明之一[③]（Paddon and Keasling，2014），并扩展到在大肠杆菌中生产喷气燃料的前体（Liu et al.，2018）。

代谢工程和工程生物学在新的分析能力的支持下，有望对超过 10 亿吨木质纤

---

① GWAS 所能够连接的基因网络已经越来越复杂。例如，一项关于身高遗传基础的研究确认了大约700 个基因有潜在的贡献（Yengo et al.，2018）。
② 见 https://www.ebi.ac.uk/gwas。
③ 反应的倒数第二个分子——青蒿酸，可以在酵母中通过工程途径产生。这种分子经历最后的化学反应来产生药物。

维素生物质的国家资源进行利用（DOE，2011，2016）。除了从生物质来源的糖发酵产生乙醇之外，早期的研究正在构建生产液态烃燃料（类似于航空燃料、汽油或其组分）的化学、生物化学和快速热解转化途径（McCann and Carpita，2015）。完整的木质生物质中的木质素可以通过化学催化剂高效转化为甲氧酚，然后脱氧为丙基环己烷（Parsell et al.，2015），纤维素可以转化为 5-羟甲基糠醛（Yang et al.，2012）。植物物种以可溶性苯丙氨酸衍生产物和聚酮的形式积累大量的碳。这些化合物中有许多是高度还原的芳香族分子的缀合物，与来自植物细胞壁的糖和芳香族化合物一起，有转化为下一代燃料或副产品的潜力。例如，Gevo 公司在试飞中混合了从木材废料中提取的可再生航空燃料，但目前人们对绿色（可持续）化学的热情尚未转化为商业应用。

生物衍生单体虽然数量众多，但在这些示例中只占由活植物细胞合成的 40 多万种分子中的很小一部分（Hur et al.，2013）。一些天然植物产品具有营养或药用价值，构成食品、营养补充剂（如维生素）和药物的基础，而另一些则控制植物与其环境的相互作用（Farré et al.，2014；Fitzpatrick et al.，2012；Martin，2013）。因此，植物代谢的多样性为代谢工程及工程生物学满足生物燃料、生物制品、食品和饲料生产、生物医学及可持续发展方面的社会目标提供了基础。目标化合物的高效生产需要对新陈代谢和限制条件有系统层面的认识，包括碳通量和细胞能量平衡之间的权衡。分散的网络控制、基因冗余、代谢活动的分区和多细胞性共同增加了植物的代谢复杂性，使得设计-构建-测试-改进的工程化周期比微生物系统更具挑战性。然而，产生单倍体和诱导基因组复制，使植物的所有基因组位点都是纯合的能力是一项突破性技术，可以显著缩短作物育种的时间（Kalinowska et al.，2019）。未来的技术将促进植物代谢工程本身，并推动工程作物或植物细胞培养物作为生物生产系统的实施策略。

1.2.3　例 3：表观遗传学

通过生殖克隆技术克隆"多莉"（Dolly）羊是一个技术里程碑，因为它证明了分化细胞的细胞核可以被重置为未分化状态，由此可以派生出所有细胞谱系（Campbell et al.，1996）。自从实现这一里程碑以来，人们已经很清楚地认识到，真核生物的发育和疾病是 DNA 突变和染色质结构改变的结果，染色质结构改变在细胞或生物体的生命周期中发生，影响该区域内一个或多个基因的表达（表观遗传学）。表观遗传学的三大支柱是：DNA 胞嘧啶的甲基化；核小体中 DNA 所缠绕的组蛋白的甲基化、乙酰化和磷酸化；促进异染色质形成的 RNA 介导的基因沉默机制（Allis and Jenuwein，2016）。这些 DNA 结构和修饰调节基因表达，从而维持体细胞的分化状态。目前已知，基因组上的一些表观遗传标记是暴露于化学物质的结果，而包括吗啡、酒精和尼古丁在内的一些化学物质显示出跨代效应（Bošković and Rando，2018）。

在获得诺贝尔奖的基础研究中，确定了维持胚胎干细胞多能状态的转录因子，并证明其是将完全分化的体细胞重置为多能状态的必要且充分因素（Takahashi and Yamanaka，2006）。产生的细胞被称为诱导多能干细胞（iPSC）。然后这些诱导多能干细胞可以被诱导分化并形成类器官，即重现动物或人类器官的某些复杂性的三维组织培养物（Franchini and Pollard，2015）。例如，患者自己的皮肤细胞可以被重置为诱导多能干细胞，然后用特定的转录因子组合触发形成肝细胞。这项技术最终可能产生与患者自身免疫系统完全兼容的替换器官（Kimbrel and Lanza，2016）。通过与基因编辑技术相结合，诱导多能干细胞和衍生的类器官有可能成为患者特异性的药物反应试验平台。

1.2.4 例 4：基因和基因组编辑

研究细菌保护其自身免受病毒感染机制的基础研究创造了常规实验室使用的基因和基因组编辑技术（Sander and Joung，2014）。CRISPR/Cas 系统使用非编码 RNA 引导 Cas9 核酸酶诱导位点特异性双链 DNA 裂解。这种 DNA 损伤是通过细胞 DNA 修复机制修复的。生成一个单一的引导 RNA，引导 Cas9 核酸酶到特定的基因组位置。靶位点的同源重组允许用 DNA 载体编码的序列变异替换内源性基因序列（Lander et al.，2016）。仍然需要通过仔细的基因分型来确定所需的转化子并消除脱靶基因修饰产生的转化子。

在公共和私人研究中普遍使用 CRISPR/Cas9 进行基因编辑，这是一个值得注意的巧合。兆核酸酶、锌指核酸酶和转录激活因子样效应物核酸酶（TALEN）等其他改变 DNA 的方法都比较费力，因为必须针对每个靶序列设计蛋白质识别结构域并正确表达。系统从依赖于靶 DNA 序列的蛋白质识别转变为依赖于靶 DNA 序列的互补 DNA 识别，简化并解决了分子工程的许多潜在问题。CRISPR/Cas9 被研究界快速采用的原因是，使用该技术设计基因修饰的便利性、寡核苷酸合成的可负担性，以及对修饰过的生物体进行测序的低成本。

使用 CRISPR/Cas9 基因编辑技术的首批人类临床试验之一是正在美国进行的镰状细胞病治疗，该试验由 CRISPR Therapeutics/Vertex Pharmaceuticals 和 Sangamo Therapeutics/Sanofi 牵头（Collins，2019）。血液作为接受基因编辑试验器官的优势在于，它可以从患者身上取出，在治疗后重新回输。红细胞寿命较短，不断被造血干细胞取代。镰状细胞病是由血红蛋白的单个碱基对突变引起的，红细胞中的血红蛋白能够与氧气发生可逆性的结合。与正常血红蛋白不同的是，突变的血红蛋白在缺氧时在细胞内发生聚合，损伤细胞膜并导致其破裂，还会扭曲细胞形状，从而导致血管阻塞。目前正在探索两种有效编辑最初源于镰状细胞患者的诱导造血干细胞的策略（Sugimura et al.，2017）：①可以将 β-血红蛋白基因本身的单核苷酸多态性编辑为野生型序列；②可以对胚胎血红蛋白的抑制因子本身进行突变，从而使正常的胚胎血红蛋白得以在成年患者中表达（Bourzac，2017）。美国食品药品监督管理局（FDA）为后一种策略授予了基于 CRISPR 疗法 CTX001 的快速通道资格①。

前面四个关于动物和人类疾病研究的示例中所描述的技术会聚现在很容易想象：DNA 序列的可用性允许对健康和患病人群进行 GWAS 分析，从而根据遗传关联推断出候选基因。数十或数百个候选基因中每一个的表达都可以使用 CRISPR/Cas9 技术在多能干细胞及其衍生的类器官中进行调节，以检验关于发育和疾病的假说，或为评估治疗药物提供测试平台。

1.3　美国生物经济的四个驱动因素

如前所述，"生物经济"一词的定义因环境和国家而异。本研究的重点是美国生物经济，因此在报告研究结果之前，必须先确定这个术语在美国背景及本报告的目的下的含义。为此，本委员会确定了美国生物经济的四个决定性驱动因素（图 1-1）。

图 1-1　美国生物经济的四个决定性驱动因素。

第一是**生命科学**，这是可以让人们认识地球上所有生命形式的生物学分支学科。这些分支学科包括：植物学和农学，分别侧重于植物和农业；微生物学，研究单细胞生物；环境生物学，研究植物和动物如何与环境相互作用。

第二是**生物技术**，它使人们能够从遗传学层面理解生物学，即所有生物的密码。现在，生物技术的进步使人们不仅能够读取遗传密码，而且能够编写遗传密

---

① 见 http://ir.crisprtx.com/news-releases/news-release-details/crispr-therapeutics-and-vertex-announce-fda-fast-track。

码，并能够对遗传密码进行改造，以达到治疗疾病、提高作物产量或解决环境问题等目的。生物技术的进步也促成了一些新的方法，用于培养和分析细胞及组织，以及纯化用于在其原生细胞环境之外驱动化学反应的酶。上一节介绍的四个示例（下一代测序、分析化学、表观遗传学以及基因和基因组编辑）都是加速生物经济应用发展的强大生物技术工具。

生物技术的进步需要实验：将一种生物技术药物推向市场需要数百万次实验，对于生物技术作物或新的洗涤剂酶也是如此。**工程学**已使实验过程自动化和小型化成为可能，从而实现高通量实验。机器人技术和微流体技术方面的工程进展为产品开发所需的高通量技术提供了支持，而分析技术的进展允许使用更小的样本获得结果。除了机器人技术和微流体技术，工程技术在生物经济产品的开发和生产中的应用实例还包括组织工程、细胞培养及高级发酵。此外，工程原理（如设计-构建-测试）在生物学中的应用大大加速了合成生物学领域的发展。

第三是**计算与信息科学**，它使得在实验开始前对实验进行数学建模及结果预测成为可能。实验产生了大量的数据集——来自人类、动物、植物和微生物的"组学"（基因组学、蛋白质组学、代谢组学）数据，以及与数字成像相关的大量数据集。今天，机器学习等先进的计算技术正在显著提高在大型复杂数据集中观察非明显模式的能力、做出"明智猜测"从而排除不可能的实验的能力，以及继续寻找最有希望的线索的能力。生物数据集还可以与不同来源的数据配对，如医学临床观察结果、植物育种记录、工作场所暴露数据、家庭历史和来自社交媒体的生活方式信息。人工智能对这些数据集的应用将加深和加速对因果关系、基因型与表型之间相互关系的理解。正是这一领域为美国生物经济的未来带来了特别的希望，而且这也是美国在日益全球化的生物经济中的领导地位可能被打破的一个领域。

本委员会对美国生物经济的定义源于对上述四种驱动因素的识别：

> 美国生物经济是由生命科学和生物技术的研究与创新驱动，并由工程、计算与信息科学的技术进步实现的经济活动。

这样定义的美国生物经济既依赖于国家的自然资源，也依赖于美国人的创造力。它包括生物过程的产品和基于生物原料的产品。它还包括为支持这些研究和生产活动而形成的价值链，例如，DNA 测序服务；可生产经改造的、用于制造"宿主"的生物体和 DNA 构件的"铸造厂"；专门用于生物技术研究的消耗品，如无处不在的 96 孔板和聚合酶链反应试剂盒。也许最重要的是，这个定义（以及生物经济）充分融合许多不同的科学工程原理以及生命科学领域。生物经济的跨学科性是其成功和发展的关键。正是这个方面使生物经济得以扩展到传统上完全独立于生命科学的领域。

1.4 护航美国生物经济的考虑因素

在研究如何保护美国生物经济的首要问题时，本委员会确定了一些需要考虑的问题。例如，世界各国都依赖美国生产的商品，美国是否愿意依靠非美国来源的药物来治疗美国公民？或者依靠非美国来源的农业投入来增加美国的粮食供应？或者依靠非美国来源的生物技术来解决美国严重的环境问题？答案当然要视情况而定。每个示例中的具体情况是什么？需求是什么？在人类、环境、经济和安全方面的潜在后果是什么？美国将依靠谁？有其他选择吗？虽然解决所有这些问题超出了本研究的范围，但本报告中探索的许多议题和关注点都是这些讨论的内容。

其至美国生物经济的发展过程也值得研究。科学过程本质上是合作的。美国的科学过程是开放的，这是有意为之的；科学的开放性一直是首选。美国生物经济的科技体系通过数据和信息的共享以及世界各地科学家之间的合作而取得进展。分享有助于建立科学的专业知识，同时也节省资源，使许多研究人员（学术界或工业界、美国国内或国外）能够从初期投资中获益，并能够验证他人的发现。例如，通过使用公共数据集及其持续增长，研究人员可以访问信息，而不需要为重新创建这些数据集提供资金。

虽然共享数据和信息是可取的，但与美国生物经济相关的某些类型的数据会带来隐私和安全方面的担忧。例如，在医学研究中，必须确保患者数据的隐私，无论是他们的电子病历还是他们的基因组序列数据。这一要求限制哪些数据可以共享以及共享的方式。例如，美国种群和亚种群的基因数据可能揭示对特定疾病的脆弱性。同样，在农业领域，关于重要粮食作物的基因信息可以揭示对病害的脆弱性或对基因增强的病原体的高度易感性。因此，核心问题是如何平衡公开分享的意愿与所涉及的合法隐私和安全问题。

此外，科学的开放性是随着对互惠的期望而扩展的。越来越多的国家在限制可以产生基因信息的基因数据或样本的共享（相反，其他国家共享的这些数据和样本其至比美国更多）。如何应对科学开放中日益增长的不对称和不平衡呢？

这些考虑因素是这项研究的主要动力。

1.5 研究责任、研究范围和研究方法

如前所述，2012 年，OSTP 发布了《美国国家生物经济蓝图》，为描述和刺激美国生物经济奠定了基础。虽然随后的活动侧重于科学能力和社会效益潜力，并对在特定领域的经济贡献进行了一些描述，但全面考察美国生物经济的价值或评估与生物经济相关的风险的工作极少开展。因此，围绕生物经济的范围和规模的

问题持续存在，从未建立起测量生物经济价值的程序，对国家战略思维以及保障和保护美国生物经济的能力的担忧依然存在。被召集开展这项研究的委员会的任务是划定美国生物经济的范围，确定如何评估其经济价值，确定与生物经济有关的潜在经济风险和国家安全风险，考虑保护生物经济数据等产出的网络安全解决方案，并确定追踪生物经济未来进步和发展的机制。委员会的任务陈述全文见信息栏 1-1。重要的是，没有要求委员会确定生物经济的价值；但是，在收集资料的过程中，委员会收集的数据确实足够为生物经济估值进行试点实验。同样，也没有要求委员会对生物经济领域的未来创新进行地平线扫描；相反，本报告所描述的方法可用于实施和建立一个进行地平线扫描和预见的步骤，使政策制定者能够及时了解生物经济的发展。

信息栏 1-1　任 务 陈 述

为保护和维持由生命科学的研究与创新驱动的经济活动（统称为生物经济），将召集一个由美国国家科学院、工程院和医学院人员组成的特设委员会来构思相关战略。为了完成这项任务，委员会将概述美国生物经济的概况，以及：

- 概述现有的评估生物经济价值的方法，并确定美国国家评估中未充分体现或遗漏的无形资产，如生成和汇总数据集的价值。

- 提供一个测量无形资产（如数据集）价值的框架。

- 概述通常用于确定全球经济中的战略领导地位的指标，并确定美国目前保持领导地位且最具竞争力的领域。

- 概述潜在的经济和国家安全风险，并确定与收集、汇总、分析和共享生物经济的数据等产出相关的政策缺口。

- 思考生物经济中是否存在需要创新网络安全解决方案的独特特征。此外，确定来自生物经济不同领域（生物医学、农业、能源等）的数据或其他知识产权是否需要不同的保护措施，或者相同的措施是否对所有领域都有效。此外，还要确定基础研究是否需要不同的保障机制，或者对工业和制造业有效的实践对于基础研究是否适用且足够。

- 发展地平线扫描机制的概念，以识别有潜力驱动未来生物经济发展的新技术、市场和数据来源。思考是否需要额外的战略（除了为生物经济现有的组成部分制定的战略）来保护这些新技术和数据，并评估这些战略对创新和生物安全的影响。

委员会将编写一份咨询研究报告，确定保护生物经济的各种策略选项，并对每种选项的利弊进行分析。然后，委员会将推荐一个或多个选项，以解决上述问题，并在保持创新和增长的同时，最有效地保护生物经济的技术、数据及其他知识产权。

为了明确其任务陈述，委员会在华盛顿特区举行了三次信息收集研讨会和三次在线网络研讨会；研讨会和网络研讨会上的发言者是经过精心选择的，出发点是补充委员会成员所需的广泛专业知识，并代表美国生物经济中的各种利益相关群体。研讨会和网络研讨会的发言者名单见附录 B。讨论内容涵盖了：生物经济的广度；关于如何定义生物经济、测量生物经济及评估其各组成部分的价值的多种观点；生物经济各个方面的风险和收益。这些讨论是委员会审议工作的初步基础，对有关文献的回顾则提供了更多的信息。

1.6　报告的组织结构

本报告分四个部分，分别阐述了委员会任务陈述的各关键要素："定义和测量美国生物经济"（第 1 部分），"理解美国生物经济的生态系统并识别新趋势"（第 2 部分），"了解与美国生物经济有关的风险"（第 3 部分），"护航美国生物经济的战略"（第 4 部分）。

在第 1 部分中，委员会提出了它对如何定义和测量生物经济的观点。第 2 章，关于定义美国生物经济，详细介绍了世界各国定义其生物经济和组织其生物经济战略的各种方法。这一章还探讨了委员会在本章前面提出的定义，以及它对该定义如何设定美国生物经济中所包含的参数的解释。第 3 章，关于测量美国生物经济价值的框架，回顾了可用于评估经济领域价值的各种方法，以及如何将这些方法应用于美国生物经济。根据其对美国生物经济的定义，委员会分析了可用于实施此类评估的数据，开展了试点试验，并检查了当前可用数据的鲁棒性。在这个过程中，采取了一些措施来识别那些缺失的、不具代表性，或者收集后难以纳入生物经济价值评估中的数据。此章为委员会在这个试点实验中执行的过程提出了一个简化的框架。第 3 章的结尾以丰富的数据讨论了美国生物经济的当前方向和现状，考察了国家和私人的投资以及创新成果（如专利、产品批准、销售额）的指标。此章对这些基于美国的数据进行了分析，以便读者为下一章进行的全球比较做好准备。

第 4 章，关于在全球经济中的领导力的领域，对于常用于确定在一个领域内的科学和经济领导力的指标进行了详细的审查。这里比较的指标包括政府在研发方面的投资、科学产出（体现在出版物和专利上）、学生培训指标（授予的学位）、私人实体（公司和风险投资公司）的投资，以及与生物经济相关的公司数量。

在第 2 部分中，委员会审查了生物经济中出现的创新点，以及如何追踪新的趋势和发展。第 5 章，关于美国生物经济的生态系统，探讨了生命科学研究体系的本质以及支持和维持该体系的相关过程与结构。此章包括工程、计算与信息科学的进步如何为生命科学研究的增长和发展创造新机会的实例。第 6 章，关于地平线扫描和预见的方法，评估了与生物经济相关的地平线扫描和预测的各种方法，并提供了生命科学相关方法的案例。此章还提供了委员会对未来思考所需要素及地平线扫描生物经济的机制的评估。

在报告的第 3 部分中，委员会探讨了与生物经济有关的潜在风险，并就保护生物经济提出了结论和建议。第 7 章，关于生物经济的经济风险和国家安全风险，概述了与美国生物经济相关的各种风险，但委员会注意到，这些讨论大部分并没有将经济风险与国家安全风险区分开来，因为这两者往往无法分开。在此章中，委员会还审查了可用于应对这些风险的政策机制，指出如何利用这些政策来缓解一些风险，但同时也可能由于某些特定行为带来的意外后果而引起更多担忧。

在第 4 部分，即第 8 章中，委员会提出了其总体结论和建议，解释了其基本逻辑和意图，并在某些案例中讨论了实现各自目标的不同方法。委员会成员不是固定的，而是在必要时确定相关的参与者。委员会的结论和建议包括了本报告所涵盖的许多主题，因为委员会在考虑将哪些因素提升到优先事项清单的首位时，尝试使用整体分析方法。但是，这些建议提出的顺序并不代表优先级，而是以一种旨在呈现对生物经济的逻辑和整体视角的方式提出的。

参 考 文 献

Aksenov, A. A., R. da Silva, R. Knight, N. P. Lopes, and P. C. Dorrestein. 2017. Global chemical analysis of biology by mass spectrometry. *Nature Reviews Chemistry* 1:0054.

Allis, C. D., and T. Jenuwein. 2016. The molecular hallmarks of epigenetic control. *Nature Reviews Genetics* 17(8):487–500.

Bošković, A., and O. J. Rando. 2018. Transgenerational epigenetic inheritance. *Annual Review of Genetics* 52:21–41.

Bourzac, K. 2017. Gene therapy: Erasing sickle-cell disease. *Nature* 549(7673):S28–S30.

BRDB (Biomass Research and Development Board). 2019. *The bioeconomy initiative: Implementation framework.* https://biomassboard.gov/pdfs/Bioeconomy_Initiative_Implementation_Framework_FINAL.pdf (accessed October 21, 2019).

Campbell, K. H. S., J. McWhir, W. A. Ritchie, and I. Wilmut. 1996. Sheep cloned by nuclear transfer from a cultured cell line. *Nature* 380:64–66.

Collins, F. 2019. A CRISPR approach to treating sickle cell. *NIH Director's Blog*, April 2. https://directorsblog.nih.gov/2019/04/02/a-crispr-approach-to-treating-sickle-cell (accessed August 30, 2019).

DOE (U.S. Department of Energy). 2011. *U.S. Billion-Ton Update: Biomass Supply for a Bioenergy and Bioproducts Industry.* R. D. Perlack and B. J. Stokes (Leads). ORNL/TM-2011/224. Oak Ridge, TN: Oak Ridge National Laboratory. https://www.energy.gov/sites/prod/files/2015/01/f19/billion_ton_update_0.pdf (accessed October 21, 2019).

DOE. 2016. *2016 billion-ton report: Advancing domestic resources for a thriving bioeconomy*, Vol. 1: *Economic availability of feedstocks*. http://energy.gov/eere/bioenergy/2016-billion-ton-report (accessed October 21, 2019).

El-Chichakli, B., J. von Braun, C. Lang, D. Barben, and J. Philp. 2016. Policy: Five corner-stones of a global bioeconomy. *Nature* 535(7611):221–223. doi: 10.1038/535221a.

EOP (Executive Office of the President). 2017. *Modernizing the regulatory system for biotechnology products: An update to the coordinated framework for the regulation of biotechnology*. https://obamawhitehouse.archives.gov/sites/default/files/microsites/ostp/2017_coordinated_framework_update.pdf (accessed August 30, 2019).

Farré, G., D. Blancquaert, T. Capell, D. Van Der Straeten, P. Christou, and C. Zhu. 2014. Engineering complex metabolic pathways in plants. *Annual Review of Plant Biology* 65:187–223.

Fitzpatrick, T. B., G. J. Basset, P. Borel, F. Carrari, D. DellaPenna, P. D. Fraser, H. Hellmann, S. Osorio, C. Rothan, V. Valpuesta, C. Caris-Veyrat, and A. R. Fernie. 2012. Vitamin deficiencies in humans: Can plant science help? *Plant Cell* 24:395–414.

Franchini, L. F., and K. S. Pollard. 2015. Genomic approaches to studying human-specific developmental traits. *Development* 142(18):3100–3112.

Hall, M. A., J. H. Moore, and M. D. Ritchie. 2016. Embracing complex associations in common traits: Critical considerations for precision medicine. *Trends in Genetics* 32(8):470–484. doi: 10.1016/j.tig.2016.06.001.

Hur, S. J., S. Yuan Lee, Y.-C. Kim, I. Choi, and G.-B. Kim. 2013. Effect of fermentation on the antioxidant activity in plant-based foods. *Food Chemistry* 160:346–356.

Ideker T., V. Thorsson, J. A. Ranish, R. Christmas, J. Buhler, J. K. Eng, R. Bumgarner, D. R. Goodlett, R. Aebersold, and L. Hood. 2001. Integrated genomic and proteomic analyses of a systematically perturbed metabolic network. *Science* 292(5518):929–934.

Jupe, F., A. C. Rivkin, T. P. Michael, M. Zander, S. T. Motley, J. P. Sandoval, R. K. Slotkin, H. Chen, R. Castanon, J. R. Nery, and J. R. Ecker. 2019. The complex architecture and epigenomic impact of plant T-DNA insertions. *PLoS Genetics* 15(1):e1007819. doi: 10.1371/journal.pgen.1007819.

Kalinowska, K., P. Lenartowicz, J. Namieśnik, and M. Marć. 2019. Analytical procedures for short chain chlorinated paraffins determination—How to make them greener? *Science of the Total Environment* 671:309–323.

Kimbrel, E. A., and R. Lanza. 2016. Pluripotent stem cells: The last 10 years. *Regenerative Medicine* 11(8):831–847.

Lander, N., M. A. Chiurillo, and R. Docampo. 2016. Genome editing by CRISPR/Cas9: A game change in the genetic manipulation of protists. *Journal of Eukaryotic Microbiology* 63(5):679–690. doi: 10.1111/jeu.12338.

Liu, C.-L., T. Tian, J. Alonso-Gutierrez, B. Garabedian, S. Wang, E. E. K. Baidoo, V. Benites, Y. Chen, C. J. Petzold, P. D. Adams, J. D. Keasling, T. Tan, and T. S. Lee. 2018. Renewable production of high density jet fuel precursor sesquiterpenes from *Escherichia coli*. *Biotechnology for Biofuels* 11(1):285.

Martin, C. 2013. The interface between plant metabolic engineering and human health. *Current Opinion in Biotechnology* 24:344–353.

McCann, M. C., and N. C. Carpita. 2015. Biomass recalcitrance: A multi-scale, multi-factor, and conversion-specific property. *Journal of Experimental Botany* 66(14):4109–4118.

NASEM (National Academies of Sciences, Engineering, and Medicine). 2016. *Genetically engineered crops: Experiences and prospects.* Washington, DC: The National Academies Press. https://doi.org/10.17226/23395.

NASEM. 2017. *Preparing for future products of biotechnology.* Washington, DC: The National Academies Press. https://doi.org/10.17226/24605.

NASEM. 2018. *Biodefense in the age of synthetic biology.* Washington, DC: The National Academies Press. https://doi.org/10.17226/24890.

NASEM. 2019. *Gaseous carbon waste streams utilization: Status and research needs.* Washington, DC: The National Academies Press. https://doi.org/10.17226/25232.

NRC (National Research Council). 2009. *A new biology for the 21st century*. Washington, DC: The National Academies Press. https://doi.org/10.17226/12764.

NRC. 2015. *Industrialization of biology: A roadmap to accelerate the advanced manufacturing of chemicals*. Washington, DC: The National Academies Press. https://doi.org/10.17226/19001.

Paddon, C. J., and J. D. Keasling. 2014. Semi-synthetic artemisinin: A model for the use of synthetic biology in pharmaceutical development. *Nature Reviews Microbiology* 12(5):355–367.

Parsell, T., S. Yohe, J. Degenstein, T. Jarrell, I. Klein, E. Gencer, B. Hewetson, M. Hurt, J. I. Kim, H. Choudhari, B. Saha, R. Meilan, N. Mosier, F. Ribeiro, W. N. Delgass, C. Chapple, H. I. Kenttämaa, R. Agrawal, and M. M. Abu-Omar. 2015. A synergistic biorefinery based on catalytic conversion of lignin prior to cellulose starting from lignocellulosic biomass. *Green Chemistry* 17(3):1492–1499.

Rai, A., M. Yamazaki, and K. Saito. 2019. A new era in plant functional genomics. *Current Opinion in Systems Biology* 15:58–67.

Rogers, J. N., B. Stokes, J. Dunn, H. Cai, M. Wu, Z. Haq, and H. Baumes. 2017. An assessment of the potential products and economic and environmental impacts resulting from a billion ton bioeconomy. *Biofuels, Bioproducts and Biorefining* 11:110–128. doi: 10.1002/bbb.1728.

Sander, J. D., and J. K. Joung. 2014. CRISPR-Cas systems for editing, regulating and targeting genomes. *Nature Biotechnology* 32(4):347–355.

Shendure, J., S. Balasubramanian, G. M. Church, W. Gilbert, J. Rogers, J. A. Schloss, and R. H. Waterston. 2017. DNA sequencing at 40: Past, present and future. *Nature* 550(7676):345–353.

Sugimura, R., D. K. Jha, A. Han, C. Soria-Valles, E. L. da Rocha, Y. F. Lu, J. A. Goettel, E. Serrao, R. G. Rowe, M. Malleshaiah, I. Wong, P. Sousa, T. N. Zhu, A. Ditadi, G. Keller, A. N. Engelman, S. B. Snapper, S. Doulatov, and C. Q. Daley. 2017. Haematopoietic stem and progenitor cells from human pluripotent stem cells. *Nature* 545(7655):432–438.

Sun, H.-Z., and L. L. Guan. 2018. Feedomics: Promises for food security with sustainable food animal production. *TrAC Trends in Analytical Chemistry* 107:130–141.

Takahashi, K., and S. Yamanaka. 2006. Induction of pluripotent stem cells from mouse embryonic and adult fibroblast cultures by defined factors. *Cell* 126(4):663–676.

USDA (U.S. Department of Agriculture). 2017. *Report to the President of the United States from the Task Force on Agriculture and Rural Prosperity*. https://www.usda.gov/sites/default/files/documents/rural-prosperity-report.pdf (accessed October 21, 2019).

Yang, Y., C. W. Hu, and M. M. Abu-Omar. 2012. Conversion of carbohydrates and lignocellulosic biomass into 5-hydroxymethylfurfural using $AlCl_3 \cdot 6H_2O$ catalyst in a biphasic solvent system. *Green Chemistry* 14(2):509–513.

Yengo, L., J. Sidorenko, K. E. Kemper, Z. Zheng, A. R. Wood, M. N. Weedon, T. M. Frayling, J. Hirschhorn, J. Yang, and P. M. Visscher. 2018. Meta-analysis of genome-wide association studies for height and body mass index in ~700000 individuals of European ancestry. *Human Molecular Genetics* 27(20):3641–3649. doi: 10.1093/hmg/ddy271.

第1部分　定义和测量美国生物经济

本报告的第1部分聚焦于定义美国的生物经济,探索测量其价值所需的方法、数据和分析,以及认识如何确定美国在全球生物经济中的领导地位。

第2章考察了世界各地用于理解和定义"生物经济"一词的各种概念方法。委员会将各种生物经济定义分为三种不同的视角:生物技术视角、生物资源视角和生物生态学视角。在此背景下,本章重新聚焦于委员会的新定义,这是一个考虑了未来发展的全面而灵活的定义,本章利用该定义来阐明美国生物经济的界限。本讨论直接涉及委员会任务陈述的内容,即要求委员会"概述美国生物经济的概况"。

第3章对如何测量美国生物经济的价值进行了详细的讨论,直接回应了任务陈述的前两个要点。首先,本章考察了生物经济区别于其他领域的特征。然后,根据委员会的定义,本章考虑了确定无形资产并确定美国生物经济价值的方法。本讨论以一个试点评估实验结束,该实验应用了本章所述的评估框架,利用现有数据,同时指出缺失的数据元素或难以以生物经济特有的方式解析的数据元素。本讨论展现了对新的数据收集和分析能力的需求。最后,本章通过分析国家和私人在研究与开发方面的投资以及来自生物经济的创新成果,考察了生物经济的趋势和方向。

第4章研究了美国在全球生物经济背景下的领导地位。为此,委员会比较了政府投资、科学产出指标、科学培训和私人创新投入。

这三章通过阐明美国生物经济的范围、规模和价值,为报告的其余部分奠定了基础,同时为如何确定这些最终观点提供了理论依据。

2 美国生物经济的定义

主要研究结果摘要

- 目前，对于生物经济的定义还没有达成共识，但许多定义都有一些关键的共同要素（例如，用生物资源替代化石燃料来生产电力、燃料和制成品）。
- 生物经济的定义正在不断演变，并将随着时间持续变化。
- 定义生物经济的一个根本的挑战是，它不是一个单一的经济领域或领域的分组。相反，它的活动跨越多个领域，是用国民收入核算系统测量的传统领域各子集的组合。
- 试图定义生物经济并为生物经济制定效能指标和战略，必然会决定将哪些经济活动作为直接生物经济的组成部分，哪些则排除在外。
- 已经有超过 40 个国家制定了促进其生物经济发展的正式战略。
- 各国的生物经济定义和战略因其技术能力、自然资源基础和相对经济优势而异。
- 各国在采取措施监控其生物经济的效能时，已从对生物经济的一般表征转向对生物经济的经济贡献和增长的定量测量。第 3 章详细讨论了测量生物经济和理解其效能指标方面的内容。

在过去 20 年中，对生物经济这一概念作为研究课题及作为经济、技术和安全政策焦点的兴趣迅速增长。2000 年代中期，涉及生物经济（或密切相关的术语）的研究论文数量开始增长（Birner，2018；Bugge et al.，2016；Golembiewski et al.，2015；Nobre and Tavares，2017）（图 2-1）。迄今为止，40 多个国家已制定了促进其生物经济的正式战略（Dietz et al.，2018），此外还努力协调国家对生物经济及其对整体经济的贡献的测量（Bracco et al.，2018；EC，2018；Parisi and Ronzon，2016）。

到底是什么导致了最近对生物经济的兴趣和相关活动激增？人类种植庄稼、饲养牲畜、酿造啤酒、燃烧木材作燃料和使用木材建造房屋已经有上千年的历史。人类收集生物材料来测试其营养和药用潜力的时间甚至更长。围绕生物资源使用

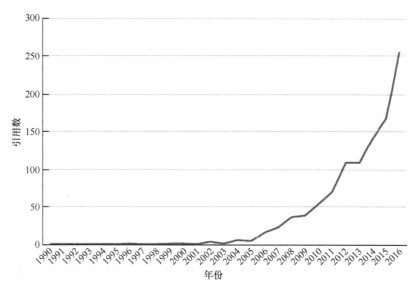

图 2-1 Scopus 数据库中标题、摘要或关键词包含"bio-based economy"、"biobased economy"、"bioeconomy"或"bio-economy"的出版物的数量。资料来源：Bourne，2018。

的经济活动仍然是现代经济的一个基本组成部分。事实上，农业、林业和渔业（连同采矿）被称为国民经济的"第一产业"。

三个因素促成了最近人们对生物经济的兴趣。第一，生物科学和生物技术的进步有望带来有价值的新商业应用，以及生产现有产品类型的新途径。尤其是基因工程、DNA 测序和机器人技术推动的高通量分子操作这三个领域的发展"改变了生物研究的实践和潜力"（U.S. OSTP，2012，p. 7）。因此，生物技术已经成为国际技术和经济竞争的新领域（Gronvall，2017；Langeveld，2015；Li et al.，2006；Meyer，2017；U.S. OSTP，2012）。第二，用可再生的生物资源替代不可再生的化石燃料来生产电力、燃料和化学制品在许多国家成为服务于各种政策目标的优先事项（de Besi and McCormick，2015；Dietz et al.，2018；McCormick and Kautto，2013；Staffas et al.，2013）。这些目标包括农村经济发展、能源自给自足和减缓气候变化。第三，遗传物质和生物多样性日益被视为发现和生产新药品及其他生物基产品的源头（Barbier and Aylward，1996；Ivshina and Kuyukina，2018；Perrings et al.，2009；Sasson and Malpica，2018；Sedjo，2016；Simpson et al.，1996；Trigo et al.，2013；Valli et al.，2018）。遗传资源既是材料的来源，也是设计新商业化合物的蓝图（Mateo et al.，2001）。

早在 1992 年，时任美国国立卫生研究院（NIH）院长的伯娜丁·希利（Bernadine Healy）博士就在演讲中使用了"生物经济"这一特有术语（Healy，1992a，b；Nerlich，2015）。Healy 在其 1994 年瓦萨学院毕业典礼上的演讲（1994，p. 13）中指出：

生命科学的革命也将超出医学，进入农业、化学生产、环境科学、微电子等领域。生物技术将创造我们甚至还没有命名的工作岗位。这些将是高收入、高需求的工作，而且在心智上令人满足。新兴行业将会涌现，成为国家经济实力和世界领导地位日益增长的源泉。有些人甚至认为 21 世纪将以生物经济为基础。

胡安·恩里克斯（Juan Enríquez）和罗德里戈·马丁内斯（Rodrigo Martinez）后来在 1997 年的一次科学会议上使用了"生物经济"一词（Birner，2018；Maciejczak and Hofreiter，2013；Petersen and Krisjansen，2015；von Braun，2015；von Hauff et al.，2016）。这些资料还引用了 Enríquez 在 1998 年《科学》杂志上发表的论文《基因组学与世界经济》，该文虽然没有专门使用术语"生物经济"，但它强调了基因组学创新的科学、技术和经济意义，该领域的创新使得研究、设计和构建具有经济重要性的分子成为可能（Enríquez，1998）。

Enríquez（1998）的论文强调了基因组学进展的关键经济意义。随着互补技术应用的潜力引发了一波企业合并和收购浪潮，农业、制药和化工行业之间的界限正在变得模糊。根据 Enríquez 的说法，"生命科学公司的目标不再是在医药、化学或食品等单一领域取得突破，而是成为所有这些领域的主导参与者。"事实上，有农业、化学和制药生产历史的公司合并、重组和收购了种子公司（及其作物种质库存），从而将业务扩展到转基因（GM）作物品种的开发和销售（Bonny，2014；Deconinck，2019；Howard，2015；Maisashvili et al.，2016；Schimmelpfennig et al.，2004）。随着以植物为基础的能源开始取代化石燃料，科学和商业模式的这些变化将改变能源领域。Enríquez 的观点预示着"一个新的经济领域——生命科学"的崛起。

在过去的 25 年里，美国农业已经证实了 Enríquez 所设想的转变，在培育新作物品种和利用作物方面都发生了重大变化。目前，转基因作物的销量约占美国农作物总销量的一半（详见第 3 章）。美国能源领域也见证了 Enríquez 所设想的向植物燃料的转变。目前，美国生产的玉米和大豆作物中有 1/3 以上被用作燃料（见第3章）。美国现在是世界上最大的生物燃料生产地区,其次是巴西和欧盟（EU）（Le Feuvre，2019）。

本章的其余部分探讨了政府和学术界使用的生物经济的不同定义，这些定义可以根据生物经济目的的三种不同视角来描述：生物技术视角、生物资源视角和生物生态学视角。前面的内容回顾了用于定义生物经济中所包含内容的方法。接下来，委员会重申了其在第 1 章对美国生物经济的定义，并在此定义的基础上对美国生物经济的概况进行了高层次回顾。本章以委员会关于定义美国生物经济的结论结束。

2.1 生物经济：另一种定义

在世界各地，政府机构、学者和私营商业组织不断对"生物经济"一词做出新的定义，以解释他们所指的与生命科学有关的经济活动。如第 1 章所述，目前"生物经济"没有一个全球公认的定义。一些组织使用模糊措辞，将生物经济称为"一个概念"（Bugge et al.，2016）、"一个新兴的概念"（Wesseler and von Braun，2017）和一个"政策概念"（Birner，2018），而"这些定义在相对较短的时间内发生了演变"（McCormick and Kautto，2013），并根据不同的"视角"对不同的定义进行分类（下面讨论）（Bugge et al.，2016；Pfau et al.，2014）。然而，"目前还不清楚什么是生物经济"（Scordato et al.，2017），"关于生物经济实际上意味着什么，似乎没有什么共识"（Bugge et al.，2016）。

一些早期的研究讨论或提供了生物经济的其他定义的一览表和清单（例如，Bugge et al.，2016；Maciejczak and Hofreither，2013；Meyer，2017；Staffas et al.，2013）。信息栏 2-1 提供了来自各国政府和国际组织出版物的生物经济定义的示例。该集合并不详尽，但是代表了目前所使用的各种定义。一个共同的主题是生物资源的利用。不同的定义在对这些资源的新用途（如能源、物质生产）的重视程度以及是否考虑传统活动（如粮食生产）方面各不相同。它们在"生物技术"一词的明确使用上也各不相同，但该词通常包括在内。

信息栏 2-1　生物经济定义的全球范例

阿根廷

"通过使用或转化生物资源实现商品和服务的可持续生产"（Bracco et al.，2018；MINAGRO，2016）。

澳大利亚

"一个关于生物质（有机物）可持续生产和转化为一系列食品、健康、纤维和其他工业产品以及能源的新兴概念"（Bracco et al.，2018）。

巴西

"生物经济一词指的是'基于国家自然资源和生态系统服务的创新产品及服务的产生'，而'扩展的生物经济'被定义为'与生物产品的发明、开发、生产和使用，以及/或可再生能源、材料和化学品的生产过程有关的一系列经济活动'"（German Bioeconomy Council，2018）。

中国

在中国，生物经济方面的政治利益与促进生物技术的发展密切相关。例如，生物技术发展是经济和社会发展"十一五"、"十二五"和"十三五"规划的一个突出主题（German Bioeconomy Council，2018）。

欧盟

"生物经济包括可再生生物资源的生产及其向食品、饲料、生物基产品和生物能源的转化。它包括农业、林业、渔业、食品、造纸业，以及部分化学、生物技术和能源工业。该领域有强大的创新潜力，因其运用了广泛的科学（生命科学、农学、生态学、食品科学和社会科学）、赋能技术和工业技术（生物技术、纳米技术、信息和通信技术、工程），以及局部知识和隐性知识"（Haarich et al.，2017）。

芬兰

"生物经济是一种依靠可再生自然资源生产食物、能源、产品和服务的经济。生物经济努力减少对化石自然资源的依赖，防止生物多样性丧失，并根据可持续发展原则创造新的经济增长和就业机会"（Natural Resources Institute Finland，2019）。

联合国粮食及农业组织

生物经济可以被定义为"以知识为基础，生产和利用生物资源、生物化过程和原理，以可持续地在所有经济领域提供商品和服务"。它涉及三个要素：①利用可再生生物质和高效生物过程来实现可持续生产；②利用赋能技术和会聚技术，包括生物技术；③跨应用领域（例如，农业、卫生和工业等）整合（Bracco et al.，2018）。

德国 [a]

"生物经济是以知识为基础的再生资源的生产和使用——在未来经济体系的背景下，为所有经济领域提供产品、过程和服务。为了实现可持续的经济增长，生物经济包含两个基本原则：基于可持续生产、可再生的自然资源；基于生物的创新"（German Bioeconomy Council，2018）。

日本 [a]

日本的生物工业是指卫生和医疗领域、环境技术、农业、渔业和食品加工（German Bioeconomy Council，2018）。

马来西亚

"生物经济是指生物技术的持续商业应用所产生的一切经济活动。它包括可再生生物资源的生产，及其借助创新和高效的技术向食品、饲料、化学品、能源和保健产品的转化"（Arujanan and Singaram，2018）。

经济合作与发展组织（OECD）

"生物经济是一系列经济活动，其中生物技术为初级生产和工业做出主要贡献，特别是在将先进的生命科学应用于生物质向材料、化学品和燃料转化的领域"（OECD，2018）。

南非

"'生物经济'一词包括转化为经济产出的生物技术活动和过程，特别是那些具有工业应用的生物技术活动和过程。在南非定义的内容中，可能包括但不限于动物和植物生物多样性、微生物和矿物质等自然资源的技术及非技术开发，以改善人类健康，解决粮食安全，进而促进经济增长和提高生活质量"（Bracco et al.，2018）。

英国

"生物经济包括源于生物基产品和过程的所有经济活动，这些产品和过程有助于以可持续和节约资源的方式解决在食品、化学品、材料、能源生产、健康和环境保护方面面临的挑战。生物经济不只是关于一个产业领域或着眼于一个特定的科学创新，而是包含了经济过程"（BBSRC，n.d.）。

美国

"生物经济是一种基于利用生物科学的研究和创新来创造经济活动及公共利益的经济"（U.S. OSTP，2012）。

"生物经济代表着源自与生物相关的过程和科学的基础设施、创新、产品、技术和数据，这些过程和科学能够推动经济增长，改善公共健康、农业和安全效益"（U.S. OSTP，2019）。

---

[a] 这些国家以母语发布了新的生物经济战略，目前英文译本尚无法获得。

许多国家已经为致力于用生物资源替代化石燃料的生物技术和生物基生产制定了专门的战略。随着时间的推移，这些专门的战略已经在生物经济的总体概念下融合（Staffas et al.，2013）。随着生物经济定义数量的增加，对定义进行分类的价值有所下降。关注的重点已经从简单罗列定义转移到研究定义本身的变化，以理解共同和不同的组成部分（Bracco et al.，2018；Bugge et al.，2016；Pfau et al.，

2014；Staffas et al.，2013）。其中一些研究包括对生物经济相关出版物的文献计量学分析（Birner，2018；Bugge et al.，2016；D'Amato et al.，2017；Golembiewski et al.，2015；Nobre and Tavares，2017）。文献计量学研究详细分析了哪些科学领域、地区和机构正在进行定义生物经济的研究。

委员会选择根据巴格（Bugge）等（2016）采用的方法来描述不同的定义，他们根据生物经济目的的三种不同视角对定义进行分类：①生物技术视角；②生物资源视角；③生物生态学视角（Devaney and Henchion，2018；Scordato et al.，2017；Wreford et al.，2019）：

- 在生物技术视角下，生物经济活动的中心是通过有目的的 DNA 操作和在分子水平上进行的生产过程来产生科学知识、将这些生产过程商业化，以及通过生物制造开发新的商业产品。
- 生物资源视角包括将生物质和生物材料（如农作物、树木）转化为能源和/或新产品，如生物塑料或生物燃料。
- 生物生态学视角"强调优化能源和营养物质利用、促进生物多样性、避免单一栽培和土壤退化的生态过程的重要性"（Bugge et al.，2016，p. 1）。在生物多样性丰富的国家中，生物生态学视角强调保护生物多样性和促进生态系统服务。在这方面，一个国家在生物多样性方面的先天优势可能为药物发掘提供原料或蓝图（Barbier and Aylward，1996；Ivshina and Kuyukina，2018；Perrings et al.，2009；Sasson and Malpica，2018；Sedjo，2016；Simpson et al.，1996；Trigo et al.，2013；Valli et al.，2018）。

下面将进一步详细讨论这三种视角。

2.1.1　生物技术视角

在生物技术视角下，生物技术的最新进展是生物经济的突出方面，如《美国国家生物经济蓝图》（以下简称《蓝图》）中所示（Carlson，2016；U.S. OSTP，2012）。随着 2012 年《蓝图》的发布，美国成为第一个将生物技术描述为生物经济的关键驱动力的国家。在很长一段时间里，各国制定的新生物经济战略没有涉及生物技术；近年，加拿大（Bioindustrial Innovation Canada，2018）、德国（Federal Ministry of Education and Research and Federal Ministry of Food and Agriculture，2020）、日本（（Japan's General Council for Science and Technology Innovation，2019）和英国（HM Government，2019）发布了新的"生物技术"生物经济战略。今天，生物技术被视为技术和经济竞争的新领域（BioteCanada，2009；Gronvall，2017；Langeveld，

2015；Li et al.，2006；Meyer，2017；U.S. OSTP，2012）。

在生物技术视角下定义生物经济的方法是实例驱动的，突出特定的生产过程或产品。这种以技术为基础的定义方法面临一个挑战，即所涉及的许多新技术或产品已应用于较传统的经济领域，如农业和林业。这就带来了这样的问题，是把定义的重点放在纳入较新的应用上（如转基因作物品种），还是把所有的作物和森林生产都视为生物经济的一部分。例如，Li 等（2006）（中国）、Lee（Lee，2016）（中国、印度、日本、韩国和马来西亚）、Carlson（2016）、Trigo 等（2013）（拉丁美洲）和经济合作与发展组织（OECD，2018）的研究，以及《美国国家生物经济蓝图》（U.S.OSTP，2012）将转基因作物的扩散作为生物经济的业绩指标。相比之下，欧盟国家倾向于将所有作物都视为生物经济的一部分，对转基因作物没有特别的追踪或考虑。这种做法在某种程度上可能与许多欧盟国家禁止种植转基因食品有关（GMO Answers，n.d.）。

各国在卫生领域的方法各不相同。虽然大多数定义认为生物药物是生物经济的一部分，但美国和中国关注的是更广泛的医疗应用。对于中国，Li 等（2006）不仅强调（人类和动物）疫苗，而且强调基因组测序、基因治疗、组织工程产品和健康免疫诊断。在这方面，这一定义反映了《美国国家生物经济蓝图》（U.S. OSTP，2012）中讨论的许多应用。芬兰和北欧国家强调旨在促进健康的营养食品和功能食品（Dubois and Gomez San Juan，2016）。

各国在测量与生物技术相关的研发活动和应用上的重视程度也各不相同，加拿大、中国和美国对此给予了更多重视（BioteCanada，2009；Carlson，2016；Li et al.，2006；U.S. OSTP，2012）。总的来说，欧洲国家不重视生物技术研发，德国（Ehrenfeld and Kropfhäußer，2017）和瑞典（Statistics Sweden，2018）的研究是值得注意的例外。有些研究还将生物浸出在采矿业的应用作为生物经济的一部分（Juma and Konde，2001；Li et al.，2006；Matyushenko et al.，2016；Pellerin and Taylor，2008）。

2.1.2　生物资源视角

生物经济的生物资源视角侧重于替代以化石燃料为基础的电力、燃料和化学品制造。一个关键目标是为传统生物资源型产业发展新的价值链（Bugge et al.，2016）。各国一贯将此类活动纳入其生物经济定义和战略中。然而，在对减缓气候变化、实现可持续发展目标（SDG）、能源安全和农村经济发展等生物资源替代动机的重视程度方面，各国有所不同（Bracco et al.，2018；Bugge et al.，2016；Dietz et al.，2018；Dubois and Gomez San Juan，2016；Wreford et al.，2019）。

美国各机构没有一套统一的技术或经济活动可以纳入生物基生产中。美国农业部（USDA）2015 年提交给国会的《生物优先项目报告》（Golden et al.，2015）评估了对美国经济做出贡献的 7 个生物基产品行业：农业和林业、生物精炼、生物基化学品、酶、生物塑料瓶和包装、林产品和天然纤维纺织品。其中不包括用于食品、饲料、生物燃料生产的农业，也不包括制药。新形式的生物基制造（如生物基制品）仅占生物基生产直接附加价值（所有行业的附加价值总和等于国内生产总值）的 8%。采伐、木材和木制品占附加价值的 81%，而棉花生产及以棉花为基础的纺织品和服装占 11%。相比之下，美国能源部（DOE）的"十亿吨"报告（Brandt et al.，2016）关注生物资源供应潜力，考虑了更广泛的技术和产品，包括生物基化学品、乙醇、生物柴油、厌氧消化、木质生物质和木材废弃物，以及垃圾填埋场气体。

2.1.3 生物生态学视角

生物经济的生物生态学视角强调"优化能源和营养物质利用、促进生物多样性、避免单一栽培和土壤退化的生态过程的重要性"（Bugge et al.，2016）。同时也强调生物（和其他资源）的回收和再利用。在这方面，生物经济的生物生态学视角具有循环经济的特征。欧盟的经济政策越来越注重资源利用最大化、浪费最小化的循环经济理念，而不是以"取"、"造"、"处置"为主要要素的"线性经济"。循环经济采用一种再生的方法，包括设计寿命、再利用、修理和回收作为基本要素。学者们认为，循环经济和生物经济代表着截然不同但互为补充的两种实践（Carus and Dammer，2018；Wesseler and von Braun，2017），生物经济更重视生物科学和生物过程的作用，而某些生物基能源的生产和消费被认为是不在循环经济之内的（Carus and Dammer，2018）。

意料之中的是，"循环生物经济"一词已在欧盟受到重视，目前正在制定政策，以最大限度地利用被视为废物的生物基资源（如农业和林业残留物），长期目标是逐步用生物基生产取代化石基生产（Philp and Winickoff，2018；Reime et al.，2016）。向循环经济的转变，特别是生物废弃物利用的增加，将进一步使那些试图评估或定义生物经济的不同领域陷入困境。

生物多样性，通常被定义为在其自然环境中的生物体的多样性，与从以下几个方面去理解生物经济有关。第一，丰富的生物多样性为地球上的生命提供了一个健康和可持续的星球。第二，利用固有生物多样性的传统手段具有经济效益和经济价值。自 20 世纪 30 年代以来，美国田间作物的产量增长有一半归功于基因改良，包括通过杂交培育以利用生物多样性（Huffman and Evenson，1993）。来自动植物的天然产品仍然是许多药品和农用化学品（如杀虫剂）的基本来源。据 Soejarto 和 Farnsworth（1989）估计，大约 1/4 的处方药含有某些天然产物，如果考虑到发展中国家使用的传统药物，这个比例还会增加（Simpson et al.，1996）。天然产物的分子结构也可以作为化合物开发的蓝图或先导（Frisvold and Day，

2008；Mateo et al.，2001）。除了药物，天然产物提供的一系列化学结构已经成为许多新型除草剂、杀菌剂和杀虫剂的起始结构（Sparks et al.，2016）。第三，通过代谢工程和合成生物学来挖掘及操纵生物多样性的能力，正在推动一个有目的的生物经济的各个组成部分，这可以被视为以生物工具和可销售产品的形式创造一种新颖的、"数字的"或"合成的"生物多样性领域。

生物多样性可被认为是一种丰富的、间接的资源，为生物经济的所有组成部分提供养分。因此，生物多样性的丧失可能造成生物经济的损失。美国大多数农作物都是单一栽培的。种植单一作物品种的做法会增加对害虫和病原体的脆弱性，并减少繁荣的生态系统带来的益处。生物经济的生物生态学视角的支持者经常强调关于作物种类、作物种植方式和它们的基因组成的多样性需求（Bugge et al.，2016）。

传统上，许多领域都以不同的方式利用生物多样性来获益。期望的农业性状取决于对一个物种内广泛的遗传多样性的选择。这种多样性在鉴定标记辅助育种计划中所使用和选择的理想遗传性状时十分重要，在这一过程中，遗传序列指导农业选择过程。最近，合成生物学和生物技术工具已被用于将物种内部和跨物种的生物多样性转化为明显的直接经济效益。对多样性生物进行基因组测序有助于识别可用于创建遗传通路和回路的基因，利用代谢工程来创造高价值的化合物。我们所能创造的东西只受我们能发现的途径的多样性所限制。虽然生物多样性的大部分潜力可能仍未被发现，但对生物多样性空间的工业探索从发现天然药物就正式开始了，并在最近几年继续发展（Gepts，2004；Naman et al.，n.d.）。例如，最近启动的"地球生物基因组计划"（EBP）旨在 10 年内对地球真核生物多样性的基因组进行测序、编目和表征（Lewin et al.，2018）。

2.1.4 调和生物经济的各个视角

以上三种不同的生物经济视角并不一定是相互排斥的。制定生物经济战略的国家几乎一致强调用生物资源替代以化石燃料为基础的生产（这是生物资源视角的根本）。许多国家（如加拿大、中国、德国、拉丁美洲各国、马来西亚、英国、美国）还同时强调生物技术的作用（Arujanan and Singaram，2018；Carlson，2016；Li et al.，2006；Trigo et al.，2013）。相比之下，生物生态学视角的某些应用明确拒绝将转基因作物作为生物经济的一部分（Bugge et al.，2016）。

虽然不同的国家和研究可能对这三种视角各有侧重，但我们可以在一些案例中找到所有这三种视角的实例。例如，美国制定了几份强调不同视角的文件。《美国国家生物经济蓝图》强调生物技术和健康方面的应用，与生物技术视角最为接近（U.S. OSTP，2012）。2015 年美国农业部提交给国会的"生物优先计划"报告（Golden et al.，2015）和美国能源部的"十亿吨"报告（Brandt et al.，2016）强调用可再生生物资源替代化石燃料，更符合生物资源视角。最后，从讨论"气候变化对生物多样性的风险"等研究问题来看，地球生物基因组计划（EBP）（Lewin et al.，2018）符合生物生态学视角。

2.1.5 定义生物经济范围

试图评估生物经济的贡献并为生物经济战略制定绩效指标，必然要决定要纳入哪些经济活动作为直接的生物经济组成部分，哪些排除在外（即如何定义生物经济的范围）。这种分类是在测量生物经济对一个国家或地区经济总量的贡献之前的一个中间步骤（关于测量问题的讨论见第3章）。正如世界各国对生物经济的概念定义各不相同一样，对于生物经济范围或者如何测量该范围的问题，各国甚至国家各部门或学者之间都没有达成共识。

由于生物经济不是包含在一组独立的经济领域中，而是跨越多个领域，因此对其范围进行定义具有挑战性。但大多数尝试至少有一个共同的出发点。某些领域被认为完全属于（如生物技术研发）或不属于（如钢铁制造）生物经济。剩下的是一组"混合的"（Ronzon et al.，2017）、"部分包括的"（Lier et al.，2018）或"杂合的"（Ronzon and M'Barek，2018）领域。例如，大豆打印机油墨（印刷油墨制造业的一部分）的生产将是生物经济的一部分，生物塑料（塑料制造业的一部分）也是如此。

2.1.6 国际方法

北美的研究与欧盟国家和日本的研究在定义生物经济范围方面存在明显差异。信息栏2-1体现了不同国家对生物经济定义的差异，表2-1显示了用于勾勒出能够反映这些定义的范围的各种方法或者进行测量的方法的多样性，尽管该表并不全面。该表强调了一些学术方法和第三方的方法，包括一些用于研究美国生物经济的方法。表格中的最后一列显示的是本报告概述的范围（下文详细讨论）。

欧盟的研究倾向于使用相对宽泛的生物经济范围定义，包括生产生物生产材料或基本依赖生物生产材料的整个领域。例如，不仅包括第一产业（采矿除外），而且包括食品、饮料、烟草和木制品制造。尽管欧盟各部门已将研究和创新确定为一项关键指标，但生物技术研发通常被排除在欧盟国家的生物经济范围之外（Ehrenfeld and Kropfhäußer，2017）。在美国和加拿大，在传统领域的制造业中，生物技术、生物研发和生物基产品替代化石燃料基产品的应用越来越受到重视。第一产业（农业、林业和渔业）基本上被排除在生物经济之外，但不包括转基因作物和为能源生产而种植的作物（Carlson，2016）。

表 2-1 在选定的研究中，生物经济包括、排除或部分包括的领域

研究作者/地区

行业	Daystar et al., 2018/美国	Ernst and Young, 2000/美国	Carlson, 2014/美国	de Avillez, 2011/加拿大	Pellerin and Taylor, 2008/加拿大	Hevesi and Bleiwas, 2005/纽约	Ehrenfeld and Kropfhäußer, 2017/萨克森自由州	Ronzon et al., 2017/欧盟	Loizou et al., 2019/波兰	Natural Resources Institute Finland, 2019/芬兰	Wen et al., 2019/日本	Causapé, 2017/欧盟	Smeets et al., 2013/欧盟	Philippidis et al., 2014/欧盟	NASEM/美国
作物生产	+	−	+	+	+	−	+	++	++	++	++	++	++	++	+
畜牧业生产	−	−	−	+	−	−	+	++	++	++	++	++	++	++	E
渔业/水产养殖	−	−	−	+	−	−	+	++	++	++	++	++	++	++	E
林业	++	−	−	+	−	−	+	++	++	++	++	++	++	++	E
发电	−	−	−	+	−	−	+	+	−	+	+	+	+	+	+
采矿（生物浸出）	−	−	−	+	+	−	+	−	−	−	−	−	−	−	E
加工食品	+	−	−	+	−	−	−	++	++	+	++	++	++	++	+
饮料和烟草	+	−	−	+	−	−	−	++	++	+	++	++	++	++	−
皮革及皮革制品	−	−	−	−	−	−	−	++	++	+	−	++	++	++	−
木材制造	++	−	−	+	−	−	+	++	++	+	++	++	++	++	−
纸制品	+	−	−	+	−	−	−	++	++	+	++	++	++	++	−
家具制造	+	−	−	++	++	+	−	+	+	+	−	+	+	+	E
纺织品	+	−	−	+	+	−	−	+	+	+	++	+	++	++	−
服装	+	−	+	−	−	−	−	+	+	+	−	−	−	++	++
药品	−	+	+	++	++	+	+	+	+	++	++	+	+	+	++
化学品	+	+	+	+	+	+	+	+	+	+	+	+	+	+	+
塑料和橡胶	+	+	+	+	+	−	−	−	+	+	−	+	+	+	+
生物技术研发	−	+	++	+	−	+	−	−	−	−	−	−	−	−	++
其他物理、工程和生命科学研发	−	+	+	+	−	++	−	−	−	−	−	−	−	−	+

续表

行业	Daystar et al., 2018/美国	Ernst and Young, 2000/美国	Carlson, 2014/美国	de Avillez, 2011/加拿大	Pellerin and Taylor, 2008/加拿大	Hevesi and Bleiwas, 2005/纽约	Ehrenfeld and Kropfhäußer, 2017/萨克森自由州	Ronzon et al., 2017/欧盟	Loizou et al., 2019/波兰	Natural Resources Institute Finland, 2019/芬兰	Wen et al., 2019/日本	Causapé, 2017/欧盟	Smeets et al., 2013/欧盟	Philippidis et al., 2014/欧盟	NASEM/美国
医疗诊断	—	—	—	+	—	—	—	—	—	—	—	—	—	—	++
保健	—	—	—	+	+	—	—	—	—	—	—	—	—	—	—
药品贩剂	—	—	—	+	—	—	—	—	—	—	—	—	—	—	—
农业用品（零售）	—	—	—	+	—	—	—	—	—	—	—	—	—	—	—
建设	—	—	—	—	—	—	—	—	—	+	—	—	+	—	—
水处理和供应	—	—	—	—	—	—	—	—	—	+	—	—	—	—	—
自然旅游、狩猎、钓鱼	—	—	—	—	—	—	—	—	—	+	—	—	—	—	—

注：+代表有些活动包含在内的行业；++代表完全包含在内的行业；E 代表一个新兴行业，预计在不久的将来会有一些商业规模的应用。—代表完全不包括在生物经济内的行业。

Lier 等（2018）对欧盟成员国负责监测生物经济效能或制定生物经济战略的部门进行了一项调查。调查对象被问及哪些活动完全包括在生物经济领域中，哪些活动部分包括在生物经济领域中，哪些活动没有包括在生物经济领域中（表 2-2）。综合各国的调查结果，我们确定了 15 个不同的行业，但并非所有国家都包括相同的行业。15 个行业中只有 3 个被所有调查对象列为完全纳入生物经济当中：农业、食品工业和林业。对于其他 12 个行业，各国的包含程度各不相同。大多数（但不是全部）国家将水产养殖、渔业、木制品制造业和造纸业完全纳入生物经济。一些部门还将狩猎、基于自然的旅游和娱乐、生物基产品的运输甚至一些建筑活动完全包括或部分包括在生物经济当中，因为这方面的共识更少。

表 2-2　对欧盟各政府部门关于在国家层面哪些行业属于生物经济领域的调查结果

行业	丹麦	爱沙尼亚	芬兰	法国	德国	意大利	拉脱维亚	荷兰	挪威	斯洛伐克	西班牙	土耳其
农业	++	++	++	++	++	++	++	++	++	++	++	++
食品工业	++	++	++	++	++	++	++	++	++	++	++	++
林业	++	++	++	++	++	++	++	++	++	++	++	++
水产养殖	++	++	++	++	++	++	++	+	++	++	++	++
渔业	++	++	++	++	++	++	++	+	++	++	++	++
造纸业	++	++	++	++	++	++	++			++		
可再生能源	+	++	++	+	++	+	++	++	++	++	++	++
木制品制造业	++	++	++	+	++	++	++	+	++	++	++	+
化工	+		++	+	+	+	+	+	+		++	++
制药业	+	+	++	+	++	++	++	+		++		
供水	+	—	+	+	++			++	++	++		
狩猎	+	++	++	—	+		++		++	++		++
生物基产品的运输	+	++	++	++	—	—	—	+			++	++
自然旅游/娱乐	+	++	++	+	—	++		+		+		++
建设	+	—	++	+	+							++

注：+代表有些活动包含在内的行业；++代表完全包含在内的行业。—代表完全不包括在生物经济在内的行业。
资料来源：Lier et al.，2018.

虽然"对研究和创新的投资"不被视为经济活动或领域，但大多数政府部门都将其视为其生物经济效能的关键指标（Lier et al.，2018）。瑞典采取的方法则不同，该国明确将生物技术的研究和实验开发作为生物经济的一部分（Statistics Sweden，2018）。同样，Ehrenfeld 和 Kropfhäußer（2017）发现，德国中部生物经济区内 18% 的企业被归入科学研发行业代码。

对生物经济包含哪些活动做出取舍，与采取狭义还是广义的定义有关。如果采用一个广泛的、高度包容的定义，那么生物经济就由成熟的经济活动（如木制家具的制造）主导，这些活动（迄今）既不涉及生物研究或生物技术的应用，也不涉及生物资源替代石化资源。采用较广泛的定义有利于将农业、林业、木材制造和食品加工等领域整个纳入。这些领域已在国民收入核算中进行了描述和定义，并定期记录在政府统计数据中。这有助于生物经济的测量，但若生物经济的测量标准严重倾向于这些成熟领域，则可能表明随着时间的推移，生物经济在经济活动、收入和工资中所占的份额正在缩小。

相比之下，狭义的定义更多地基于生物创新，可能更适合追踪成熟领域的创新和动力。例如，在狭义的生物经济定义下，林业可能不包括在内。然而，随着未来生物技术应用（NASEM，2019）的采用取得进展，林业领域的活动将越来越多地被纳入到生物经济中。同样，细胞农业的创新可以将更多畜牧生产或食品加工活动纳入生物经济的范畴。

然而，如果对生物经济范围的定义过于狭窄，则更难预测科学发现和技术创新带来的变化，而这反过来使以统一的方式追踪生物经济的增长和效能变得更加困难。例如，生物创新的进步和信息学的生物学应用正引起农业的快速技术变革。因此，需要确定生物经济中包括什么或不包括什么并定期调整。这将给跨国家和跨时间对生物经济效能的数据收集、测量和追踪带来挑战。

此外，委员会任务陈述的第三个要素是"概述通常用于确定在全球经济中的战略领导地位的指标，并确定美国目前保持领导地位且最具竞争力的领域"。对生物经济的定义过于狭窄可能会使生物经济效能的国际比较变得更加困难，因为其他国家就生物经济绩效的更广泛定义和指标进行了协调。例如，欧盟正在进行大量工作，以制定国家间协调的生物经济测量方法（Bracco et al.，2018；EC，2018；Parisi and Ronzon，2016）。如上所述，相对于北美，欧盟国家倾向于在其生物经济的定义中纳入更多完整的经济领域。各国以相同的方式收集这些总体领域的数据。因此，有可能（虽然并非易事）构建与其他国家正在开发的测量标准相媲美的美国生物经济测量标准。定量测量问题将在第3章中详细讨论。

2.2　定义美国的生物经济范围

如第1章所述，委员会采用了美国生物经济的以下定义：

美国生物经济是由生命科学和生物技术的研究与创新驱动，并由工程、计算与信息科学的技术进步实现的经济活动[①]。

---

① 就本报告而言，"生命科学"一词旨在包括生物、生物医学、环境生物学和农业科学。

这个定义包括与"生命科学和生物技术的研究与创新"相互作用或专门为其构建的所有产品、过程和服务。该定义旨在具有足够的灵活性,以便能够预见性地包括生命科学及所有生物技术的新进展和新应用,如 CRISPR 技术在基因组编辑或细胞农业中的应用。此外,委员会的定义还提到了其他学科对生命科学的影响。正如在第 1 章中所探讨的,工程领域的方法使高通量实验成为可能,而计算与信息科学使生物信息的收集、分析、共享和存储成为可能。这些使能技术改变了生命科学研究的面貌,并将继续为研发工作开辟新的路径。

表 2-1 和图 2-2 反映了该定义对生物技术的强调,因为所有生物技术研发都包含在本报告定义的范围中。此外,该表还包括 E,代表具有新兴应用的领域,这些应用目前还处于研发阶段,但在不久的将来有商业应用的潜力。随着这些应用的不断发展,将有必要不断重新评估新兴领域或正在经历技术进步的现有领域是否属于生物经济。林业是一个例子,目前不会将其纳入美国生物经济中,因为在美国的行业中,目前认为生物技术或生产的生物质用于发酵的程度并不很大。然而,NASEM(2019)最近的一份报告描绘了利用生物技术促进和保护森林健康的潜在未来,这将使林业成为生物经济的重要贡献者。

NASEM 的报告《为未来的生物技术产品做好准备》(NASEM,2017)和工程生物学研究联合会的报告《工程生物学》(Engineering Biology Research Consortium,2019)概述了许多令人兴奋的新产品和新生物技术,这些都将被纳入上述生物经济定义中。属于生物经济范畴的生物技术产品(及其生产公司)的例子包括:用于创建旨在执行特定生物合成功能的微生物工程菌株的平台技术(CB Insights,2017;Kunjapur,2015);开发的通过回收金属或作为环境生物传感器来净化环境的微生物;由生物合成蜘蛛丝制成的服装(Kunjapur,2015);用来自酵母的生物合成蛋白添加剂制成的肉类替代品,如用于添加"肉味"的血红蛋白(Brodwin and Bendix,2019)。为了进一步阐明上述定义是如何影响生物经济范围的,下面列出了来自不同领域的重要示例,以及将其纳入生物经济范围的理由。

2.2.1 农业领域

根据本委员会的定义,美国生物经济包括大多数作物,因为在美国种植的许多作物在其生命周期内都与生物技术或生命科学研究相互作用。委员会确定了纳入农业领域的四条主要标准:①在创建品系或种子时使用了基因工程;②在标记辅助育种计划中使用了先进的分子生物学技术;③在育种应用或增强土地利用能力(即精准农业)中使用了大型信息数据库和计算技术;④在利用重组和合成 DNA 技术的下游生物加工和/或发酵过程中使用了植物生物质。第三条标准中提到的计算方法包括育种能力,如加速育种技术和基因组分析以便规划遗传杂交。此外,当无人机或人工智能技术被用于水资源管理、杂草和害虫监测等各个方面时，计算技术可以提高土地利用能力。委员会将把所有不符合这四条标准的作物品种排除在美国生物经济评估之外。

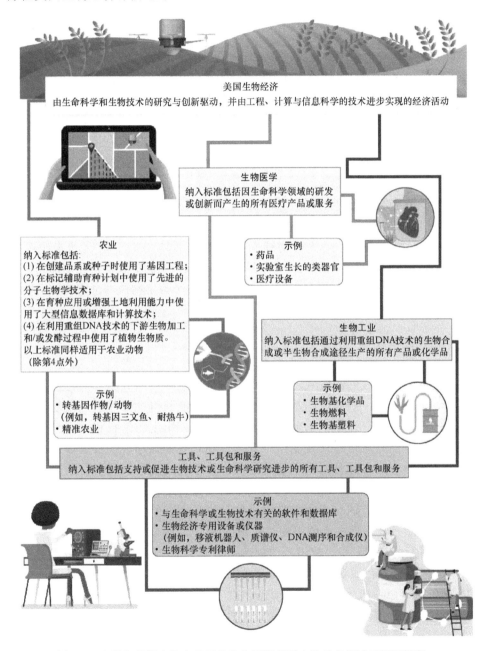

图 2-2　本报告所提出的定义下的生物经济范围内的重点领域示例和解释。

委员会还将前三条标准应用于农业动物。2019 年 3 月，美国批准培育转基因三文鱼的生物技术公司 AquaBounty 开始在美国养殖和销售转基因三文鱼（Bloch，2019）。AquaBounty 的三文鱼已经在加拿大获得批准并销售，其生长速度是正常三文鱼的两倍，营养需求量是正常三文鱼的一半，而对消费者来说没有营养价值损失（Bloch，2019）。虽然转基因陆地动物的产品还没有进入美国市场，但大量研究集中在将理想性状工程化改造到动物和昆虫中。例如，研究人员设计了耐热的牛，使它们可以在温暖气候中生存（Ledford，2019）；还设计了"无角"牛，使其对人类操作者和饲养员都更安全，因为去角的过程既痛苦又危险（Akst，2016）。昆虫正被开发作为食物来源和害虫防治手段，例如，一家公司在宠物食品等产品中使用来自养殖昆虫的蛋白质（Burwood-Taylor，2019）；还有用于卷心菜虫害控制的转基因飞蛾（Zhang，2017）。这些产品被纳入生物经济中，并且随着监管障碍的消除，它们将作出更大的经济贡献。

生物经济中包括的动物产品的其他例子包括"实验室培养的肉类"，也被称为"细胞农业"。与传统"肉类替代品"不同的是，"实验室培养"的肉是"利用动物细胞培养技术直接从动物细胞而不是从活体动物中培养动物组织"（Saavoss，2019）。这是一个从活组织切片中培养肌肉细胞的过程，在不需要畜牧业的情况下生产出动物肉的真实成分——这是另一个与生物技术密切相关的肉类的例子，因此将被纳入生物经济中。

2.2.2　生物医学领域

因生命科学领域的研发或创新而产生的所有医疗产品或服务都符合委员会对生物经济的定义。所有药品都需要经过研发才能获得批准并进入市场。生产最终产品所需的研究通常包括药物发现范式，即使用生物信息和过程来获得初始产品，该产品随后进行迭代测试、安全性和有效性筛选，以及大规模生产。工程学方法越来越多地被用于识别起始药物分子。这些过程包括自动筛选大型化学物质库以识别起始药物分子，以及对重要蛋白质靶点结合区域中的分子进行计算机筛选。所有这些步骤都需要"生命科学领域的研究与创新"，这意味着所有的药品及其发现中所使用的过程都被纳入生物经济中。

生物研发的使用对于医疗设备的创造同样重要。一些医疗设备需要广泛使用新开发的生物技术和最新的生物学研究成果。例如，大脑控制的机械臂经过多次迭代，其中一个新版本不需要进行侵入性手术，而是使用非侵入性脑机接口（Durham，2019）。其他正在开发的设备，如用于诊断的基于细胞的生物传感器和实验室培养的器官，很大程度上依赖于人类生物学的进步。因为所有医疗设备在其生命周期内都有生命科学研发活动，因此有必要将其纳入生物经济中。

2.2.3 生物工业领域

与农业中的下游发酵过程一样，通过利用重组 DNA 技术的生物合成或半生物合成途径生产的所有产品或化学品都包含在生物经济中。但是，通过严格的化学合成制造的任何化学品都不包括在这个定义内。一个突出了生产化学品的生物合成与化学合成过程的例子是常见的工业添加剂 1,3-丙二醇。该过程是利用转基因细菌将一种基于糖的起始产品转化为所需的化学物质（Biebl et al.，1999），1,3-丙二醇可以大规模生产，用于许多常见的纤维应用领域，如增加地毯的耐用性（DuPont Tate and Lyle BioProducts，2006）。这个例子说明了以前通过化学合成生产的化学物质，现在主要通过生物合成过程生产。目前，很难分析出一个人造化学品的整个生产过程中哪一部分是通过发酵过程而不是化学合成过程制成的，这导致很难测量某些化学品对生物经济的贡献。

2.2.4 跨领域的工具、工具包和服务

支持或促进生物技术或生命科学研究进步的所有工具、工具包或服务都包含在美国生物经济范围内，同时我们认识到，很难将在生物经济领域内外都发挥作用的工具或服务分离开来。支持性工具的一个范例是专门用于生命科学实验室的任何软件。用于查看和分析基因序列的 SnapGene 等软件将包括在内，因为这是一种主要用于推进生命科学研究的计算技术。相比之下，标准的文字处理软件虽然在科学环境中也很有用，但因其广泛用于其他用途而被排除在外。另一个在生物经济领域内外都有案例的工具是数据集和数据库。随着数据获取技术的进步，数据集的数量和规模不断增加。这使得生命科学专用数据集（如基因组序列数据库）成为生物经济的重要组成部分（将在第 5 章和第 7 章中进一步讨论）。

生命科学专用仪器（如移液机器人）也包括在生物经济中。在所有生物经济领域都很重要的是 DNA 测序和合成技术。在这一范围中描述的许多产品和服务都依赖于以越来越快的速度和越来越低的成本进行 DNA 测序和合成的能力（NASEM，2017；在第 5 章中也有更详细的讨论）。值得注意的是，一些仪器（如质谱仪）对生物经济至关重要，但同时也服务于完全不在生物经济范围内的其他科学目的。质谱仪是蛋白质组学这一生命科学重要领域中的主力仪器。此外，该仪器对化学领域也是至关重要的，能够帮助完成包括小分子产品的分析和鉴定在内的许多任务。由于质谱仪所具有的这些不同的功能，分析质谱仪对生物经济的贡献就变得困难。

除了各种工具和仪器外，为推进生物技术和生命科学而存在的所有服务也

属于生物经济的范畴。例如，帮助新生物技术通过复杂的专利法系统的生物科学专利律师（Carlson，2014）。生物科学专利律师既了解专利法，又了解他们所指导申请专利的生物技术，因此能够提供专门针对生物经济的专业知识。这些律师的专业知识的特殊性，使他们的服务不同于其他一般性服务，后者对生物技术和生命科学也很重要，但不需要专门的生物技术知识或培训。这些律师被纳入生物经济中，因为他们提供了一项不可或缺的服务，直接且专门帮助将新的生物技术推向经济市场。

2.2.5　对范围定义的展望

正如针对特定产品所讨论的那样，对于具有多种用途的产品，可能很难测量其与生物经济有关的经济活动。在用于报告美国 GDP 的高水平聚合中，美国的几个领域将被视为混合领域或杂合领域，其中有些活动包含在生物经济之内，有些则在生物经济之外：农业（转基因作物）；公用事业（生物质发电）；食品、饮料和烟草产品（生物工程产品）；化工产品（医药、生物基化工产品）；塑料和橡胶产品（如生物塑料）；专业、科学、技术服务（生物技术研发）；流动医疗保健服务（如某些医学实验室服务）。

在比用于报告 GDP 的行业定义更精细的尺度下，美国、加拿大和墨西哥根据"北美行业分类系统（NAICS）"代码对行业进行分类，而欧盟则根据"欧洲共同体内部经济活动一般行业分类"代码对行业进行分类，可以在这种更精细的尺度下重复定义生物经济的范围（确定哪些行业领域不包括、完全包括或部分包括在生物经济中）。例如，生物技术（NAICS 541714）或生物质发电（NAICS 221117）的研发将被纳入生物经济中，而印刷油墨制造（NAICS 325910）将是一个混合领域，其中大豆油墨生产被纳入生物经济中。

即使在更精细的定义尺度内，美国经济的许多领域仍将是混合的（即只有一些活动包括在生物经济中）。解决此问题的一种常见方法是进行行业调查，以确定一个领域中哪些类型的生产可能是"基于生物的"（Golden et al.，2015；Ronzon et al.，2017；Wierny et al.，2015）。例如，可以调查塑料制造商，以确定他们的岗位和生产中有多少是投入到生物塑料中，然后生物塑料生产这一子集将被纳入生物经济中。另一种方法是改变 NAICS 代码的定义，以更好地反映生物经济活动（有关 NAICS 代码的进一步讨论见第 3 章）。

2.3　结　　论

本章回顾了生物经济作为研究主题的研究历史，突出强调了学者和政府在定义生物经济概念时所采取的各种方法。委员会在研究并理解其他国家和学术界使用的定义，以及美国之前使用的定义后，决定采取一个广泛的生物经济定义，从而确保包括新的使能技术。

结论 2-1：委员会采用了以下定义："美国生物经济是由生命科学和生物技术的研究与创新驱动，并由工程、计算与信息科学的技术进步实现的经济活动。"

就本报告而言，"生命科学"一词拟包括生物学、生物医学、环境生物学和农业科学。上述定义意在包括生命科学领域的新技术和新产品。本章也认识到基于政府或团体的经济学观点来编写其他定义的重要性。考虑到这一点，有必要指出生物经济的狭义和广义定义的差异。

结论 2-2：对生物经济包含哪些活动做出取舍，与采用狭义还是广义的定义有关。

如果采取一个广泛的、高度包容的定义，那么生物经济就由成熟的经济活动主导，这些活动不是由生命科学和生物技术的研究及创新驱动，也不是以基于生物资源的生产取代基于化石燃料的生产。另外，还必须谨慎，以免该定义使预测科学发现和技术创新带来的变化变得更加困难，而这反过来又会使随着时间的推移以统一的方式追踪生物经济的效能变得更加困难。

委员会任务陈述的第三部分是"概述通常用于确定在全球经济中的战略领导地位的指标，并确定美国目前保持领导地位且最具竞争力的领域。"鉴于上述考虑，委员会得出以下结论：

结论 2-3：对生物经济的定义过于狭窄将使生物经济效能的国际比较变得更加困难，因为其他国家正在协调寻求对生物经济效能更广泛的定义和指标。

与狭义的定义相比，其他国家更宽泛的定义形成了一个更具包容性的范围，并且可以更容易地在各个经济体之间进行比较。下一章将继续探索测量美国生物经济的工具，以及不同国家间生物经济领导力的比较方法。

参 考 文 献

Akst, J. 2016. Genetically engineered hornless dairy calves. *The Scientist*, May 10. https://www.the-scientist.com/the-nutshell/genetically-engineered-hornless-dairy-calves-33553 (accessed August 30, 2019).

Arujanan, M., and M. Singaram. 2018. The biotechnology and bioeconomy landscape in Malaysia. *New Biotechnology* 40(Pt. A):52–59. doi: 10.1016/j.nbt.2017.06.004.

Barbier, E. B., and B. A. Aylward. 1996. Capturing the pharmaceutical value of biodiversity in a developing country. *Environmental and Resource Economics* 8(2):157–181.

BBSRC (Biotechnology and Biological Sciences Research Council). n.d. *Biosciences for the future. Building the bioeconomy.* https://bbsrc.ukri.org/research/briefings/bioeconomy (accessed July 30, 2019).

Biebl, H., K. Menzel, A. P. Zeng, and W.-D. Deckwer. 1999. Microbial production of 1,3-propanediol. *Applied Microbiology and Biotechnology* 52(3):289–297. doi: 10.1007/s002530051523.

Bioindustrial Innovation Canada. 2018. *Canada's bioeconomy strategy: Leveraging our strengths for a sustainable future*. https://docs.wixstatic.com/ugd/b22338_1906a509c5c44870a6391f4bde54a7b1.pdf (accessed October 19, 2019).

BioteCanada. 2009. *The Canadian blueprint: Beyond moose & mountains. How we can build the world's leading bio-based economy*. Ottawa, Canada: BioteCanada.

Birner, R. 2018. Bioeconomy concepts. In *Bioeconomy: Shaping the transition to a sustainable, biobased economy*, edited by I. Lewandowski. Cham, Switzerland: Springer. Pp. 17–38.

Bloch, S. 2019. AquaAdvantage, the first GMO salmon, is coming to America. *The New Food Economy*, March 11. https://newfoodeconomy.org/fda-aquabounty-gmo-salmon-seafood-restriction-market (accessed August 30, 2019).

Bonny, S. 2014. Taking stock of the genetically modified seed sector worldwide: Market, stakeholders, and prices. *Food Security* 6(4):525–540.

Bracco, S., O. Calicioglu, M. Gomez San Juan, and A. Flammini. 2018. Assessing the contribution of bioeconomy to the total economy: A review of national frameworks. *Sustainability* 10(6):1698.

Brandt, C. C., M. R. Davis, B. Davison, L. M. Eaton, R. A. Efroymson, M. R. Hilliard, K. Kline, M. H. Langholtz, A. Myers, S. Shahabaddine, T. J. Theiss, A. F. Turhollow, Jr., E. Webb, I. Bonner, G. Gresham, J. R. Hess, P. Lamers, E. Searcy, K. L. Abt, M. A. Buford, D. P. Dykstra, P. D. Miles, P. Nepal, J. H. Perdue, K. E. Skog, D. W. Archer, H. S. Baumes, P. D. Cassidy, K. Novak, R. Mitchell, N. Andre, B. C. English, C. Hellwinckel, L. H. Lambert, J. McCord, T. G. Rials, R. C. Abt, B. J. Stokes, A. Wiselogel, D. Adams, B. Boykin, J. Caul, A. Gallagher, J. Largen, M. Lucas, B. Mar, A. Moulton, K. Satalino, G. Shields, V. Owens, L. R. Johnson, C. Daly, M. Halbleib, J. Rogers, R. Davis, A. Milbrandt, N. Brown, K. C. Lewis, A. Coleman, C. Drennan, M. Wigmosta, T. Volk, S. Schoenung, and W. Salverson. 2016. *2016 billion-ton report: Advancing domestic resources for a thriving bioeconomy, Volume 1: Economic availability of feedstocks*. ORNL/TM-2016/160. U.S. Department of Energy, Office of Energy Efficiency and Renewable Energy. doi: 10.2172/1435342.

Brodwin, E., and A. Bendix. 2019. The startup behind Silicon Valley's favorite "bleeding" veggie burger has scored a major victory in its battle for legitimacy. *Business Insider*, August 1. https://www.businessinsider.com/impossible-foods-bleeding-veggie-burger-ingredient-gets-fda-green-light-2018-7 (accessed August 30, 2019).

Bugge, M., T. Hansen, and A. Klitkou. 2016. What is the bioeconomy? A review of the literature. *Sustainability* 8(7):691. doi: 10.3390/su8070691.

Burwood-Taylor, L. 2019. French insect farming startup Ynsect raises $125M Series C breaking European agtech record. *AFN*, February 20. https://agfundernews.com/breaking-french-insect-farming-startup-ynsect-raises-125m-series-c-breaking-european-agtech-record.html (accessed August 30, 2019).

Carlson, R. 2014. How big is the bioeconomy? *Nature Biotechnology* 32:598. https://www.nature.com/articles/nbt.2966 (accessed August 30, 2019).

Carlson, R. 2016. Estimating the biotech sector's contribution to the U.S. economy. *Nature Biotechnology* 34(3):247–255. https://www.nature.com/articles/nbt.3491 (accessed August 30, 2019).

Carus, M., and L. Dammer. 2018. The circular bioeconomy—concepts, opportunities, and limitations. *Industrial Biotechnology* 14(2). doi: 10.1089/ind.2018.29121.mca.

Causapé, A. J. M., G. Philippidis, and A. I. Sanjuán López. 2017. Analysis of structural patterns in highly disaggregated bioeconomy sectors by EU Member States using SAM/IO multipliers. *JRC Technical Reports*, EUR 28591. Brussels, Belgium: Publications Office of the European Union.

CB Insights. 2017. *Grapeless wine and cowless milk: 60+ synthetic biology startups in a market map*. https://www.cbinsights.com/research/synthetic-biology-startup-market-map (accessed August 30, 2019).

D'Amato, D., N. Droste, B. Allen, M. Kettunen, K. Lähtinen, J. Korhonen, P. Leskinene, B. D. Matthies, and A. Toppinen. 2017. Green, circular, bio economy: A comparative analysis of sustainability avenues. *Journal of Cleaner Production* 168:716–734. doi: 10.1016/j.jclepro.2017.09.053.

Daystar, J., R. Handfield, J. S. Golden, E. McConnell, B. Morrison, R. Robinson, and K. Kanaoka. 2018. *An economic impact analysis of the U.S. biobased products industry.* https://www.biopreferred.gov/BPResources/files/BiobasedProductsEconomicAnalysis2018.pdf (accessed October 14, 2019).

de Avillez, R. 2011. Measuring the contribution of modern biotechnology to the Canadian economy (No. 2011-18). http://www.csls.ca/reports/csls2011-18.pdf (accessed October 19, 2019).

de Besi, M., and K. McCormick. 2015. Towards a bioeconomy in Europe: National, regional and industrial strategies. *Sustainability* 7(8):10461–10478.

Deconinck, K. 2019. New evidence on concentration in seed markets. *Global Food Security* 23:135–138. doi: 10.1016/j.gfs.2019.05.001.

Devaney, L., and M. Henchion. 2018. Consensus, caveats and conditions: International learnings for bioeconomy development. *Journal of Cleaner Production* 174:1400–1411.

Dietz, T., J. Börner, J. Förster, and J. von Braun. 2018. Governance of the bioeconomy: A global comparative study of national bioeconomy strategies. *Sustainability* 10(9):3190. doi: 10.3390/su10093190.

Dubois, O., and M. Gomez San Juan. 2016. *How sustainability is addressed in official bioeconomy strategies at international, national and regional levels: An overview.* Environment and Natural Resources Management Working Paper 63. http://www.fao.org/3/a-i5998e.pdf (accessed August 30, 2019).

DuPont Tate and Lyle BioProducts. 2006. *DuPont Tate & Lyle Bio Products begin Bio-PDO^TM production in Tennessee.* http://www.duponttateandlyle.com/news_112706 (accessed October 2, 2019).

Durham, E. 2019. *First-ever noninvasive mind-controlled robotic arm.* https://engineering.cmu.edu/news-events/news/2019/06/20-he-sci-robotics.html (accessed August 30, 2019).

EC (European Commission). 2018. *Jobs and wealth in the EU bioeconomy/JRC-bioeconomics.* https://ec.europa.eu/knowledge4policy/dataset/7d7d5481-2d02-4b36-8e79-697b04fa4278_en (accessed on July 24, 2019).

Ehrenfeld, W., and F. Kropfhäußer. 2017. Plant-based bioeconomy in central Germany—a mapping of actors, industries and places. *Technology Analysis & Strategic Management* 29(5):514–527. doi: 10.1080/09537325.2016.1140135.

Engineering Biology Research Consortium. 2019. *Engineering biology: A research roadmap for the next-generation bioeconomy.* https://roadmap.ebrc.org (accessed July 3, 2019).

Enríquez, J. 1998. Genomics and the world's economy. *Science* 281(5379):925–926. doi: 10.1126/science.281.5379.925.

Ernst & Young. 2000. *The economic contributions of the biotechnology industry to the U.S. economy.* http://bei.jcu.cz/Bioeconomy%20folders/documents/bioeconomy/the-economic-contributions-of-the-biotechnology-industry-to-the-u-s-economy (accessed October 19, 2019).

Federal Ministry of Education and Research and Federal Ministry of Food and Agriculture. 2020. *National Bioeconomy Strategy—Summary.* https://www.bmbf.de/files/2020_1501_National-Bioeconomy-Strategy_Summary_accessible.pdf (accessed January 15, 2020).

Frisvold, G., and R. Day. 2008. Bioprospecting and biodiversity: What happens when discoveries are made? *Arizona Law Review* 50:545–576.

Gepts, P. 2004. Who owns biodiversity, and how should the owners be compensated? *Plant Physiology* 134:1295–1307. https://www.ncbi.nlm.nih.gov/pmc/articles/PMC419806/pdf/pp1341295.pdf (accessed August 30, 2019).

German Bioeconomy Council. 2018. *Bioeconomy policy (part III): Update report of national strategies around the world.* https://biooekonomierat.de/fileadmin/Publikationen/berichte/GBS_2018_Bioeconomy-Strategies-around-the_World_Part-III.pdf (accessed August 30, 2019).

GMO Answers. n.d. *GMOs globally*. https://gmoanswers.com/gmos-globally (accessed August 30, 2019).

Golden, J. S., R. B. Handfield, J. Daystar, and T. E. McConnell. 2015. *An economic impact analysis of the U.S. biobased products industry: A report to the Congress of the United States of America*. https://www.biopreferred.gov/BPResources/files/EconomicReport_6_12_2015.pdf (accessed August 30, 2019).

Golembiewski, B., N. Sick, and S. Bröring. 2015. The emerging research landscape on bioeconomy: What has been done so far and what is essential from a technology and innovation management perspective? *Innovative Food Science & Emerging Technologies* 29:308–317. doi: 10.1016/j.ifset.2015.03.006.

Gronvall, G. K. 2017. Maintaining U.S. leadership in emerging biotechnologies to grow the economy of the future. *Health Security* 15(1):31–32.

Haarich, S., S. Kirchmayr-Novak, A. Fontenla, M. Toptsidou, S. Hans, and the European Commission. 2017. *Bioeconomy development in EU regions*. https://ec.europa.eu/research/bioeconomy/pdf/publications/bioeconomy_development_in_eu_regions.pdf (accessed August 30, 2019).

Healy, B. 1992a. *Investing in the bioeconomy*. Presented before the Greater Baltimore Committee and the Greater Baltimore Venture Capital Group, October 21. https://oculus.nlm.nih.gov/cgi/f/findaid/findaid-idx?c=nlmfindaid;idno=101600265;view=reslist;didno=101600265;subview=standard;focusrgn=C02;cc=nlmfindaid;byte=43814314 (accessed November 1, 2019).

Healy, B. 1992b. *NIH: The modern wonder well spring of the biological revolution biomedicine, and the bioeconomy*. Presented at the City Club Forum, May 15. https://oculus.nlm.nih.gov/cgi/f/findaid/findaid-idx?c=nlmfindaid;idno=101600265;view=reslist;didno=101600265;subview=standard;focusrgn=C02;cc=nlmfindaid;byte=43814314 (accessed November 1, 2019).

Healy, B. 1994. On light and worth: Lessons from medicine. *Vassar Quarterly* 90(4):10–13.

Hevesi, A., and K. Bleiwas. 2005. *The economic impact of the biotechnology and pharmaceutical industries in New York*. New York: Office of the State Comptroller.

HM Government. 2019. *Growing the bioeconomy. Improving lives and strengthening our economy: A national bioeconomy strategy to 2030*. https://assets.publishing.service.gov.uk/government/uploads/system/uploads/attachment_data/file/761856/181205_BEIS_Growing_the_Bioeconomy__Web_SP_.pdf (accessed August 30, 2019).

Howard, P. H. 2015. Intellectual property and consolidation in the seed industry. *Crop Science* 55(6):2489–2495.

Huffman, W. E., and R. E. Evenson. 1993. The effects of R&D on farm size, specialization, and productivity. *Industrial Policy for Agriculture in the Global Economy* 12:41–72.

Ivshina, I. B., and M. S. Kuyukina. 2018. Specialized microbial resource centers: A driving force of the growing bioeconomy. In *Microbial resource conservation*. Cham, Switzerland: Springer. Pp. 111–139.

Japan's General Council for Science and Technology Innovation. 2019. *Bio Strategy 2019—Towards the formation of a bio-community that is sympathetic from home and abroad* (English translation). https://www.kantei.go.jp/jp/singi/tougou-innovation/pdf/biosenryaku2019.pdf (Japanese) (accessed January 31, 2020).

Juma, C., and V. Konde. 2001. *Industrial and environmental applications of biotechnology*. Geneva, Switzerland: United Nations Conference on Trade and Development.

Kunjapur, A. 2015. An introduction to start-ups in synthetic biology. *PLOS Synbio Community*, September 8. https://blogs.plos.org/synbio/2015/09/08/an-introduction-to-start-ups-in-synthetic-biology (accessed August 30, 2019).

Langeveld, J. W. A. 2015. *Results of the JRC-SCAR bioeconomy survey*. https://www.scar-swg-sbgb.eu/lw_resource/datapool/_items/item_24/survey_bioeconomy_report1501_full_text.pdf (accessed October 2, 2019).

Le Feuvre, P. 2019. *Transport biofuels—Tracking clean energy progress*. https://www.iea.org/tcep/transport/biofuels (accessed October 12, 2019).

Ledford, H. 2019. Gene-edited animal creators look beyond U.S. market. *Nature*, February 21. https://www.nature.com/articles/d41586-019-00600-4 (accessed August 30, 2019).

Lee, D. 2016. Bio-based economies in Asia: Economic analysis of development of bio-based industry in China, India, Japan, Korea, Malaysia and Taiwan. *International Journal of Hydrogen Energy* 41(7):4333–4346. https://doi.org/10.1016/j.ijhydene.2015.10.048.

Lewin, H. A., G. E. Robinson, W. J. Kress, W. J. Baker, J. Coddington, K. A. Crandall, R. Durbin, S. V. Edwards, F. Forest, M. T. P. Gilbert, and M. M. Goldstein. 2018. Earth BioGenome Project: Sequencing life for the future of life. *Proceedings of the National Academy of Sciences of the United States of America* 115(17):4325–4333.

Li, Q., Q. Zhao, Y. Hu, and H. Wang. 2006. Biotechnology and bioeconomy in China. *Biotechnology Journal: Healthcare Nutrition Technology* 1(11):1205–1214.

Lier, M., M. Aarne, L. Kärkkäinen, K. T. Korhonen, A. Yli-Viikari, and T. Packalen. 2018. *Synthesis on bioeconomy monitoring systems in the EU member states: Indicators for monitoring the progress of bioeconomy*. https://jukuri.luke.fi/handle/10024/542249 (accessed August 30, 2019).

Loizou, E., P. Jurga, S. Rozakis, and A. Faber. 2019. Assessing the potentials of bioeconomy sectors in Poland employing input-output modeling. *Sustainability* 11(3):594. doi: 10.3390/su11030594.

Maciejczak, M., and K. Hofreiter. 2013. How to define bioeconomy. *Roczniki Naukowe SERIA* 15(4):243–248.

Maisashvili, A., H. Bryant, J. M. Raulston, G. Knapek, J. Outlaw, and J. Richardson. 2016. Seed prices, proposed mergers and acquisitions among biotech firms. *Choices* 31(4):1–11.

Mateo, N., W. Nader, and G. Tamayo. 2001. Bioprospecting. *Encyclopedia of Biodiversity* 1:471–488.

Matyushenko, I., I. Sviatukha, and L. Grigorova-Berenda. 2016. Modern approaches to classification of biotechnology as a part of NBIC-technologies for bioeconomy. *Journal of Economics, Management and Trade* 14(4):1–14.

McCormick, K., and N. Kautto. 2013. The bioeconomy in Europe: An overview. *Sustainability* 5(6):2589–2608.

Meyer, R. 2017. Bioeconomy strategies: Contexts, visions, guiding implementation principles and resulting debates. *Sustainability* 9(6):1031. doi: 10.3390/su9061031.

MINAGRO (Ministry of Agroindustry). 2016. *Argentine bioeconomy: A vision from agroindustry*. Buenos Aires, Argentina: President of the National Ministry of Agrobusiness (English translation).

Naman, C. B., C. A. Leber, and W. H. Gerwick. n.d. *Modern natural products drug discovery and its relevance to biodiversity conservation*. http://labs.biology.ucsd.edu/schroeder/bggn227/Natural_Products_Biodiversity_Conservation_Chapter_Preprint-2.pdf (accessed August 30, 2019).

NASEM (National Academies of Sciences, Engineering, and Medicine). 2017. *Preparing for future products of biotechnology*. Washington, DC: The National Academies Press. https://doi.org/10.17226/24605.

NASEM. 2019. *Forest health and biotechnology: Possibilities and considerations*. Washington, DC: The National Academies Press. https://doi.org/10.17226/25221.

Natural Resources Institute Finland. 2019. *The principles for monitoring the bioeconomy*. https://www.luke.fi/wp-content/uploads/2018/11/22102018-principles-for-monitoring-eng-1.pdf (accessed July 26, 2019).

Nerlich, B. 2015. The bioeconomy in the news (or not). *University of Nottingham*, April 30. http://blogs.nottingham.ac.uk/makingsciencepublic/2015/04/30/the-bioeconomy-in-the-news-or-not (accessed October 6, 2019).

Nobre, G. C., and E. Tavares. 2017. Scientific literature analysis on big data and Internet of things applications on circular economy: A bibliometric study. *Scientometrics* 111(1):463–492.

OECD (Organisation for Economic Co-operation and Development). 2018. *Meeting policy challenges for a sustainable bioeconomy*. Paris, France: OECD Publishing. doi: 10.1787/9789264292345-en.

Parisi, C., and T. Ronzon. 2016. *A global view of bio-based industries: Benchmarking and monitoring their economic importance and future developments.* http://publications.jrc.ec.europa.eu/repository/bitstream/JRC103038/lb-na-28376-en-n.pdf (accessed August 30, 2019).

Pellerin, W., and D. W. Taylor. 2008. Measuring the biobased economy: A Canadian perspective. *Industrial Biotechnology* 4(4):363–366.

Perrings, C., S. Baumgärtner, W. A. Brock, K. Chopra, M. Conte, C. Costello, A. Duraiappah, A. P. Kinzig, U. Pascual, S. Polasky, T. Tschirhart,. S. Naeem, and D. Bunker. 2009. *Biodiversity, ecosystem functioning, and human wellbeing: An ecological and economic perspective.* Oxford, UK: Oxford University Press.

Petersen, A., and I. Krisjansen. 2015. Assembling "the bioeconomy": Exploiting the power of the promissory life sciences. *Journal of Sociology* 51(1):28–46.

Pfau, S., J. Hagens, B. Dankbaar, and A. Smits. 2014. Visions of sustainability in bioeconomy research. *Sustainability* 6(3):1222–1249.

Philippidis, G., A. I. Sanjuán López, E. Ferrari, and R. M'barek. 2014. *Employing social accounting matrix multipliers to profile the bioeconomy in the EU member states: Is there a structural pattern?* https://pdfs.semanticscholar.org/43e0/e0f4c97724d96b26991f3a2b0f2006b66204.pdf (accessed August 30, 2019).

Philippidis, G., R. M'barek, and E. Ferrari. 2016. *Drivers of the European bioeconomy in transition (BioEconomy2030): An exploratory, model-based assessment.* https://ec.europa.eu/jrc/en/publication/eur-scientific-and-technical-research-reports/drivers-european-bioeconomy-transition-bioeconomy2030-exploratory-model-based-assessment (accessed August 30, 2019).

Philp, J., and D. Winickoff. 2018. *Realising the circular bioeconomy.* Paris, France: OECD Publishing. http://www.wcbef.com/assets/Uploads/Publications/Realising-the-Circular-Bioeconomy.pdf (accessed August 30, 2019).

Reime, M., R. Røste, A. Almasi, and L. Coenen. 2016. *The circular bioeconomy in Scandinavia.* http://www.susvaluewaste.no/wp-content/uploads/2016/06/SusValueWaste-2016-The-circular-bioeconomy-in-Scandinavia.pdf (accessed July 25, 2019).

Ronzon, T., and R. M'Barek. 2018. Socioeconomic indicators to monitor the EU's bioeconomy in transition. *Sustainability* 10(6):1745.

Ronzon, T., S. Piotrowski, R. M'Barek, and M. Carus. 2017. A systematic approach to understanding and quantifying the EU's bioeconomy. *Bio-based and Applied Economics Journal* 6(1):1–17.

Saavoss, M. 2019. How might cellular agriculture impact the livestock, dairy, and poultry industries? *Choices*, Quarter 1. http://www.choicesmagazine.org/choices-magazine/submitted-articles/how-might-cellular-agriculture-impact-the-livestock-dairy-and-poultry-industries (accessed July 24, 2019).

Sasson, A., and C. Malpica. 2018. Bioeconomy in Latin America. *New Biotechnology* 40(Pt. A):40–45. doi: 10.1016/j.nbt.2017.07.007.

Schimmelpfennig, D. E., C. E. Pray, and M. F. Brennan. 2004. The impact of seed industry concentration on innovation: A study of U.S. biotech market leaders. *Agricultural Economics* 30(2):157–167.

Scordato, L., M. M. Bugge, and A. M. Fevolden. 2017. Directionality across diversity: Governing contending policy rationales in the transition towards the bioeconomy. *Sustainability* 9(2):206. doi: 10.3390/su9020206.

Sedjo, R. A. 2016. Preserving biodiversity as a resource. In *Global development and the environment*, edited by J. Darmstadter. Abingdon, UK: Routledge. Pp. 99–108.

Simpson, R. D., R. A. Sedjo, and J. W. Reid. 1996. Valuing biodiversity for use in pharmaceutical research. *Journal of Political Economy* 104(1):163–185.

Smeets, E. M. W., Y. Tsiropoulos, M. Patel, L. Hetemäki, S. Bringezu, M. A. H. Banse, F. Junker, P. Nowicki, M. G. A. van Leeuwen, and P. Verburg. 2013. *The relationship between bioeconomy sectors and the rest of the economy.* Working paper D1.1. Wageningen, Netherlands: Wageningen University & Research.

Soejarto, D. D., and N. R. Farnsworth. 1989. Tropical rain forests: Potential source of new drugs? *Perspectives in Biology and Medicine* 32(2):244–256. doi: 10.1353/pbm.1989.0003.

Sparks, T. C., D. R. Hahn, and N. V. Garizi. 2016. Natural products, their derivatives, mimics and synthetic equivalents: Role in agrochemical discovery. *Pest Management Science* 73(4):700–715. doi: 10.1002/ps.4458.

Staffas, L., M. Gustavsson, and K. McCormick. 2013. Strategies and policies for the bioeconomy and bio-based economy: An analysis of official national approaches. *Sustainability* 5(6):2751–2769.

Statistics Sweden. 2018. *The bioeconomy—developing new regional statistics.* Environmental accounts MIR 2018:4. https://www.scb.se/contentassets/89b174d9a3784532a1552c4233 0a446b/mi1301_2016a01_br_mi71br1804.pdf (accessed October 19, 2019).

Trigo, E. J., G. Henry, J. Sanders, U. Schurr, I. Ingelbrecht, C. Revel, C. Santana, and P. Rocha. 2013. *Towards bioeconomy development in Latin America and the Caribbean.* Bioeconomy Working Paper. https://agritrop.cirad.fr/567934/1/document_567934.pdf (accessed September 1, 2019).

U.S. OSTP (U.S. Office of Science and Technology Policy). 2012. *National Bioeconomy Blueprint (USNBB).* https://obamawhitehouse.archives.gov/sites/default/files/microsites/ostp/national_bioeconomy_blueprint_april_2012.pdf (accessed October 2, 2019).

U.S. OSTP. 2019. *Summary of the 2019 White House summit on America's bioeconomy.* https://www.whitehouse.gov/wp-content/uploads/2019/10/Summary-of-White-House-Summit-on-Americas-Bioeconomy-October-2019.pdf (accessed October 10, 2019).

Valli, M., H. M. Russo, and V. S. Bolzani. 2018. The potential contribution of the natural products from Brazilian biodiversity to bioeconomy. *Anais da Academia Brasileira de Ciências* 90(1, Suppl 1):763–778. doi: 10.1590/0001-3765201820170653.

von Braun, J. 2015. Science and technology policy to harmonize biologization of economies with food security. In *The fight against hunger and malnutrition: The role of food, agriculture, and targeted policies,* edited by D. E. Sahn. Oxford, UK: Oxford University Press.

von Hauff, M., F. T. Gottwald, K. Stöckl, J. Kurz, and C. Böker. 2016. Towards sustainable economies. In *Global stability through decentralization?* Cham, Switzerland: Springer. Pp. 117–138.

Wen, X., D. Quacoe, D. Quacoe, K. Appiah, and B. A. Danso. 2019. Analysis on bioeconomy's contribution to GDP: Evidence from Japan. *Sustainability* 11(3):712. doi: 10.3390/su11030712.

Wesseler, J., and J. von Braun. 2017. Measuring the bioeconomy: Economics and policies. *Annual Review of Resource Economics* 9:275–298.

Wierny, M., A. Coremberg, R. Costa, E. Trigo, and M. Regúnaga. 2015. *Measuring the bioeconomy: Quantifying the Argentine case.* Buenos Aires, Argentina: Grupo Bioeconomia.

Wreford, A., K. Bayne, P. Edwards, and A. Renwick. 2019. Enabling a transformation to a bioeconomy in New Zealand. *Environmental Innovation and Societal Transitions* 31:184–199. doi: 10.1016/j.eist.2018.11.005.

Zhang, S. 2017. *Genetically modified moths come to New York: A diamondback moth with altered DNA is being tested to control pests on cabbages.* https://www.theatlantic.com/science/archive/2017/09/genetically-modified-sterile-insects-take-flight/539040 (accessed August 30, 2019).

3 测量美国生物经济价值的框架

主要研究结果摘要

- 生物经济是更大的美国经济的一个组成部分，它的益处很广泛，从挽救生命的医疗保健解决方案到减少温室气体排放。
- 生物经济是跨领域的。许多常用来分类、收集和报告经济数据的指标无法反映生物经济活动。
- 生物经济的卫星账户（包括无形资产及其外国供应链）有可能收集生物经济的全面数据，并反映其创新和增长潜力。
- 现有的生物经济研究并未涵盖本报告中提出的生物经济定义所包含的全部活动。为了代替卫星账户，委员会利用现有的方法和数据设计了自己的测量方法。
  - 根据 2016 年的数据，本委员会计算出生物经济约占美国国内生产总值（GDP）的 5.1%。以美元计算，这相当于 9592 亿美元。
  - 如果目前可用的生物工艺完全取代传统的非生物工艺，美国的生物经济可能达到 GDP 的 7.4%。

生物经济的创新往往会取代现有的产品。由于这种替代的好处在传统的经济统计中可能见不到，因此传统的生物经济测量标准可能会低估其规模、就业水平和对整体经济的影响。需要进行进一步的研究（包括低碳消费和改善保健解决方案而带来的好处）才能作出这样的评估。

生物学知识转化为有意义的应用所产生的可能性，其广度是巨大的。本章回顾了美国在这一领域投入的资源，并思考了如何测量生物经济并评估其对更大的美国经济的贡献。本章首先通过分析将生物经济与其他领域区分开来的要素以及回顾用于研究生物经济的不同方法来描述生物经济以进行经济分析。然后，通过确定评估生物经济和无形资产的方法来解决如何测量生物经济的问题，最终描绘出一条前进的道路。

有几个因素导致很难测量生物经济对整体经济的贡献：①生物经济的定义差

异很大；②生物经济与基础科学及其商业化（创新）均有关联，这表明一系列广泛的活动都与评估生物经济的价值有关；③生物经济方面的数据存在较大差距。此外，很难定义生物经济的经济界限，因为概念化生物经济的方式有很大不同（见第 2 章的讨论），并且很难捕获能够识别生物经济各个方面的数据（例如，确定通过生物合成途径生产的人造化学品的比例；见第 2 章）。

用于评估生物经济价值的概念还带来了其他挑战。试图量化对生产者（例如，经济租金①）和消费者（例如，基于支付意愿和价格之间的差异）的收益进行量化的社会福利分析是一种特别苛刻的价值计算方法，不适合评估像生物经济那样分散且具有挑战性的行业。相反，人们可以将生物经济的价值视为该领域中所有活跃企业的自有价值或附加价值的总和，从而揭示其生产对总体国内生产总值（GDP）的贡献②。然而在实践中，即使是这种方法也难以实施，因为在该领域经营的许多公司都是多元化的（例如，陶氏化学），而且不可能确定公司总价值的哪一部分可归因于这些公司的生物经济方面。此外，许多公司是私人所有的（即不是上市公司），无法考察它们的市场价值。再者，在可获得的情况下把重点放在自有价值（例如，公司市场价值的总和）上，没有考虑公共部门对支持生物经济的大学研发的投资的可观价值。例如，这种方法将排除与生物经济有关的重要公共价值，如与减少基于石油的生产有关的潜在收益。

撇开个人支付意愿与价格问题不谈，对生物经济价值的经济评估是有局限的，因为这种评估可能无法理解生物经济贡献的全部社会价值。例如，如果汽油销售被等量的生物燃料销售所取代，这两者在 GDP 计算中可能显示为等值，从而无法反映对社会的长期环境价值。

3.1　为经济分析而表征生物经济

3.1.1　是什么让这个行业与众不同？

生物经济与众不同的一点是，它不像汽车或番茄酱的生产那样是一个独立的经济领域③。因此，没有一种方法或一组指标能够划定生物经济的完整范围。相反，生物经济由一批产品和服务组成，这些产品和服务的生产是通过一组相关技术实

---

① 因一种资源（如土地、资本或从业人员）的当前用途而获得的额外收入。

② GDP 是一个国家整体经济活动的广义测量标准。它可以被视为经济中所有领域的总附加值（GVA）生产的总和，或者被视为一个国家境内生产的所有成品和服务的价值。在实际操作中，在会计核算中也存在应调节项目，以及有关将跨行业附加值与所有最终支出相加时使用的价格的问题；有关更详细的定义见 https://www.bea.gov/help/glossary?title_1=all&title=gdp 或 https://stats.oecd.org/glossary/detail.asp?id=1163。

③ 在这种情况下，以及在本报告的大部分内容中，"领域"一词被用来描述构成经济一部分的一系列活动。

现的（如委员会的定义和第 2 章的概述所述），并为一系列经济领域提供投入和产品。表 3-1 列出了经济领域和技术的类型，以帮助提供一种为经济分析而描述生物经济这一领域的方法。这种分类在两个维度上区分各个领域：一个维度（表中的列）考虑技术对经济各个领域的影响的广度，另一个维度（表中的行）考虑技术在其所影响的每个领域中的影响范围。这两个维度区分了对少数几个领域影响范围很小的技术与影响广泛的技术，前者的例子包括制造番茄酱所需的技术（主要影响番茄酱制造业）或杂交玉米技术（主要影响农业）；后者的例子包括电力、信息技术和来源于生物科学的应用，它们影响多种不同领域的生产过程。表 3-1 的两行区分了在每个领域内具有选择性影响的应用与在其所影响的领域中具有普遍性影响的应用。虽然生物经济在其所影响的每个领域内都有选择性的影响，例如，它影响到其所运行的大多数领域的部分生产过程（如大分子药物的设计），但通用技术（如电力和信息技术）对其所影响的领域的各个方面都有普遍的影响[①]。

表 3-1　领域和技术的组织框架

		领域影响	
		范围有限	范围广泛
领域内的应用	选择性影响	传统领域（如番茄酱生产）	影响有选择性但广泛（如 CRISPR、生物经济工具）
	普遍性影响	领域特有（如玉米杂交）	通用技术（如电力、信息技术、人工智能）

资料来源：Scott Stern，麻省理工学院，向委员会的报告，2019 年 5 月 2 日。

　　根据这个框架，生物经济是一个有选择性但广泛的经济领域。它之所以"广泛"，是因为生物经济的技术可能会影响广泛的行业，包括与食品、燃料和医药等的生产有关的行业，但这些技术不太可能代替这些行业的所有方面。此外，由于创新，生物经济的产出所带来的收益超过了用于生产它们的资源的价值。

　　许多与生物经济相关的科学突破（如基因测序和基因编辑）都是该领域特有的。它们是"发明方法中的发明"，创造了这样一种情况：生物技术是一个在其过程（研究）中需要创新的领域，也是一个通过其研究行为为下游应用（即为消费者或其他行业）产生创新的领域。该领域的上游研究发明得到了计算和数据分析技术进步的支持，例如，引发了基因测序成本的大幅下降（见图 3-1，该图显示成本的下降速度快于摩尔定律预测的电子产品成本下降的速度）和基因组研究中的实验时间的缩短。

　　然而在预算中，人员和其他间接成本通常比资本运营成本高出许多倍，这表明上游研发总成本可能不会比以前低。"生物医学研发价格指数"由美国经济分析局（BEA）为美国国立卫生研究院（NIH）制定，用于体现每年的人员和材

---

　　① 通用技术（GPT；例如，电力、计算机和通信技术、人工智能工具）适用于几乎任何经济领域。Breshnahan 和 Trajtenberg（1995）在有关增长经济学的文献中引入了 GPT 的概念。

料成本，该指数每年的增长速度比消费价格指数或 GDP 价格指数等全经济价格指标高约 1%。[①]

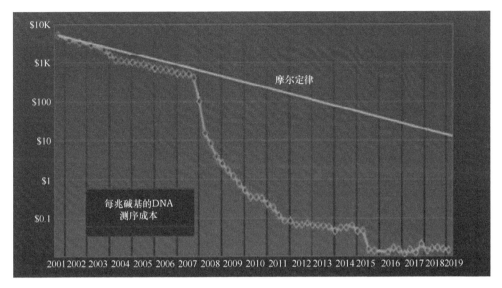

图 3-1　测序成本。资料来源：美国国家人类基因组研究所。https://www.genome.gov/about-genomics/fact-sheets/DNA-Sequencing-Costs-Data（2019 年 8 月 1 日查阅）。

　　部分由于生物技术的下游回报可能很大，因此生物经济的特点是对联邦政府资助的基础研究和应用研究进行大量投资（大部分研究在大学或公共研究实验室进行）。用于"生命科学研发"的公共支出历来远高于用于其他科学领域的支出。联邦政府的一项重要职能没有包括在传统的研发统计中，那就是建立和管理基因组数据库及其他数据库的成本（见下文）。这些信息的公开可用性有助于创造新的生物基产品和工艺，以获得商业利益，同时促进科学研究。

　　与其他行业领域进行的研发相比，生物经济领域（特别是新药开发的临床试验阶段）的商业研发投资显得特别大。风险投资家最近加大了对在合成生物学方面具有优势的初创企业的投资力度。尽管这些投资仍然很小（在全部风险投资中也相对较小），但这似乎是生物经济中一个快速增长的部分。

　　生物经济的两个相互关联的特征来源于其庞大的科学基础和其商业应用的经济性质。首先，一个领域的科学基础的实用性（以专利中被引用的研究论文来衡量）

---

　　① 生物医学研发价格指数见 https://officeofbudget.od.nih.gov/gbipriceindexes.html。该指数始于 1950 年，直到最近一年都可以获得。请注意，该指数由具体的组件构成，并通过两种方式体现其组件的质量变化（Holloway and Reeb，1989）。首先，材料成本是根据消费者价格指数和生产者价格指数建立的，这些指数将受质量调整。其次，按具体人员构成（例如，从业人员级别以及联邦总表和阶梯分类）划分的工资反映了员工质量的差异（即边际生产率），因此这也有助于该指数对质量变化的控制。

"接近"其商业创新。也就是说，该领域属于"巴斯德象限"，这意味着它可以被归类为"受使用启发的基础研究"，巴斯德象限指的是 Donald Stokes（1997）提出的研究分类体系（图 3-2）。在他的工作中，Stokes 根据研究是具有应用方面的考虑（纯粹的应用研究，如爱迪生进行的研究），还是仅仅是对基本认识的探索（纯粹的基础研究，如玻尔进行的研究），或两者兼而有之（受应用启发的基础研究，如巴斯德进行的研究），将研究分为三类（Stokes，1997）[1]。鉴于该行业利用的突破性研究能够提供可进一步提高商业收益的新工具，这一点并不令人意外。

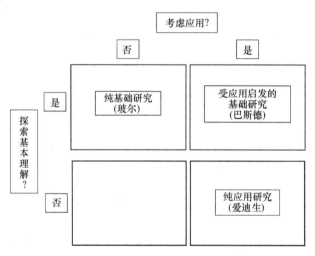

图 3-2 科学研究的象限模型。资料来源：改编自 Stokes，1997。

其次，许多生物经济创新方面投资的成果受到严格监管，因为生物经济创新操纵人类、动物和植物遗传物质的潜力与人类健康和环境生态系统状况密切相关。因此，相对而言，生物经济的商业创新过程成本越来越高。在更大的整个经济范围内的企业都在其业务平台和营销流程中进行数字化转型，而那些拥有容器化数字平台的领域内的企业不仅可以在纳秒内实现后端过程创新[2]，而且可以在法规允许的情况下，以极低的成本对客户进行 A/B 测试[3]。因此，与非生物经济企业相比，生物经济中许多类型的企业的经济竞争力的相对成本溢价可能会不断增长。

---

① 科学进步对市场创新的支持程度难以量化，但这一说法通常与强调某些类型的专利申请与先前的科学探究之间富有成效的联系的理论是一致的。Ahmadpoor 和 Jones（2017）设计了一个衡量可申请专利的发明与先前研究之间知识距离的指标，以研究专利与科学进步之间的关系。估计的距离因学科而异，多细胞生物与计算机科学的距离最短，纳米技术与生物化学/分子生物学紧随其后（生物技术未被单独确定）。

② 容器化数字平台是一种灵活的、可移植的平台，它允许将应用程序的架构分离到独立的环境中，这些环境可以在不影响应用程序其他元素的情况下进行组合和组织。更多相关信息见 https://learn.g2.com/trends/containerization。

③ A/B 测试是一种比较单个变量的两种版本的方法，通常通过测试受试者对变量 A 和变量 B 的反应，确定两种变量中哪个更有效。更多相关信息见维基百科 "A/B testing"（https://en.wikipedia.org/wiki/A/B_testing）。

经济竞争力是一大类无形资产，包括企业的上市能力；关于这些资产的更多资料见附件 3-2。

生物经济领域有其独特的方面，即跨行业的分散、巨大的社会效益潜力、庞大的科学基础和对数据密集型研究的依赖、商业创新与科学基础的紧密联系，以及占大型组织研发预算的一部分的商业创新成本，这些方面使得很难追踪生物经济对总体经济的贡献，也因此很难评估其未来创新的前景。

官方经济统计数据主要按行业分类。如上所述，这种分类对于描述大部分生物经济完全没有帮助，因为生物经济在行业内的影响是有选择性的，并且在广泛的行业中发挥作用。此外，如前所述，由于官方统计中反映的经济估算存在缺陷，因此官方统计数据不能用来解释生物经济创新对社会福利的影响[①]。最后，如下文所述，科学和创新政策分析人员使用的标准指标没有将生物工程和生物医学工程的研发纳入关于政府对生命科学的研发支出或企业对生物技术的研发支出的统计数据中；在建立私有微生物数据库方面的商业投资也可能没有被纳入生物技术研发中。

3.1.2 生物经济研究：一种经济，不同方法

本报告将美国生物经济定义为由生命科学和生物技术的研究与创新驱动，并由工程、计算与信息科学的技术进步实现的经济活动（见第 1 章）。尽管现有研究通常不符合这一定义，但当前生物经济估值方法往往分为两大类。第一类侧重于工业活动，目的是探测生物基活动如何可以取代石油基活动（或如何更广泛地促进可持续性）。已确定的活动通常包括应用于下游工业用途的产品（包括农作物）。对下游应用和产业投入关联中所创造的价值进行核算通常是这些研究的一个重要组成部分。第二类包括侧重于生物医学活动的方法，此类方法需要研究生物科学和生物技术的突破如何影响制药、医疗设备及医疗保健行业（整体或部分）的创新。这方面的研究倾向于广泛关注创新生态系统，包括在政府和大学实验室里进行的生物科学重大研究。

为什么会有如此不同的两种方法？创新生态系统对于分析生物工业活动的驱动因素与分析生物医学活动似乎同样重要。在前者中，赋能科学和技术的因素可能较少，因为在相关行业中测量到的研发支出不像生物医药行业那样大。生物药物的上市成本包括非常昂贵的临床试验，这些试验被计入研发，因为它们涉及科学实验和发现。对于致力于开发用于工业用途的新微生物产品的生物技术公司来

---

① 尽管价格指数是由美国经济分析局（BEA，为美国发布国民经济核算的政府机构）的一名研究人员建立的，但目前该工作并未包括在实际 GDP 中。因此，人们不能指望通过有关实际产出的官方统计数字来"了解"制药业创新对福利的影响，尽管 BEA 建立医疗保健"卫星"账户的举措最终可能证明在这方面是有用的。卫星账户将在本章后面讨论。

说，新商业应用的测试和获得批准的成本通常不包括在研发中，因为尽管这些步骤确实需要测试和实验，但它们不被视为导致产品创造的基础研究的一部分。生物技术领域的新兴公司（包括合成生物学公司）也有可能因规模小和/或抽样不当而不在研发调查的统计网之内[①]。还有一种可能性是，一些公司的新产品发现过程主要涉及修改现有（或开源）软件工具以访问微生物数据。创造和使用基于已知方法的工具，包括因使用现有工具而产生的数据处理的附加价值，不属于研发调查的范围[②]。

所有这些可能性都表明，需要一个有针对性的专门框架来分析生物经济的创新生态系统。这种方法既要广泛关注创新方面的投资（包括对现有数据分析工具的投资），又要考虑所有对生物经济特有的新产品的投资（例如，监管测试效率的提高）。为了能涵盖整个生物经济，该框架将获取数据驱动的医疗保健领域创新，这些创新旨在依据相对于设计疗法的投入成本所产出的结果来改进疗法（包括药物）。最后，该框架将认识到，现有的组织结构确实很容易适应变化，包括使用数据驱动的方法来改进现有流程（从临床试验患者的选择到患者护理本身）。这意味着认识到各个组织为了执行数据驱动的计划，需要对新模型进行投资，并且可能需要经过一段时间才能在结果数据中看到这些变化的成果[③]。

3.2 测量生物经济：评估与识别生物经济无形资产的方法

首先，本节总结了研究创新的现有方法，重点关注那些试图将对知识的投资（既包括科学领域的投资，也包括商业投资）置于过程中心的方法。其次，根据这一讨论，描述了委员会对生物经济定义中所包含的经济活动，包括知识生产以及生物经济生产的有形最终产品和中间产品。再次，回顾了工业生物经济测量的现有方法和研究。最后，阐述了对评估生物经济的一系列估计，其中可能包括生物医学经济和整个生物经济的无形资产。

3.2.1 现有的生物经济评估方法

在最广泛的层面上，生物经济包括源于生命科学进步的经济活动。然而，尽

---

① 这项由美国人口普查局代表美国国家科学基金会进行的研发调查传统上收集的是拥有 5 名或 5 名以上员工的公司的数据。从 2017 年的调查（要到 2020 年才会公布）开始，研发数据将从拥有一名或多名员工的企业进行收集。

② 在软件和互联网应用程序方面，研发调查要求受访者"只包括（那些）有不确定性因素且旨在缩小知识差距和满足科学技术需求的活动"，排除"基于已知方法和应用程序的新软件的创建"。没有关于数据处理的要求。

③ 这实际上是目前针对人工智能及其对一般商业生产力的影响提出的一个论点，但请注意，这一话题经常在管理咨询公司的内部通讯和医疗保健组织的报告中被讨论（如 Close et al.，2015），并被广泛认为是创新事件的一个特征（例如，见 Brynjolfsson et al.，2018 中的讨论）。

管生物经济的广泛范围已得到普遍认可，但大部分学术和政策分析都集中在生物医学活动及其创新对人类健康的影响上（Hermans et al.，2007）。相比之下，生物工业活动的研究则旨在了解生物基生产活动（不包括生物医学活动）的规模和范围。鉴于前几小节回顾了研究创新的一般方法，包括测量对创新的投入，本小节将回顾测量和评估农业及工业生物经济（以下简称为工业）的方法。本章稍后将讨论生物药物中的创新成果。

从广义上讲，有三种测量生物基生产的方法。每种方法都首先将生物经济描述为整体经济的一个分领域，最直接的方法是使用所描述的分领域相对于总 GDP（如前所述）的总附加值（GVA）。一项著名的研究（Carlson，2016）指出了这种方法的局限性，认为基于详细产品的描述更适合生物经济。

第二种方法使用投入-产出（I-O）分析来评估生物经济中的行业领域如何与更广泛经济中的其他行业领域相互作用[1]。这种分析可以在详细的产品层面上进行，其中特定"商品"的生产与其他经济活动有关，包括对最终需求和/或行业附加价值的影响。该分析中的一个步骤可以是对一组描述的产品的 GVA 进行估算。尽管这种方法缩小了对这些产品的估算范围（制成品的 GVA 不到产品总值的一半），但许多工业生物经济都包含通过中间商（零售商、批发商、运输商）分发给客户的有形产品或工业材料，其利润包含在生物基生产所产生的经济活动的最终价格和最终价值中。这表明，GVA 方法（生物生产领域中 GVA 的测量）的底线是部分影响，不能充分考虑行业之间的相互依赖关系，包括后向和前向的联系。

投入-产出分析产生了初级生产者活动直接价值之外的两个层面的"乘数"。这两个乘数可以用相对于总最终需求或相对于一个行业的 GVA 来表示。也就是说，该分析计算了一个行业的额外产出单位因相互依赖性对其他行业活动的影响。如通常所述，第一个乘数（用相对于一个行业的 GVA 表示）的计算方法是，为特定类型的产品创造一美元额外附加价值所必需的中间需求：这个乘数通过向生产该产品的行业（"后向联系"）以及向将该产品提供给最终用户的链条中所涉及的行业（"前向联系"）提供行业，来反映间接影响。这种乘数叫做Ⅰ型乘数。第二个乘数考虑了家庭和其他最终支出的诱导效应，这种效应是由直接和间接影响之和引起的（Ⅱ型乘数）[2]。两个乘数均建立在一个假设之上，即投入对行业产出的贡献遵循固定的比例关系；对于短期分析而言，通常认为该假设不太严格[3]。

Popkin 和 Kobe（2010）研究了美国经济的主要领域，计算了 15 个主要行业

---

[1] 投入-产出（I-O）分析是一种基于经济领域或行业之间相互依赖关系的宏观经济分析形式。

[2] 有关 I-O 建模的更多信息，请参见 Miller 和 Blair（2009）。

[3] 然而，生物基生产与石油基生产使用不同的投入，当这些活动在同一行业内发生时，将需要扩充 I-O 系统的数据，以反映对每种生产类型的适当投入。虽然不能做到这一点对于以价值（即以附加价值的美元）计算影响来说并不是最重要的问题，但对于某些问题（例如，向生物基生产转变节省了多少碳），基本 I-O 关系的有效性是有意义的。

领域的Ⅰ型乘数，发现制造、信息和农业领域的Ⅰ型乘数最大，而金融、零售贸易和批发贸易领域的Ⅰ型乘数最小，专业服务、教育和政府领域的Ⅰ型乘数低于中位数。生物经济的许多关键产品都属于高乘数行业（通常被称为"上游"行业，如原料），而其他产品属于低乘数行业（研发服务），这表明工业生物经济的分散性特点适合于投入-产出（I-O）方法。

美国农业部（USDA）最近委托进行的一项研究（Daystar et al., 2018）对美国农业部"生物优先"项目涵盖的行业进行了投入-产出分析。虽然该分析中所包含的研究内容并不完全符合委员会的技术驱动的生物经济定义（见第1章），但该研究的概要结果反映了相对于工业生物经济重要部分的附加值、间接和诱导效应的潜在规模。综上所述，这些结果表明生物经济具有相当大的Ⅱ型乘数（图3-3）。2016年，美国农业部"生物优先"行业对附加价值的总影响与"直接"附加价值之比为2.92。参照图3-3最右侧的堆叠条，\$459与\$157的比率为2.92。

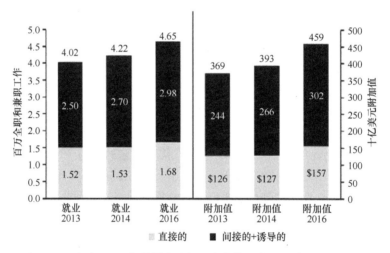

图3-3　2013年、2014年和2016年美国农业部"生物优先产品"清单的经济影响。注：图中Ⅱ型乘数（"间接的+诱导的"）的图例经过编辑，以与本文使用的术语一致。资料来源：Daystar et al., 2018, p. ix.

第三种评估美国生物经济价值的方法是基于正式经济理论的可计算的一般均衡（CGE）分析[①]。该方法模拟了一个经济系统作为一个整体的运作，并侧重于价格机制在多个市场（从业人员、资本、产品）中的平衡作用。通常需要对模型进行校准以适应对经济活动某个方面（如能源消耗和气候变化）的分析，并依赖于"深层"或基本经济参数（即家庭贴现率或企业生产过程的效率）的共识值。这

----

① "CGE模型是将Arrow和Debreu（1954）形式化的抽象一般均衡结构与现实的经济数据相结合的模拟，以数值方式求解支持特定市场均衡的供需和价格水平"。参见 www.rri.wvu.edu/CGECourse/Sue%20Wing.pdf、Arrow and Debreu（1954）。

些模型模拟在不同的假设和初始条件下的经济结果。CGE 模型在分析气候变化方面已被证明卓有成效，在该情况下，为各种假设（例如，消费者对能源价格的敏感性或能源对其他生产要素的可替代性）提供一系列数值并非不切实际（见"第四国家气候评估"中使用此类模型[USGCRP，2018]）。有些研究使用程式化的一般均衡模型（通常与 I-O 分析的结果结合使用，如 Daystar et al.，2018）分析了转向生物基工业活动的环境收益，但这些研究往往侧重于传统定义的领域（例如，农业、林业和木制品的所有领域）。

附件 3-1 中回顾了使用这些方法的部分研究作为说明性示例。

3.2.2　确定无形资产

现有的测量生物经济的方法需要充分考虑在研究、发明方法和数据驱动的商业创新中的投资。这包括要认识到，成功开发一项创新并将其商业化，除了科学的概念证明之外，还需要许多要素。如信息栏 3-1 所述，创新需要：市场洞察力、数据和计划；产品设计和市场测试；品牌推广；许可证；人力资源。所有这些都会聚在商业模型和商业流程中。所有这些组成部分的支出都包括在无形投资的大范围内。无形投资已成为当今知识经济的关键价值驱动因素，也是企业竞争优势的关键因素[1]。附件 3-2 总结了一个被广泛使用的无形投资研究框架。

附件 3-2 中的框架适用于评估美国经济中大多数公司共有的无形资产，如知识产权、品牌资产、软件程序和业务流程知识，但框架的两个方面需要进一步发展，以便深入分析生物经济。第一个方面是公共领域也创造并持有无形资产，而且是更广泛地代表社会这样做的。对公共无形资产的研究比对公司无形资产的研究更有限，但附件 3-2 所述的框架可以适用于公共领域[2]。第二个方面是使附件 3-2 中的框架适用于生物经济和公共领域，需要将重点放在信息资产或数据上。

在公共背景中，有必要考虑为公共使用而策划和发布的公开收集的数据。这类资产在许多国家都显得很重要，一些公用的数据刺激了经济发展（以及研究的深入或文化的丰富）。例如，美国人口普查局 1991 年发布的拓扑整合地理编码和参考数据集，被普遍认为推动了美国基于地理空间数据来开发、制造和使用产品的行业的发展。同样，美国国家航空航天局（NASA）Landsat 卫星测绘项目数据的公开发布，对黄金勘探项目的生产率产生了有记录的积极影响（Nagaraj，2018）。

虽然公共生物数据的用户与美国经济的特定行业之间没有一一对应的关系，但人们普遍认为，公共生物数据，特别是包含基因组序列的数字数据（数字序列

---

① 关于这一发展在整个经济背景下的可访问的最新回顾，见 Haskel 和 Westlake（2017）；有关早期回顾，见 Corrado 和 Hulten（2010）、NRC（2009）和 OECD（2013）。关于企业层面的发展，见 Lev（2001）、Lev 和 Gu（2016）。

② 关于公共领域活动和支出的系统性回顾和调整，见 Corrado 等（2017）。

信息，简称 DSI），刺激了基于生物技术的商业经济活动。

信息栏 3-1　创新与无形投资

什么是创新？创新与科学发明有何不同？经济合作与发展组织（OECD）定期召集专家小组研究创新的定义。该定义作为《奥斯陆手册》出版，区分了作为一种结果的创新（创新）和产生创新的活动（创新活动）。

2018 版手册（OECD/Eurostat，2018，p.20）将创新定义为"与该单位之前的产品或过程有明显区别，并已提供给潜在用户（产品）或应用于该单位（流程）的新的或改进的产品或过程（或其组合）"。尽管政府服务的提供和效用方面的创新也与经济活动有关，但这个一般性定义给出了一个供企业使用的更精确的表述，而企业是该手册的主要关注重点。

无形投资被定义为包括对创新活动的支出，即可能预期在未来时期产生回报的支出（超出有形投资支出之外）[a]。如果一个公司投入资源在新公司业务流程中培训其员工，如使用图形数据库来组织生物标记物数据，那么它这样做是期望未来的运营会更精简和更有利可图。

综上所述，无形投资是创新投入的代表，创新投入即在产生创新的主要活动上的支出。对创新的投资通常被认为主要包括进行基于科学或工程的研究和开发（R&D）的成本，但事实上，创新需要的远远不止研发支出。其他类型的无形资产包括软件工具、属性设计、营销和其他形式的组织能力。研究中常用的无形资产通用清单见附件 3-2。

美国商业领域的研发投资估计不到无形投资总额的 1/5[b]。虽然这可能是生物经济某些部分的特征，但可能不太适合其他部分（如生物医学组分）。这表明，为了研究生物经济中的创新，应扩大关注私人和公共研发的传统方法，以考虑：

—— 非研发无形投资（通用清单，见附件 3-2）；

—— 明确将公共和私人数据（特别是基因组序列数据）看成是资产。

---

[a] 该定义基于 Corrado 等（2005）。

[b] 使用 www.intaninvest.net 上报告的截至 2017 年的 5 年中美国商业部门的估算值进行计算。

以 GenBank 序列数据库为例，这是一个开放获取、带注释的集合，收集了所有公开可用的核苷酸序列及其蛋白质翻译。这个数据库和用于访问该数据库的某些软件由美国国家生物技术信息中心（NCBI）开发并维护，该中心是美国国家医

学图书馆（NLM）的一个部门[①]。自 GenBank 于 1992 年在 NCBI 成立以来，数据库的使用及其包含的序列（即数据）的数量以非常快的速度增长（图 3-4）。这表明，公共数据投入对生物医学和生物工业的科学分析具有重要价值[②]。如果生物数据资产是推动科学和商业进步的重要投入，那么开放的生物数据的有益影响既会影响商业经济中的生产力（通过新的工业用和消费性生物技术产品），又会通过改善某些疾病的疗法而为人类健康带来益处（如第 6 章所详细讨论的）。

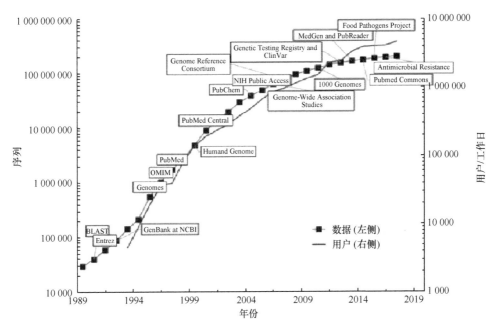

图 3-4　国家生物技术信息中心：数据（序列）和用户。资料来源：基于 https://www.nlm.nih.gov/about/2019CJ.html#Budget_graphs 报告的统计数据（2019 年 5 月 4 日查阅）。

　　美国国立卫生研究院（NIH）报告称，到 2016 年，人类基因组计划已帮助发现了 1800 多个疾病基因[③]。利用人类基因组的发布，今天的研究人员可以在几天内而不是几年内找到一种可能导致遗传性疾病的基因。以现行标准维持 NCBI 的成本相当小。从 2015 年到 2018 年，NLM 的年度预算徘徊在 4 亿美元左右，2019 年上升至略低于 4.42 亿美元。这一预算包括图书馆运营和一些内部研发，NCBI

　　① NCBI 是国际核苷酸序列数据库协作的一部分，该协作旨在收集和传播基因组数据。该协作涉及日本和欧洲的计算机化数据库（日本的 DNA 数据库和英国的欧洲核苷酸档案）；协作者之间每天交换提交的数据。
　　② 美国国立卫生研究院（NIH）支持许多开放数据的存储库，包括 ClinicalTrials.gov，这是世界上最大的用于探索在美国和国外进行的临床研究的公开数据库。该数据库为研究人员和卫生保健专业人员，以及普通公众、患者及其家属提供了方便，使他们容易获取关于各种疾病和病症的临床研究信息。有关 NLM 上开放数据的完整列表，请参见 https:// www.nlm.nih.gov/NIHbmic/nih_data_sharing_repositories.html。
　　③ 参见 https://report.nih.gov/NIHfactsheets/ViewFactSheet.aspx?csid=45。

占 2019 年 NLM 总预算的约 1/3，即 1.34 亿美元[①]。如果 NCBI 认为有必要扩大和/或改进对开放数据的保护和管理，那么值得注意的是，相对于可能带来的好处，目前用于使这些资产免费获取的公共投资比率非常小。虽然尚未对 NCBI 的经济价值开展专门研究，但经济学家已经证明了公共数据库对于科学和创新知识进步的重要性。这些作者包括：Furman 和 Stern（2011），他们证明了生物材料公共图书馆提高了与其中存储的材料相关的知识生成率；Biasi 和 Moser（2018），他们指出，在第二次世界大战期间，降低获取科学书籍的成本提高了购买这些书籍的图书馆所在地区的科学产出；Furman 等（2018），他们证明专利保藏图书馆对那些在前互联网时代接收此类图书馆的地区的区域创新产生了积极影响。

3.2.3 评估无形资产

知识创造是无形资产价值的基础。从经济学角度来看，资源的价值（例如，一个由营利性公司开发和拥有的基因数据库）源自其商业价值，即它所包含的知识如何被用来引出新的、有利可图的产品或服务。对于上市公司来说，公司的市值将反映这一价值，因为它是透明的（例如，新产品的设计是否获得专利，或者一家公司与另一家公司之间的技术协议是否为公众所知）[②]。然而，单个资产的价值无法通过这种方式轻易辨别出来；相反，公司的无形资产组合的价值反映在市值上。该价值不仅包括公司数据库、专利及其他创新财产的数量和质量，还包括其利用这些资产获利的能力[③]。

对某些无形资产的投资包括在 GDP 中，其相应股票的价值作为美国国民经济核算的一部分定期进行评估和公布。换句话说，以下类型的无形资产可以获得官方经济统计数据：

- 软件和数据库；
- 研发；
- 采矿权；
- 娱乐、艺术和文学原创。

---

① 参见 https://www.nlm.nih.gov/about/2020CJ_NLM.pdf。

② 公司市值是指对企业价值的市场估值，包括：对工厂和设备等有形资产的价值评估；对研发预期成果等无形资产的价值评估；对未来宏观经济、行业和企业状况的预期的价值评估。最近的研究表明，以市值衡量，专利的发布对公司价值具有统计学意义和经济意义的影响（Kogan，2017）。另请参阅 M-CAM 开发的创新阿尔法股票价格指数，其表现优于市场指数（如标准普尔 500 指数），该指数使用定量的、基于规则的方法，利用上市公司对知识产权（包括专利）的控制和部署。更多信息请参见 https://www.conference-board.org/data/ bcicountry.cfm?cid=18。

③ 这并不是说企业估值分析师不会独立地对无形资产进行估值；他们确实会这样做，但通常是在所有者之间的交换（即交易）背景下进行，如合并/收购（也用于遗产税和赠与税目的，或作为诉讼的一部分）。这导致了这样一种情况，即公司财务报告显示了作为合并或收购一部分而被交换的无形资产的价值，而未经历合并或收购的公司内部创造的资产的价值通常被忽略；例外情况包括某些采矿权，以及由公司自行决定的内部开发供公司自用的软件。

官方的资产评估并不基于市场估值，而是基于一种被称为"重置成本"的估值方法。重置成本法长期以来一直被用于对有形资产进行估值，同样的方法也适用于无形资产。一旦确定了无形资产（这本身就是一个重要步骤），其价值的重置成本估计值是使用永续盘存法（PIM）从投资的时间序列数据中得出的。实施 PIM 需要以下经济数据和估计值：

- 对每项无形资产的投资的时间序列
  — 投资可以是购买的价值，也可以是"内部"开发资产的成本（或两者兼有）。
  — 需要同时以现值美元和定值（或"实际"）美元计价进行投资。
- 每项无形资产的折旧率
  — 这一理念是为了获取投资产生回报流的预期时间段（即这是一个经济学上的折旧率，而不是物理衰减率）。
  — 某些资产类型的折旧率可能因行业而异，需要对此类资产类型进行多次估算。

然后，PIM 在减去该期间的经济折旧估计值（因老化造成的资产价值损失）之后，逐期累计实际投资。这种计算得出资产存量的估计值；以重置成本计算的股票价值是通过估计的交易量乘以今天的价格得到的[①]。

国民经济核算中使用的重置成本法的优点是它是全面的。上市营利性公司的市场估值不反映包括初创企业在内的私营公司的资产，也不包括私人非营利组织（如私立大学）或国家联邦政府资助的实验室系统的资产。对于依赖上游研究的生物经济来说，这些都是严重的遗漏，但所有这些机构都在国民经济核算的范围内。国民经济核算中对资产的估值方法并不取决于资产是否由营利性、非营利性或公共部门持有，但各部门的性质（例如，资产衍生服务的寿命）差异得到认可；一般认为由公共部门资助和开展的生命科学基础研究产生的资产比商业软件包/工具包具有更长的使用寿命。

对生物数据库（特别是 DSI）的分析需要一种全新的视角，首先要定义感兴趣的数据类型，并确定每种类型保存、存储和可能转化为商业用途的位置。在最近利用从 LinkedIn 中提取的数据开展的学术研究中，按所持技能（例如，数据科学）分类的公司层面的员工信息已被用于评估人工智能（AI）投资的价值（Rock，

---

① 注意，对经济折旧的简单累加和修正是假设没有自然灾害或非经济事件减少净存量；在实践中，当此类事件（如飓风）破坏资本时，这些"总量上的其他变化"会被考虑在内。还要注意，重置成本不同于美国《一般公认会计准则》（一致的公司财务账目）中使用的历史成本法，以及《国际财务报告准则》允许的按市值计价法或公允价值法。

2018)[①]。其理念是，人工智能可能包括在目前可用的对软件的评估中（尽管可能不全面），但是要分析该领域的投资是否可能被错误测量和/或相对于其他类型的软件而言是否是增长的，则需要更精细的方法。Rock 基于技能的方法对于将自己产生的生物数据知识作为生物经济的无形资产进行评估可能是有意义的。如果生物数据知识实际上是拥有专门技术技能的员工（而不是被归类为通用职业的员工，如"软件工程师"）所做工作的结果，那么这种方法是有前途的。

在生物经济方面，技能可能包括熟练使用软件，如基本局部序列比对搜索工具（BLAST）、ClustalW、DNA 序列分析软件、Mendel、PhyLOP、RTI International SUDAAN、SAS/Genetics 和 Ward Systems Group GeneHunter[②]。正如对人工智能投资与软件投资进行的基于技能的估算，拥有这些技能的员工可能会从事生命科学研发，其理念是，即使生命科学研发包括对生物数据知识的投资（部分或全部），其自身的潜在动力也会被掩盖。

在评估公共数据库方面，图 3-4 所示的序列数据的价值可被视为包含在生物经济研究领域的研发存量价值中。这是因为进行这项研发的结果不仅包括新的科学发现（或新药），还包括通过 NCBI 向公众提供以供未来使用的基因组数据或其他 DSI（如上文关于评估无形资产的部分所讨论的）。人们很容易认为生物数据库与总研发存量是成比例的（承认可能无法指定绝对值），但图 3-4 表明，NCBI 用户的数量（那些存量的用户价值的一个指标）的增长速度快于这些存量本身（部分反映研发成果）的积累。那么，也许可以利用 NCBI 数据的使用模式来估算生物数据存储的折旧率，从而为其独立估值提供基本要素。如果能够获得关于用户身份和所访问数据的年龄的统计数据，那么同样的情况也适用于 ClinicalTrials.gov。

在考虑数据的价值时，Varian（2018）认为，数据的规模收益呈下降趋势，举例来说，人工智能算法训练数据规模的增加导致预测精度的收益下降。虽然这是数据价值如何随时间下降（或贬值）的一个方面，但请考虑以下因素：生物数据（尤其是基因组数据或 DSI）的使用有多个维度，并且将公开可用的 DSI 与私人收集的个人生活方式数据结合起来的成果尚未完全实现（虽然可以说仅利用公共 DSI 的成果正在减少）。这一观察结果表明，只有当使用中的新维度/组合减少时，数据的收益才会减少[③]。因此，对长期公共 DSI 数据进行评估的能力对于使用和扩充这些数据的企业以及支持和资助数据持续开发的政府都很重要。

---

① 参见 Brynjolfsson 等（2018）。

② 这些技能在 O*NET 上被列为对遗传学家的技能要求；参见 https://www.onetonline.org/link/tt/19-1029.03/43232605。关于遗传学家的数据很模糊，因为这个职业属于更高层次的类别"生命科学家，其他"，其中包括一系列杂项职业，如"生命科学分类学家"（O*NET 由美国劳工部就业和培训管理局赞助，是美国职业信息的主要来源）。

③ Li 等（2019）探讨了数据资产对数字平台公司市场估值的影响。

3.2.4 未测量的无形资产对评估生物经济的影响

测量以生物为基础的经济活动的研究使用了几种经济学方法。每种方法都首先将生物经济描述为整体经济的一个分领域。一般来说，生物经济是根据行业分领域来定义的，然后可以用该分领域的 GVA 相对于总 GDP 的值从国民账户中测量其经济贡献。

一个行业的附加价值包括该行业自身的投资产品生产，即其自己研发和生产其他无形资产的行为，包括支持数据驱动能力的工具。其中一些资产目前没有在国民账户中被估值，这表明，除非纠正这一缺点，否则使用领域附加价值的官方统计数据来描述生物经济只是一种近似值，实际上是一种低估。

3.2.5 确定和评估生物经济的途径

没有任何研究使用与本委员会一致的定义来确定和量化生物经济。在以下小节中，将描述属于委员会生物经济定义范围内的活动，并讨论未来分析生物经济所需的测量工具。

3.2.5.1 描述生物经济

生物经济中主要由用户驱动的部分，即农业、生物工业和生物医学，首先被认为是第 2 章中探讨的范围和定义所包含的主要活动类别。值得注意的是，委员会在第 2 章范围讨论中的定义和解释将生物经济中的活动分为这三个主要科学领域。然而，当从基于科学领域的概念图转向生物经济活动的经济图时，分组会发生变化，以考虑当前分类系统的局限性。例如，在考虑农业的科学领域时，委员会确定将作物（转基因作物或通过标记辅助育种项目创造的作物）纳入到生物经济中（见第 2 章标准#1 和#2）。委员会还确定将在利用重组 DNA 技术的下游生物加工和/或发酵过程中使用植物生物质纳入到生物经济中（见第 2 章标准#4）。然而，在经济绘图中，由植物生物质刺激的经济活动被划归为生物基化工生产的工业活动分组。这是收集、分类、归因生物经济活动的方式和位置函数。

附件 3-1 详细回顾了一项研究，该研究限定的生物经济活动完全包含在委员会的定义中（Carlson，2016，2019）。与本委员会一样，Carlson 关注的是通过使用转基因生物体和系统产生的农业及工业收入。他的账目包括农作物、生物药物和生物制剂，以及生物基工业产品（例如，生物燃料、酶和生物化学品）。他承认，北美行业分类系统（NAICS）的代码类别过于宽泛，无法准确地反映这些活动的附加价值。实际上，Carlson（2016）的一个主要贡献是，他建议修改按行业划分经济活动官方统计数据的分类体系（见信息栏 3-2）。如附件 3-1 所述，Carlson 主要关注企业对企业的活动，与委员会的方法相反，这忽略了进一步加工和/或交付给消费者的产品的附加价值[例如，生物基塑料瓶（尽管包括树脂）]。

信息栏 3-2　更新 NAICS 及其他

Carlson（2016）提出在用于收集美国经济数据的行业分类体系即北美行业分类体系（NAICS）中，增加三项内容。用他自己的话说，包括：

> 首先，应当有一个新的代码，明确将生产蛋白质和核酸类药物的"生产单位"列为"药物和药剂制造"（3254）的一个子集。其次，应在"化学制造"（325）下包含一个代码，用于捕获化学品和材料的非药物、基于细胞的生产。目前还不清楚如何最好地区分经过突变和选择的细胞中产生的化学物质与从基因组被直接修改的细胞中产生的化学物质。为此，可能需要一个额外的代码，以及一个预测无细胞生物生产系统出现的代码。最后，由于生物燃料没有明确的代码，也没有包含生物柴油的代码，因此应该为生物燃料制定新的代码，以区别于石油基燃料。

Carlson 的"其他（beyond）"是指根据产品在市场上的使用情况而制定的产品分类系统——北美产品分类体系（NAPCS）。有关 NAPCS 的信息，请参见 https://www.census.gov/eos/ www/ NAPCS /napcstable.html。

Carlson 接着说：

> 最后，尽管拥有高质量、细粒度的数据来阐明生产了哪些化学品以及使用了哪些生物体和过程是有用的，但 NAICS 可能不是收集所有此类信息的理想机制。相反，根据市场用途对产品进行分类的 NAPCS 可能是区分面向日益多样化市场的生物技术产品的更适当的手段。例如，可以认为，发酵产生的非饮用乙醇不应按 NAICS 代码划分为燃料和非燃料用途，只要代码使其与合成化学产生的相同分子区分开来。相反，乙醇作为一种可替代分子的不同用途，最好通过 NAPCS 在使用时加以说明。生物产品之间类似的市场层面差异可能是表征生物经济的更好手段。NAPCS 似乎没有充分用于这一目的，除了将"科学研究和开发服务"细化到多个生物科学和工程领域内之外…

来源：摘自 Carlson, 2016, p. 251。

从主要部分转到能够获取数据的细节部分，需要确定该类别中涵盖委员会定义范围的相关代码。例如，生物医学活动通常包括三个相对明确（但尚未详细）

的行业领域：制药、生物技术研发服务，以及电子医疗设备和医疗器械（Hermans et al.，2007）。在 NAICS（目前用于按行业对经济活动进行分类的系统）①中，这些行业领域由四类代码表示：药物和药剂制造，NAICS 3254；电子医疗器械制造，NAICS 334510、334516、334517；外科和医疗器械制造，NAICS 339112；生物技术（纳米生物技术除外）研发服务，NAICS 541714。根据委员会的定义，NAICS 541715 也应部分包括在内，因为它涵盖了物理、工程和生命科学（纳米技术和生物技术除外）领域的研发服务。根据 NAICS 5417 的北美产品分类系统（NAPCS）②产品清单（见信息栏 3-2），后者将包括生物工程和生物医学研发服务，涵盖医疗保健机器人系统的机械工程③。许多生物技术的研究认为 NAICS 541714 中的活动在其分析的范围内，但这种方法忽略了整个研发服务行业其他地方所包含的其他生命科学、生物医学工程和生物工程研发服务活动。

从三个主要领域（农业、生物工业和生物医学）出发，委员会需要确定主要领域的子集，获取经济活动数据是为了这些子集。因此，委员会确定了商品和服务（包括材料、商业服务和消费品）这一大类内的 6 个部分。在这些部分的层面上，以下 6 个部分被视为生物经济的近似值，这是根据现有数据所能确定的最好结果，并要认识到它们不能完全反映委员会所定义的生物经济：

- 转基因作物/产品；
- 生物基工业材料（如生物基化学品和塑料、生物燃料、农业原料）；
- 生物药物和生物制剂及其他药品；
- 除药品外的生物技术消费品（如基因检测服务）；
- 生物技术研发商业服务，包括实验室检测（试剂盒）和购买的设备服务（如测序服务）；
- 生物数据驱动的患者医疗保健解决方案设计（即精准医疗投入），不包括患者护理服务本身和在其他地方计算的药物。

生物经济还包括对专业设备和服务的投资：
- 购买用于生物经济相关研究、产品开发和测试的专用设备（如质谱仪、

---

① NAICS 采用层次结构和六位数代码，按领域和分领域组织行业活动。前两位表示所属领域，第三位表示所属分领域，第四位表示所属行业分组，第五位表示 NAICS 行业。前五位数字在美国、加拿大和墨西哥都是标准化的。每个国家可以使用第六位数来确定特定的国家行业（因此这是特定于这个国家的，而不是标准化的）。有关示例和更多信息见 https://www.census.gov/ programs-surveys/economic-census/guidance/ understanding-naics.html。

② NAPCS 是一种独立于原产行业对产品（商品和服务）进行分类的编码系统。这些代码可以回溯 NAICS 行业分类，在加拿大、墨西哥和美国也都是一致的。更多信息，请参见 https://www.census.gov/ programs-surveys/economic-census/guidance/understandingnapcs.html。

③ 见 https://www.census.gov/eos/www/napcs/finalized/web_5417_final_reformatted_edited_US060409.pdf。

测序仪）；

- 为科研实验室和医疗保健开发的专用仪器（部分医疗设备，包括医疗机器人）；
- 生物经济公司为产品开发而购买的长期服务（无形资产）（如专业软件和咨询服务，包括数据分析服务）。

此外，生物经济还包括在生物经济组织内部生产供其自身使用的无形资产，例如：

- 通过开发可进一步用于产品开发和测试的数据库而自行生产的附加价值（如前文关于组织内投资评估部分给出的示例所示）；
- 研发和其他通用无形资产，包括对员工进行专业生物经济技能培训。

以上所列的活动反映了本委员会对生物经济的定义的方向，即源于工程、计算与信息科学所实现的生命科学进步的活动。活动清单非常多样化，从转基因作物到医疗机器人的生产等活动，以及作为无形资产的生物数据。本委员会的定义可能包括精准医疗在非科学领域（患者护理或健康保险）的创新应用，尽管这些扩展不包括在本经济分析中。综上所述，必须有一种全面而"灵活的"测量方法（即一种能够涵盖受生物技术进步影响的未来活动的方法）。

3.2.5.2 生物经济及其资产的卫星账户

生物经济作为经济的一个分领域，其核算需要一套全面的测量标准。作为美国国民账户的附属而建立的一个专门的生物经济卫星账户将为生物经济的经济分析提供必要的工具。

卫星账户是一个经济数据系统，描述由一组指定活动所产生的支出、生产和收入。卫星账户在设计表格时通常会考虑到具体的用户（在数据限度内），特别是当生产和支出的详细程度说明有一批活动在经济数据中其他地方未被汇总（见信息栏 3-3）。

信息栏 3-3 卫 星 账 户

根据美国商务部的经济分析局（BEA），卫星账户是：

通过关注经济活动的特定方面来扩展主要账户系统的分析能力的补充账户。卫星账户与主要账户相关联，但在提供更详细的信息或使用替代定义、概念和会计惯例方面具有更大的灵活性。例如，BEA 的旅游卫星账户提供有关这些行业的产出、供应、需求和就业的详细信息。

国家和国际经济统计机构经常采用卫星账户来描述那些不完全符合国民收入账户体系中较为传统的定义的经济活动。除了旅游业，卫星账户还被用来更好地测量农业经营活动（Arboleda, 2001；NASEM, 2019）。卫星账户的其他例子包括数字经济、环境和无偿家务劳动。卫星账户可用于探索新的数据收集和报告方法，并开发新的核算程序，这些程序一经接受就可成为标准国民收入核算程序的一部分。

与旅游业一样，生物经济跨越几个传统经济领域，包括在传统领域定义中未完全涵盖的活动。由于生物经济中的活动将继续发展，因此数据收集和核算程序可能也需要发展，以实现对生物经济的测量。

理想情况下，生物经济卫星账户系统将为生物基生产建立适当的行业间关系，对无形资产和生物经济数据库进行全面核算，纳入相关产品（如生物药物和生物医学设备）的经质量调整的价格平减指数，并促进某些环境效益的核算（Daystar et al., 2018）。还应说明生物经济产品和生物经济国内生产投入的国内外供应来源，以及与生物经济技术和信息资产的内外转移有关的资金流动，这就需要挖掘新的数据。

生物经济卫星账户的设计可能会利用现有的行政数据以及美国人口普查局基于调查的微观数据[①]，以确保必要的适用范围。此外，第 6 章中设想的地平线扫描和预测工作有助于深入了解生物经济卫星账户的设计，并确保其用于解决具体政策和预测问题。

3.2.6　生物经济估值

委员会没有设立卫星账户，而是在其定义的背景下，以试点实验的形式，着手评估生物经济及其无形资产的价值：现有的工具、数据和研究可以证明生物经济及其影响范围的哪些方面？然后，考虑将之前讨论的委员会组成部分与 Daystar 等（2018）提出的 I-O 方法结合起来。Daystar 等（2018）的研究为许多相关的生物经济产品提供了附加价值，这些估计值仅使用官方数据是无法获得的。

3.2.6.1　估值试点实验和框架

能否对 Daysta 等（2018）研究中的元素进行补充，以弥补该研究中的相关产品与委员会定义所涵盖的更全面的商品和服务之间的至少大部分差距？这个问题

---

① "行政数据"是指由政府机构收集和维护的数据，用于管理（或运行）其项目，或向公众提供服务（如医疗保健数据）。

的答案似乎是肯定的，实现途径包括：通过在可能的情况下使用 Carlson（2019）研究中的元素，通过估算生物经济商品和服务总产出值并使用整个行业的后者与前者的比率将该产出值转换为 GVA，以及通过利用一系列对具体行业的研发和其他无形投资的估计值（其中具体行业符合 BEA 在美国国民账户中规定的细节）。信息栏 3-4 总结了为试点实验生成图表所采取的步骤。

信息栏 3-4　生物经济的估值框架

1. 为生物经济定义设定边界，以确定感兴趣的主要领域（见第 2 章）。

2. 确定拟纳入的主要领域的子集，包括相关的生物经济专用设备投资（如测序仪）和服务（如生物技术专利和法律服务），以及为该领域使用而生产和/或策划的无形资产（如基因组数据库）。

3. 确定与划定的生物经济领域相对应的相关生产数据。

   a. 表 3-2 提供了一个基于北美行业分类系统（NAICS）代码的绘图，该代码目前被美国人口普查局用于收集关于生产价值的详细数据。
      — 某些生物经济活动本质上比现有的 NAICS 代码更狭窄，测量这些活动需要基于辅助的信息来源（或新的 NAICS 代码）进行估算，或根据机构层面的调查或行政微观数据构建新的聚合。
      — 对于每个生物基生产活动，确定当前与潜在（在现有技术下）生物基的份额（例如，确定多大比例的塑料是通过生物基过程生产的）。

   b. 根据国民经济核算中使用的相同方法和数据（"按行业划分的 GDP"），估算每个相关生物经济活动的附加价值。

   c. 确定适当的行业间联系和供应来源（即国内与国外），并根据这些联系估算相关的投入-产出"乘数"。

4. 估算的附加价值之和是生物经济生产对美国经济的直接影响；投入-产出乘数所隐含的额外附加价值估计了生物经济对美国经济的总贡献。

表 3-2 列出了实验估算中包含的生物经济的具体部分，包括根据之前的研究和基于委员会定义的简单扩展（例如，增加了电动医疗设备）可以轻易确定的项目。这项试点实验得出的结论并不意味着是确定的，可能会在两个方向上犯错误：可能偏低，即对与委员会的技术驱动定义相关的活动描述不足；可能偏高，即太多已确定的活动被归因于生物经济。

表3-2 委员会定义所包含的说明性生物经济部分及其价值

部门		分类（北美行业分类系统[NAICS]代码，相关）	增值估算来源[1]	2016年增加值（百万美元）	
				当前	潜在
私营行业部门					
1	作物产品	11111-6, 11119, 11900pt	委员会计算：Carlson（2019）	36 740	46 141
2	生物修复（食品）	311210, 221, 224, 225；311300	Daystar et al.（2018）	3 023	36 830
3	生物燃料（乙醇）	324110pt	请参阅注释2	8 361	12 553
4	生物制药	325412pt	请参阅注释3	31 118	99 575
5	生物制剂（酶）	325414	Daystar et al.（2018）	16 918	16 918
6	其他药品	325412pt	请参阅注释3	93 354	24 894
7	基于生物的石化产品	35211	Carlson（2019）	6 726	16 304
8	其他酶	32519pt	Daystar et al.（2018）	11 918	11 918
9	其他生物基化学品	325211, 32519, 32522, 325510, 325998, 325611, 325612, 325520, 325991, 325992, 325910, 325613	Daystar et al.（2018）	8 081	50 505
10	基于生物的塑料产品	326	Daystar et al.（2018）	997	68 436
11	电子医疗仪器	334510、6、7	总产出（GO）调整为总附加值（GVA）	49 636	49 636
12	外科和医疗器械	339112	调整为GVA	28 153	28 153
13	生物经济研发服务	541714、541715pt	附件3-1讨论	43 090	43 090
未列入上述增值的无形投资					
14	数据服务软件购买	上述私人生物经济部门	国民账户和投资	5 615	7 880
14a	备忘录：	私营保健组织	投资	15 194	—

续表

部门	分类（北美行业分类系统[NAICS]代码，相关）	增值估算来源[1]	2016年增加值（百万美元）	
			当前	潜在
公共和非营利部门				
15 研发	生命科学，生物工程和生物医学工程	国民账户，国家经济委员会调查	44 546	44 546
16 软件和数据相关分析服务	政府职能分类，健康	国民账户和斯坦兵团项目[4]	14 190	14 190
		总[5]	343 730	571 569

注：1. 报告在"最近的"可用详细行业中国民账户附加值份额估计值的来源。每项活动最终附加值的估计值正包括根据 www.intaninvest.net 所报告的估计值的详细版本编制的国民账户中未包含的无形资产的贡献。
2. 根据汽油中乙醇的含量进行估算。生物质发电未单独列出；这项活动的增加值在 2016 年为 6.35 亿美元。
3. 根据 Otto 等（2014）估算和国家科学与工程统计中心商业研发及创新调查数据，参见以下有关生物经济方向的章节进行了回顾。
4. SPINTAN（智能公共无形资产）是指由欧盟团委员会资助的项目，其研究财团包括公共和营利领域无形资产的估计值在补充那些未在市场发现的领域。见 www.spintan.net。对于 SPINTAN 项目开发的公共和营利领域无形资产的估计值昌在补充计算第 14a 行。
5. 不包括第 14a 行。

即便如此，从表 3-2 中可以看出，对于前文描述确定生物经济价值的途径的小节中列出的大部分领域，都可以获得经过公开审查的估计值（或对总产出数据的简单转化）。如果这些部分涉及生物基生产，则使用表中的第 2 列和第 3 列所列活动的两个附加价值估计值：第一个估计值（如第四栏中所示）表示对生物基生产中当前附加价值的估算，第二个估计值是对生物基生产（使用当前技术）潜力的估算。这些估计值来自 Daystar 等（2018），该研究被列为表格第 3 列的一个数据来源。对于其他估计值，基于现有文献做出了适当的假设（例如，假设生物药物目前占所有药品的 25%，其潜力为 80%，此时上限代表这家全球领先的公司在2014 年所拥有的能力）（Otto et al.，2014）。需要进一步研究，以细化对划定的行业（尤其制药行业）中潜在的生物基生产的估算[Daystar 等（2018）的研究不包括制药行业]。

对现有行业的实际和潜在附加价值的估计值有双重目的。第一，对它们进行汇总可用于评估生物经济的价值。第二，假设现有行业的隐含附加价值份额近似于生物经济在该行业无形资产总投资中所占的份额（即"潜在"列显示了所列部分中包含的所有活动的全部价值，展示了生物经济在给定部分中增长的潜力）。然后，这些份额被用于：①将非国民账户无形资产的自身生产纳入到附加价值中；②计算与软件和生物数据相关的服务购买情况。

关于无形资产的投资，已完成以下工作。第一，表 3-2 所列各部分的所有附加价值估计值都是基于国民账户的附加价值估计值，其中包括软件和研发的自有生产。第二，表 3-2 所列各生物经济部分的非国民账户无形资产的估计值，是利用各部分的附加价值在用于进行无形投资的行业层面估算的行业层面数据中所占的份额来获得的；行业层面的无形资产估计值是基于 www.intaninvest.net 所载方法进行的估算；第三，购买的软件资产和数据分析服务的价值使用相同的份额单独核算；第四，政府或高校开展的生物经济研发活动作为单独的、划定的活动纳入到生物经济活动的价值中。

关于生物数据，假设一家公司自己生产的数据库包含在国民核算的软件估算中；对于生物数据的购买也是同样，因为发生了市场交易。虽然这构成了一个下限，但请注意，生物经济领域的公司对数据分析的投资反映在他们购买计算机设计和相关信息技术咨询服务和/或管理咨询服务上。这些项目没有包括在国民核算的无形资产估算中，但是我们增加了生物经济公司在这些活动上的可用支出的估计值。对于公共领域，还纳入了软件和计算机设计咨询（我们最好的数据投资代理）投资的价值，该价值是根据被界定为"完善"的政府职能估算的。

3.2.6.2　生物经济对美国附加价值的贡献

表3-2第4列所示的生物经济行业附加价值的直接影响总额合计4025亿美元，

占 2016 年 GDP 的 2.2%（表 3-3）。如果生物基生产处于其潜在水平，表 3-2 第 5 列所示的附加价值数字将为 5716 亿美元，或 GDP 的 3.1%（注意，只有私营经济会受到行业内向生物基生产转变的影响）。2016 年，生物经济中私营附加价值的小计占 GDP 的近 1.8%，其估算的潜在水平为 GDP 的 2.7%。

表 3-3　生物经济估值实验示例总结

主要领域	2016 年附加价值	
	当前	潜在
直接贡献		
1　私营行业/10 亿美元	343.7	512.8
2　公共/非营利性行业/10 亿美元	58.7	58.7
3　总计/10 亿美元	402.5	571.6
4　占国内生产总值的百分比/%	2.2	3.1
包括间接效应和诱导效应		
5　私营行业/10 亿美元	859.3	1 282.1
6　公共/非营利性行业/10 亿美元	99.9	99.9
7　总计/10 亿美元	959.2	1 381.9
占国内生产总值的百分比/%	5.1	7.4

资料来源：生物经济估值来自表 3-2 和信息栏 3-4。2016 年美国国内生产总值（GDP）来自经济分析局，为 18.715 万亿美元。

为估算间接效应和诱导效应，将乘数 2.5 应用于私营生物经济活动；该乘数大大低于 Daystar 等（2018）中的隐式乘数，因为包含了研发服务、药品、部分设备和其他无形资产。后一类活动相对于其他私营的生物基活动来说规模较大，更接近整体制造业的乘数[上文引用的 Popkin 和 Kobe（2010）的 2.41 更合适]。然后，将乘数 1.7 应用于政府和高等教育活动（来自 Popkin and Kobe，2010）。如果没有进一步的研究，就不可能更精确，这一观察结果强化了对生物经济卫星账户的需求，该账户详细说明了相关经济活动的适当行业间联系。

应用上述乘数后，2016 年由生物经济驱动的经济活动估计值占 GDP 的近 5.1%，如果生物基生产达到估计的潜在水平，则将占 7.4%。我们要强调的是，这个关于生物经济规模的指南仅以粗略估计的形式体现了文献的当前状态。这是一个粗略的估计，因为委员会对生物经济的定义是"有生命的"，而现有数据存在很大的差距。技术的进步将影响受限制的活动和生物经济生产潜力的演变（例如，如果在生物经济活动中纳入对在医疗点提供基于生物数据的精准医疗解决方案的适度估计，这种潜力可能会增加38%）[①]。

3.2.6.3　生物经济无形资产的估值

从前面关于无形资产估值的讨论中可以得出一个结论，即使用国民核算方法来估计资产存量的价值需要对该资产进行投资的时间序列和资产的折旧率。从以上来看，私营生物经济的无形投资在1年内（2016年）是可用的（一段时间内，一个行业中生物基生产相对于该行业总生产的估算并不容易获得）。缺乏方便可用的关于生物基生产份额的时间序列信息是另一个例子，表明需要更完整的生物经济数据，如卫星账户提供的数据[②]。

对于生物数据，即使可以按照表 3-2 所列的生物经济成分进行分析，结果也不一定是全面的。生物数据分析需要确定拥有大量这类数据的领域和活动。如前所述，公共领域当然是一个庞大数据持有者，但私营医疗保健领域也在生物数据方面（尽管不一定是基因组数据）投入巨资，如果生物数据的估值仅限于表 3-2 中所述的生物经济，这些投资将不会包括在内。仅就数据服务和软件而言，私营医疗保健领域的支出几乎是生物经济中私营行业当前支出的 3 倍（比较表 3-2 中的第 14 行和第 14a 行）。对生物数据存储的分析需要一种全新的视角，首先要定义感兴趣的数据类型，并确定每种类型在整个经济中的存储位置。

3.3　美国生物经济的方向

本节通过检查许多生物经济领域的活动指标，回顾了生物经济的现状和增长。考虑到测量生物经济面临的多重挑战，有必要开发一种不依赖于单一指标，而是依赖于能够反映生物经济不同方面的一系列指标的方法。我们的分析尽可能依赖于公共数据来源，最理想的是由联邦机构[如美国人口普查局或美国国家科学基金会（NSF）]和国际组织（如经济合作与发展组织）发布的数据。在某些情况下，我们也会用私营机构收集的数据。理想情况是能对可用于测量生物经济所有子领域的全部数据进行完整分析，但这需要独立的专职研究人员。如本章前面所述，生物经济还包括其对人类和环境健康的贡献所带来的社会效益。对这些效益的测量也是一项复杂的工作，不包括在本章的分析中。

---

① 2016年，医疗保健服务（不包括药品、保险和行政成本）直接占美国GDP的10%，其中27%为医生服务。如果把这个数字作为医疗点服务价值的标志，则表明美国GDP的另外2.7%可能（直接）受到生物经济的影响。

② 人们可以通过不依赖生产份额的公共领域和非营利领域（表3-2列出的最后两个组成部分）进行研发的资金来考虑生物经济的无形投资。综上所述，仅凭对这些价值的估算并不能提供有关生物经济的无形资产存量的信息。

3.3.1 国家对生物经济的投资

美国国家科学基金会（NSF）收集了关于美国政府机构、联邦政府资助的研发中心（FFRDC）、州政府、学术机构、非营利机构和企业资助并执行的研究开发的数据。这些信息是在对联邦政府机构、州政府、高等教育机构（高等教育研究与开发[HERD]调查）和企业（商业研究与开发调查）的单独调查中收集的。一项针对非营利机构的新调查将有助于研究这些机构在不久的将来资助并执行的研发的进展情况[①]。

与万尼瓦尔·布什（Vannevar Bush）在 1945 年写给罗斯福总统的信《科学：没有止境的前沿》中阐述的愿景一致，美国政府将其大部分非军事研发投资用于基础和应用科学研究，包括大学研究。商业支出主要用于产品开发（Arora et al., 2019；Bush，1945）。利用联邦数据总结生物经济领域的研发趋势是一项挑战，因为测量标准具有广泛的学科和分支领域特点。联邦和大学研发总支出中使用最广泛的子集是"生命科学"，其包括生物和医学科学（生物工程和生物医学工程数据未被测量）作为主要子类别。有关企业研发支出的数据是按行业收集的。NSF 的调查还要求受访者根据"技术重点"对他们的支出进行分类，其中一个重点是生物技术。这使得行业层面的研发支出和效能可以根据重点领域进行交叉分类[②]。不幸的是，关于生物技术的统计数据没有为了科学政策分析而进行定期汇编，也没有在美国国家科学委员会两年一次的出版物《科学与工程指标（S&E）》中进行审查。

在审查有关生物经济研发投资的信息来源之前，我们考虑了过去十年美国商业和高等教育领域研发（按规模）主要执行者的资金来源。这是基于 2006 年至 2016 年的最新可用数据得出的。在此期间，如图 3-5 所示，商业研发支出（BERD）对美国创新越来越重要，但联邦研发资金增长却停滞不前。高等教育研发支出（HERD）略有下降，这主要反映了联邦研发资金减少的影响。总的来说，在这一时期，包括公共和私营研发在内的美国研发总额（包括图 3-5 中未显示的一些小的组成部分）相对于 GDP 的波动不大。

3.3.1.1 联邦政府对生物经济的投资

有关联邦研究资金的数据按主要学科提供，其占国内生产总值的比例如图 3-6 所示。生命科学的研究比其他任何主要学科都需要更多的资源。生命科学研究的支出在 21 世纪初 NIH"翻番"期间达到顶峰，接近 GDP 的 0.25%。自那以后，这一支出已经下降到 GDP 的 0.2%以下。总的来说，尽管生命科学领域的资金有

---

① 此外，对商业调查进行了重新设计，并更名为年度商业调查。在本文撰写之时即将进行的这项新调查将从 2017 年数据年度开始，重点关注拥有一名或多名员工的美国营利性非农业企业。

② 除了生物技术之外，调查的其他交叉技术包括软件、能源、环境和纳米技术。

所增加，并且采取了多项措施（例如，2000 年代的《美国竞争法》）以提高美国在物理科学和工程领域的竞争力，但自 1970 年以来，联邦研发资金总额（包括未在图 3-6 中显示的开发资金）占 GDP 的比重有所下降。

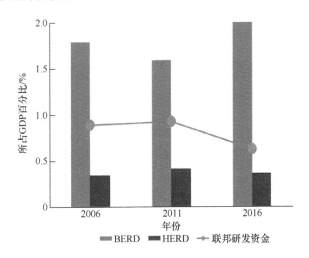

图 3-5　商业和高等教育领域的研发支出以及联邦研发资金（2006 年、2011 年、2016 年）。注：BERD =商业研发支出，HERD =高等教育研发支出；其中包括联邦政府提供的资金。HERD 和联邦研发资金只包括科学和工程领域。一些联邦研发资金专门用于 HERD。资料来源：美国国内生产总值数据来自美国经济分析局、国民经济核算、GDP，https://www.bea.gov/national（2019 年 7 月 20 日查阅）；研发数据来自美国国家科学基金会—国家科学与工程统计中心—各种调查。

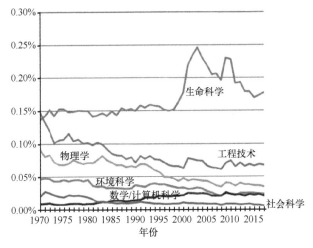

图 3-6　1970—2017 年各学科联邦研究经费占 GDP 的比例。资料来源：美国国家科学基金会—联邦研发基金系列。国内生产总值数据来自美国管理和预算办公室。经美国科学促进会（AAAS，2019）允许转载。

在生命科学领域，基于生物学（环境生物学除外）的研究在 1999 年至 2003 年期间实际翻了一番（图 3-7）。尽管此后，用于生物学研究的联邦资金立即下降，但随后十几年里一直徘徊在 170 亿美元左右（以 2019 年的美元计算，即以实际价值计算）。美国 NIH 是生命科学领域最大的研发资助机构（图 3-7），但生物研发经费在其他机构的研发经费中也占有重要份额（NSB and NSF，2018）。

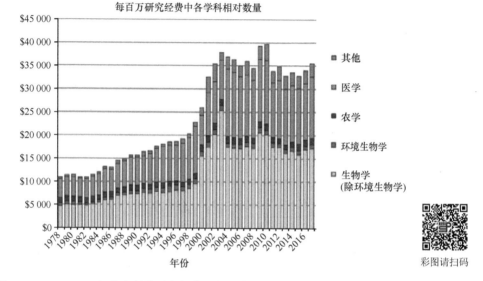

图 3-7 1978—2017 年生命科学研究经费。资料来源：美国国家科学基金会—国家科学与工程统计中心—联邦研发基金系列。经美国科学促进会（AAAS，2019）允许转载。

生物工程和生物医学工程研发的联邦资金通常不与两年一次的美国国家科学委员会《科学与工程指标（S&E）》中定期分析的生命科学资助措施归为一类。相反，这种资金包括在工程研发中，其结果是，典型的联邦支出指标并不够全面，无法满足对联邦资助的、支持生物经济的研究展开全面分析的需求。联邦调查中的某些详细表格有助于汇编适当的统计数据，通过对高等教育研发支出（HERD）调查中报告的历史统计数据进行三角剖分可以看出这样做的可取之处[①]。S&E 报告了工程子领域中联邦政府资助的 HERD 的时间序列数据，包括生物工程和生物医学工程的支出。尽管这些支出相对于联邦政府资助的生命科学研发的总额来说非常小（2016 年和 2017 年大约 3%），并且不包括在联邦机构或联邦资助的研发中心（FFRDC）进行的类似分类的内部研究中，但联邦政府对这一领域学术研究的支持快速增长（从 2007 年到 2017 年每年增长 8.5%）[②]。在 HERD 调

---

① 委员会感谢国家科学与工程统计中心的工作人员提出这种三角剖分的建议。

② 将其与以下比较：2007 年至 2017 年，联邦政府资助的学术生命科学研发每年增长 2.2%，联邦政府资助的学术生物和生物医学科学研发每年增长 2.8%，美国名义 GDP 每年增长 3.0%。

查报告的所有详细的 S&E 类别中，这类由联邦政府资助的高等教育机构的研发效能在这 10 年期间增长最快。

图 3-8 总结了高等教育机构的联邦与其他来源的生物经济研发支出的趋势。其他资金来源包括自有机构资金、州政府、企业和非营利机构，近年来自有机构资金占非联邦资金总额的一半多一点。联邦资金总额相对于名义 GDP 的小幅下降被其他来源资金的增加所抵消。

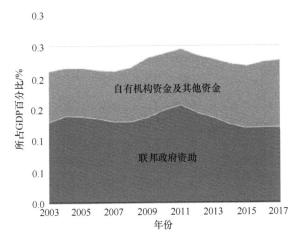

图 3-8　高等教育机构在生命科学、生物工程和生物医学工程领域的研发支出。资料来源：美国国家科学与工程统计中心（NCSES），高等教育研发支出调查。

3.3.1.2　私营企业对生物经济研发的投资

相对于美国 GDP，美国的研发投资一直相当稳定。在总支出中，私营企业领域的支出近年来有所增加。图 3-9 显示了美国经济中的三大类私营企业研发投资：①国民账户的可识别生物经济（包括药物）；②数字和互联网相关（标记为"数字"）；③所有其他（标记为"其他"）。美国的药物研发单独显示（并标注为"药物"）。

生物技术和生物工程领域的商业研发无法在国民账户数据中完全确定；然而，尽管存在这种差距（以及弥补差距的必要性），图 3-9 所示的趋势总体上反映了过去 50 年美国经济中企业研发投资的发展情况。在所示的 50 年里，所有数字领域的研发相对于 GDP 稳步攀升。软件开发是该领域近期实力的一项推动因素，至少在一定程度上反映了对网络保护和人工智能的投资。随着时间的推移，药品研发相对于 GDP 的比例也有所上升，2008 年之后下降，再之后部分恢复。生物经济中除药品以外的可识别研发（图中实线和虚线之间的差异）弥补了 2008 年至 2011 年间制药行业的一些弱点。2008 年之后，其他行业的研发支出大幅上升，反映出

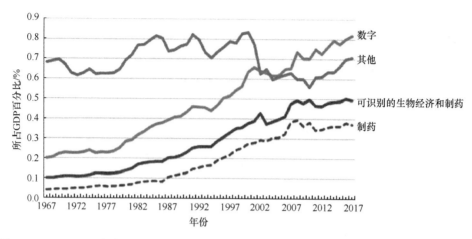

图 3-9　1967—2017 年各大类商业研发投资。注："可识别的生物经济"包括经济研究局（ERS）关于食品和食品投入研发的表格，以及对生物技术研发服务和医疗器械研发的估算，这在美国国民核算的研发行业数据中很明显。"数字"包括电子产品制造、软件出版和电信服务行业的研发，以及所有其他行业的软件产品开发。资料来源：美国国民收入和生产核算—经济研究局—美国国家科学与工程统计中心。

汽车研发投资的回升，以及专业技术服务行业（科学研发服务行业除外）中的"其他非制造业"研发支出的激增。后一种开发提出了几个问题，其中一些问题将在本节的其余部分讨论。

3.3.1.3　生物经济在哪里？（经济领域内的私营生物经济活动）

如前面关于测量生物经济的一节所述，受生物经济支持的私营经济活动包括生物工业材料、生物药物、生物基消费品、农业和生物经济专用设备的设计与生产。在按行业收集和组织的数据中很难确定支持这些领域中新产品开发的私人支出，但如前所述，NSF 对商业研发的调查（自 21 世纪初以来）包含了一个问题，要求被调查者确定技术重点是生物学的支出。这些关于生物技术研发的交叉行业数据没有为了经济或科学政策分析而定期汇编为时间序列。虽然这些数据不能反映医疗设备设计方面的研发，但在生物技术研发上的私人支出应该能从总体上说明生物科学如何推动美国经济中的一些技术发展。

图 3-10 和表 3-4 提供了为本报告编制的美国生物技术研发支出概要。图 3-10 记录了 2006 年、2011 年和 2016 年生物技术研发相对于商业研发总量和药物研发总量的重要性不断增加。从 2005 年到 2016 年，生物技术在药品研发中所占的比例有所上升，生物技术研发占所有行业研发总量的整体比例也有所上升。所示年份生物技术研发的增长超过了生物技术制药的增长；2006 年至 2011 年的增长得益于食品行业生物技术研发的增加。

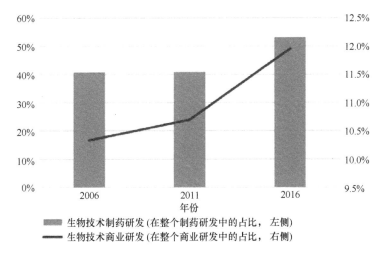

生物技术制药研发(在整个制药研发中的占比，左侧)
生物技术商业研发(在整个商业研发中的占比，右侧)

图 3-10 商业生物技术研发（2006 年、2011 年、2016 年）。注：2006 年生物技术研发数据是根据 2005 年和 2008 年公布的数据估算的。资料来源：美国国家科学基金会—国家科学与工程统计中心—美国人口普查局—企业研发与创新调查（各年）。

表 3-4 2016 年从事生物技术研发的美国公司（以 NAICS 代码表示）在各领域的研发支出

（单位：百万美元）

领域（NAICS 代码）	2016 年		
	生物技术研发	国内研发（按领域）	生物技术研发/国内研发（按领域）/%
所有行业（21–23、31–33、42–81）	44 793	374 685	12.0
制造业（31–33）	40 839	250 553	16.3
非制造业（21–23，42–81）	3954	124 132	3.2
特定行业（NAICS 代码）			
食品（311）	474	4 828	9.8
基础化学品（3251）	397	2 545	15.6
药品（3254）	34 251	64 628	53.0
其他化学品（其他 325）	629	6 402	9.8
塑料和橡胶制品（326）	282	3 752	7.5
电脑和电子产品（334）	3 230	77 385	4.2
半导体及其他电子组件（33344）	1 245	31 381	4.0
专业、科学和技术服务（54）	3 284	37 595	8.7
科学研发服务（5417）	3 013	14 842	20.3
生物技术研发（541711）	2 283	4 464	51.1
其他科学研发（其他 5417）	730	10 378	7.0
医疗保健服务（621–623）	423	848	49.9

注：NAICS = 2012 北美行业分类系统；该表显示不考虑资金来源（如自有资金、政府资金）的公司研发效能。本表中的研发是在公司设施内进行的、包括所有资金来源的工业研发。具体包括：公司自己的资金；来自外部组织的资金，如其他公司、研究机构、大专院校、非营利组织和州政府；来自联邦政府的资金。

资料来源：美国国家科学基金会—国家科学与工程统计中心，美国人口普查局—商业研发与创新调查（2016 年和2011 年）以及工业研究与开发调查（2005 年）。

表 3-4 显示了 2016 年数据背后的行业细节。生物技术研发主要集中于但不限于制药和生物技术研发服务行业。2016 年，以生物技术为重点的研发占这两个行业研发总量的 50% 以上，但生物技术研发在食品、基础化学品、其他化学品、其他科学研发服务和医疗保健行业的份额也举足轻重。

值得注意的是，虽然私营领域进行的生物技术研发资金正在增加，但公司出资与其他组织出资的生物技术研发费用的比例因商业领域而异。这些差异在表 3-5 中得到了突出体现，该表报告了美国生物技术研发中，由公司自己出资与由其他组织出资所占的比例。总的来说，近 20% 的生物技术研发资金来自公司自身以外的来源。食品和塑料领域生物技术研发的大部分资金由公司自己提供，而基础化学品领域超过 2/3 的资金以及向提供专业生物技术研发服务的公司支付的略多于 3/4 的资金来自于公司自身以外的组织，主要是联邦政府。

表 3-5　2016 年商业生物技术研发支出的资金来源

领域（NAICS 代码）	由公司出资的生物技术研发的份额/%	由其他组织出资的生物技术研发的份额/%
所有行业	82.5	17.5
制造业	86.5	13.5
食品（311）	95.8	4.2
基础化学品（3251）	33.2	66.8
药品（3254）	86.2	13.8
其他化学品（其他 325）	81.4	18.6
塑料和橡胶制品（326）	100.0	0.0
电脑和电子产品（334）	87.8	12.2
专业、科学和技术服务（54）	30.9	69.1
科学研发服务（5417）	27.6	72.4
生物技术研发（541711）	23.7	76.3
其他科学研发（其他 5417）	39.9	60.1
医疗保健服务（621–623）	93.6	6.4

注：NAICS=北美行业分类系统。缩进类别是其上方 NAICS 代码的子集。例如，"生物技术研发（541711）"和"其他科学研发（其他 5417）"都是"科学研发服务（5417）"的子集，而后者又是"专业、科学和技术服务（54）"的子集。

资料来源：美国国家科学基金会—国家科学与工程统计中心，美国人口普查局—商业研发与创新调查（2016 年）。

3.3.1.4　创业与生物经济：合成生物学的案例分析

上一节中回顾的数据表明，高等教育机构在生物工程和生物医学工程研发方面增长速度强劲，但高等教育机构对制药以外的商业生物技术研发增长没有决定性影响。尽管如此，从更广泛的角度来看，其他信息来源表明，对生物经济中的某些领域的投资正在进行，并有可能加速其经济和社会影响。其中一个领域是合成生物学，可以使用专注于创业的指标对其进行分析。下面是合成生物学的案例分析。

合成生物学"是能够修饰或创造生物体的概念、方法和工具的统称"（NASEM，2018，p. 1），在化学、工程、计算机科学以及生物学等多个科学领域取得的一系列进步，使人们能够对生命的这些组成部分进行靶向性的操作。综上所述，这些进步创造了一系列工具，可用于分析、建模和设计具有特定的、有价值的功能或能够解决特定问题的生物体。

改造微生物、植物和动物的生物学特征以服务于人类目的的目标并不新鲜。事实上，通过使用选择性育种，人类几千年来一直在操纵动植物世界的遗传资源。合成生物学的不同之处是，这些工具现在可以被用于迅速而广泛地影响酶、生物系统和整个生物体。

合成生物学已经完全成为一个科学领域，现在，加州大学伯克利分校、哈佛大学以及麻省理工学院等顶尖大学都将合成生物学与生物物理学、药理学和系统生物学一起作为生物学的一个研究领域。合成生物学的一个关键特征是，其改造生物体的潜力不仅是基础研究的重要驱动力，而且（通过这些生物体的功能和合成产物）与商业应用直接相关。

这种定位使合成生物学不仅成为一个成果丰富的科学研究领域，而且成为一个成熟的创业领域。普林斯顿大学威尔逊中心发布的报告《追踪合成生物学的增长》（Wilson Center，2013）中指出，从 2009 年到 2013 年，有 508 家新的合成生物学研究机构成立，其中 131 家是新的商业实体。这些机构正在多个领域开展面向应用的工作，这些领域包括：药品；专用/精细化学品；燃料和燃料添加剂；塑料、聚合物和橡胶；植物原料；营养物质；废物管理和病原体检测/控制；用于清理溢油的分散剂；采矿；水产养殖（请注意，这一时期在很大程度上早于 CRISPR 基因编辑技术的发现和随后的应用爆炸）。从那以后，出现了多个专门研究合成生物学的"加速器"，包括旧金山的 IndieBio 和伦敦帝国理工学院的 Syndicated。

SynBioBeta 是一个致力于支持合成生物学研究和商业化的组织，工作内容包括：组织会议；发展合作关系；传播信息；为研究人员、资助者和合作伙伴创造进行互动及发现科学、技术和商业机会的途径。SynBioBeta 还追踪了成立的合成生物学公司的数量以及它们获得的资金数额。2000 年，该组织确定了 92 家合成生物学领域的创业企业，随后每年确定越来越多的初创企业，其中 2018 年有 578 家（图 3-11）。根据 SynBioBeta 的数据，合成生物学公司的融资从 2009 年的不足 2.5 亿美元增加到 2015 年的 10 亿美元，之后到 2018 年增加了近 4 倍，达到 38 亿美元（图 3-12）。2018 年最大的两家募资机构（图 3-13）是：英国马萨诸塞州剑桥市的 Moderna Therapeutics 公司，其专门从事利用 mRNA 进行药物发现研究；美国加利福尼亚州埃默里维尔市的 Zymergen 公司，其生产工业用微生物。

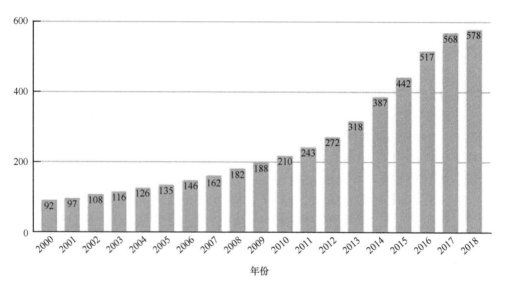

图 3-11　2000—2018 年合成生物学初创企业数量。资料来源：Cumbers，2019。
2019 年 1 月 28 日向委员会的情况介绍。

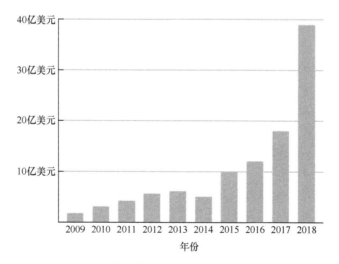

图 3-12　2009—2018 年合成生物学公司的融资情况。2018 年约 38 亿美元。
资料来源：Cumbers，2019。2019 年 1 月 28 日向委员会的情况介绍。

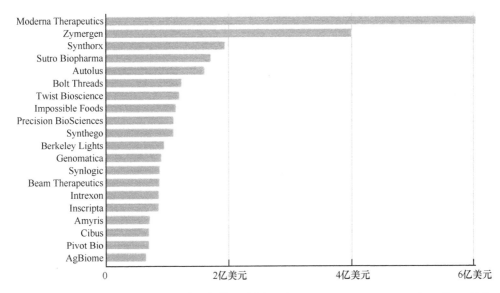

图 3-13 2018 年顶级合成生物学募资机构。资料来源：Cumbers，2019。2019 年 1 月 28 日向委员会的情况介绍。

美国似乎在合成生物企业方面处于世界领导地位。这种领导地位将在本章后面更详细地探讨。SynBioBeta 估计，2019 年该领域有超过 350 家美国公司。像生命科学领域的许多其他公司一样，这些公司聚集在波士顿和旧金山周围的地区，尽管部分公司地理分布也很分散。威尔逊中心（2013）的报告指出，截至 2013 年，美国 50 个州中的 40 个州有从事合成生物学研究或创业的机构。

3.3.2 私营生物经济就业：生物技术研发服务

与研发支出和创业情况一样，生物经济中的就业情况也是测量其经济活动范围和性质的潜在有价值指标。这些数据是按行业收集的，通常很难获得。然而，就业数据既详细又及时，并且可按照详细的地理位置获取。我们的分析侧重于美国劳工统计局的当前就业统计数据调查所定义的生物技术研发服务行业的就业情况。重要的是，这可能是一个与整个生物经济就业相关的指标，但它仅代表整个生物经济从业人员的一个子集。

图 3-14 展示了非农业从业人员总数和生物技术研发服务从业人数的历史数据。20 世纪 90 年代，从业人员数量相对稳定在 10 万人左右，但到 2008 年已增至逾 14 万人，在"大衰退"期间略有下降后，自 2013 年以来一直在大幅上升，从 14 万人左右增至 2018 年的 20 多万人。自"大衰退"以来，总体（非农业）从业人员一直在增长，但自 2013 年以来，其增长速度与生物技术研发服务行业就业的增长速度几乎不相上下。

尽管生物技术研发服务领域从业人员大幅增加，但与所有私营领域员工一样，这些员工的实际工资自2006年以来仅略有持续增长（图3-15）。然而，生物技术

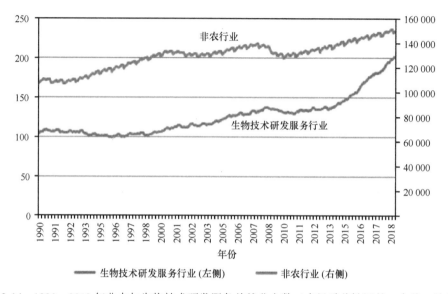

图3-14 1990—2019年非农与生物技术研发服务总就业人数（未经季节性调整，全美，单位：千人）。注："生物技术"数据反映除纳米生物技术外的生物技术研发服务的就业情况。资料来源：美国劳工统计局（2019年）；就业、工作时间和收入数据来自当前就业统计数据调查。

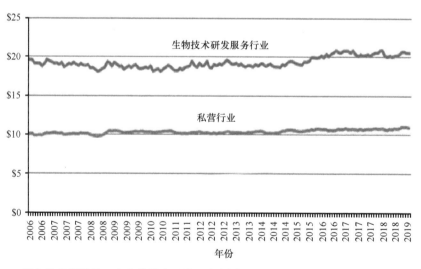

图3-15 所有私营领域员工和生物技术研发服务领域员工的平均时薪（以1982—1984年的美元计）。资料来源：美国劳工统计局（2019年）；就业、工作时间和收入数据来自当前就业统计数据调查。

研发服务员工的收入几乎是其他私营领域员工的两倍，尽管美国各地区的工资差异很大（表 3-6）。

表 3-6　2017 年生物技术研发服务（纳米技术除外）领域的就业情况和工资（美国全国总数和工作岗位最多的 15 个大都市统计区）

大都市统计区	年平均就业		年工资总额/ 美元	每位员工 年薪/美元	工作岗位 百分比/%	累积百 分比/%
	工作岗位	排名				
美国总计	179 666		29 815 414 623	165 949	100	
波士顿-剑桥-牛顿，马萨诸塞州-新罕布什尔州	33 496	1	6 504 403 104	194 187	18.6	18.6
旧金山-奥克兰-海沃德，加利福尼亚州	18 023	2	4 006 327 159	222 287	10.0	28.7
纽约-纽瓦克-泽西市，纽约-新泽西州-宾夕法尼亚州	17 830	3	4 709 751 836	264 144	9.9	38.6
圣地亚哥-卡尔斯巴德，加利福尼亚州	14 477	4	2 076 041 842	143 403	8.1	46.7
费城-卡姆登-威尔明顿，宾夕法尼亚州-新泽西州-特拉华州-马里兰州	13 164	5	2 217 477 645	168 447	7.3	54.0
华盛顿-阿灵顿-亚历山大，华盛顿特区-弗吉尼亚州-马里兰州-西弗吉尼亚州	8 129	6	911 988 678	112 185	4.5	58.5
巴尔的摩-哥伦比亚-陶森，马里兰州	7 517	7	846 006 948	112 551	4.2	62.7
西雅图-塔科马-贝尔维尤，华盛顿州	6 981	8	812 726 542	116 421	3.9	66.6
达勒姆-查佩尔山，北卡罗来纳州	2 700	9	355 531 356	131 678	1.5	68.1
芝加哥-纳珀维尔-埃尔金，伊利诺伊州-印第安纳州-威斯康星州	2 426	10	407 640 479	168 065	1.4	69.4
圣何塞-桑尼维尔-圣克拉拉，加利福尼亚州	2 387	11	371 108 430	155 471	1.3	70.8
罗利，北卡罗来纳州	2 128	12	301 049 281	141 504	1.2	71.9
印第安纳波利斯-卡梅尔-安德森，印第安纳州	1 778	13	225 105 395	126 588	1.0	72.9
伍斯特，马萨诸塞州-康涅狄格州	1 698	14	253 118 792	149 091	0.9	73.9
达拉斯-沃斯堡-阿灵顿，得克萨斯州	1 382	15	133 516 283	96 640	0.8	74.6

资料来源：劳动统计局就业与工资季度普查。私营-NAICS 541714 生物技术研究与开发（纳米生物技术除外）-所有大都市统计区 2017 年年平均值-所有机构规模。请参阅 https://data.bls.gov/cew/apps/data_views/data_views. htm#tab=Tables（2019 年 10 月 21 日查阅）。

生物技术研发服务就业的一个关键特征是地理上比较集中（Feldman et al.，2015）。在所有这些工作岗位中，近 20%集中在波士顿大都市统计区（MSA），50%以上集中在五个最大的 MSA——波士顿、旧金山、纽约、圣地亚哥和费城。总的来说，排名前 15 位的 MSA 占生物技术研发服务从业人员总数的近 75%；剩下的25%分散在全美各地。然而，这些数字可能无法代表生物技术其他部分的从业人员（例如，农业生物工程），这些人员在地理上可能不太集中。

3.3.3 生物经济创新成果指标

3.3.3.1 专利

长期以来，创新研究一直将专利视为创新的指标，因此，这种方法的优势和局限性得到了充分认识（Hall et al.，2001；Machlup，1961；Mansfield，1986；Pakes and Griliches，1980；Scherer，1983）。Pakes 和 Griliches（1980，p.378）指出，"专利是一种有缺陷的（创新产出）测量标准，特别是因为并非所有的创新都获得了专利，而且专利在经济影响方面差异很大。"此外，并非所有的专利都代表创新。

专利通常是行业创新的领先指标，在这些行业中，专利可以与特定的科学进步（如新的分子实体）密切相关，包括化学品和生物药物领域（Henderson and Cockburn，1996；Levin et al.，1987；Scherer，1983）。然而，学者们在解释基于专利水平的测量标准时通常都很谨慎，并认识到专利制度中可能存在大量博弈（Jaffe and Lerner，2004）[①]。

使用专利作为生物经济创新指标的另一个挑战是，此类专利的价值和意义已经随着时间发生了变化。专利仍然是制药行业的硬通货，因为它们为美国食品药品监督管理局（FDA）批准的用于药物的分子提供了特定的保护，但在生物经济的其他领域对它们有不同的解读。例如，美国最高法院在 2013 年的"分子病理学协会诉 Myriad 公司案"[②]中裁定，对某些类型的遗传物质使用专利权是无效的。结果，该领域的一些公司退出了以专利为重点的战略，而另一些公司则继续将专利作为在保护知识产权方面发挥关键作用的方法。

对生物经济规模的全面分析将确定一系列与生物经济定义相符合的专利类别，并计算它们的专利产出，主要关注专利申请随时间推移的变化。这种纵向的比较分析比时间点（横向）分析提供更多信息，因为它们通过关注专利的相对而非绝对水平，最大限度地降低了解释每项专利含义的难度。第 4 章讨论了对生物经济领域全球领导力的分析。

3.3.3.2 新的生物基产品和生产过程

尽管人们对生物技术研发的未来产出非常乐观（例如，NASEM，2017），但生物技术成果强劲增长的证据喜忧参半。虽然最近几十年制药研发的生产力似乎有所下降，但针对新生物药物的生物制品许可证申请（BLA）数量却有所增加，具有微生物商业活动的产品在美国环境保护局（EPA）的注册数量也有所

---

① 这一主题在许多研究和应用中都有涉及（例如，Marco and Miller，2019；M-CAM 开发的创新阿尔法股票价格指数），并且是美国专利商标局进行过程变化背后的推动力（例如，Graham et al.，2018）。

② 569 U.S. 576。

增加。在向美国农业部动植物检验局提交用于现场发布的产品中被测试的基因簇数量也在增加（NASEM，2017）。

最近关于制药和生物技术生产力的学术研究结果喜忧参半。许多作者认为，尽管生物技术和数据驱动的发现工作取得了进步，但药物研发的生产力正在放缓。例如，Pammolli 等（2011）认为，药物研发的生产力确实一直在下降，而且这种下降不仅仅是需求和竞争的结果，至少在某种程度上是因为企业将其研发工作转向复杂的治疗领域，而这种转向的成功概率历来很低。Gittelman（2016）认为，偏离临床研究范式的转变可能在这种生产力放缓中发挥了作用。Cockburn（2006）对数据更为乐观，他指出，许多悲观的估计没有充分考虑到医疗保健研发成本的通胀，因此高估了药物研发支出，从而低估了生产力。

其他作者指出，药物研发成本的增加是真实存在的，反映了临床试验不断增加的高成本，以及临床前发现日益上升的成本（DiMasi et al.，2016）。具体来说，他们指出，"综合各个阶段，我们发现，每个获批新药的自付临床期成本估计为9.65 亿美元，每个获批新药的资本化临床期成本估计为 14.6 亿美元。以定值美元计算，这些成本分别是我们在之前研究中发现的成本的 2.6 倍和 2.4 倍。"（DiMasi et al.，2016，p. 25）。

总体而言，以新分子实体和全球研发支出生产率来测量的制药业效能一直不太理想，尽管由于科学突破而数十年来一直保持乐观（图 3-16 和图 3-17）。

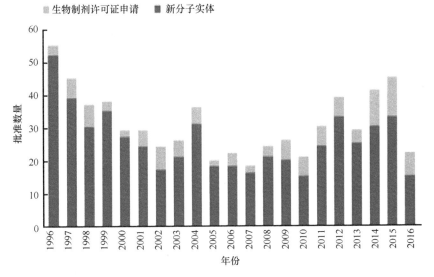

图 3-16　1996—2016 年美国食品药品监督管理局（FDA）的产品批准。注：美国的产品批准仅基于 FDA 药物评估和研究中心的批准。资料来源：安永会计师事务所和 FDA。经许可转载；©2017，安永会计师事务所。

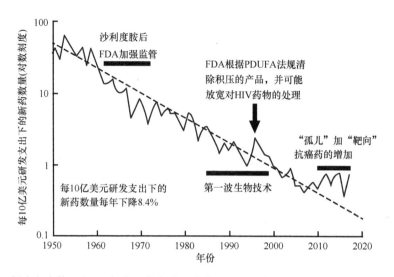

图 3-17　倒摩尔定律：每 10 亿美元的全球研发支出下美国食品药品监督管理局（制药和生物技术）批准的新分子数量。注：FDA =美国食品药品监督管理局；PDUFA=处方药使用者收费法案。资料来源：Jones and Wilsdon，2018；Scannell et al.，2012。

3.3.3.3　基于生物技术的药物与其他药物（诊断除外）

生物经济中的企业销售额和生产率是难以测量的经济概念，因为经济数据通常聚焦于特定行业，而不是行业内的具体技术方法。然而，通过检查 NSF 仅从开展研发的公司收集的一些详细销售额数据，可以获得关于生物经济的信息。图 3-18 报告了在部分行业中从事或资助研发的美国公司的全球销售额。数据涵盖了"药物、医药、植物及生物制品制造（不包括诊断）"（此处称为"其他"药物）公司的销售额，绘制在图的右侧 y 轴上；其他相关分组的销售额显示在左侧 y 轴上。这些数据的一个显著特征是，其他药物的销售额比所示其他分组的销售额高一个数量级。

第二个值得注意的特征（与生物经济分析特别相关）与基于生物技术的（由从事研发的公司生产的）药品和生物技术产品的销售额增长有关。这部分数据始于 2013 年，销售额为 400 亿美元，4 年后翻了一番多（2016 年销售额为 910 亿美元）。相对于上一节强调的药物发现方面的挑战，这可能预示着希望。相比之下，2016 年生物技术研究服务（仅限从事研发的公司）的销售额低于 5 年前。图 3-18 复制了之前的数据，重点关注美国公司的国内销售额，而不是全球销售额；这些数据的模式与全球销售额数据相似。其他药物的美国国内销售额占全球销售额的 75%，基于生物技术的药物和生物技术产品的销售额占全球销售额的 85%（图 3-19）。值得注意的是，虽然基于生物技术的产品的销售额在幅度上发生了巨大变化，但这类产品的销售额仅是非基于生物技术的药物销售额的一小部分。

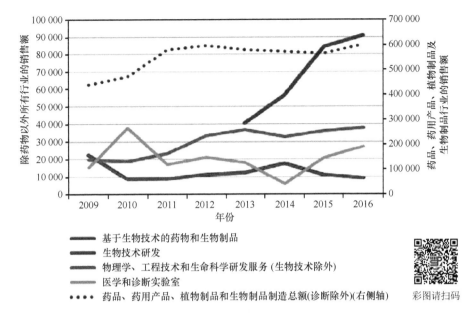

图 3-18　2009—2016 年美国境内从事或资助研发的公司各业务活动的全球销售额（单位：百万名义美元）。资料来源：《企业研发与创新调查》，根据美国国家科学基金会国家科学与工程统计中心和美国人口普查局的数据编制。

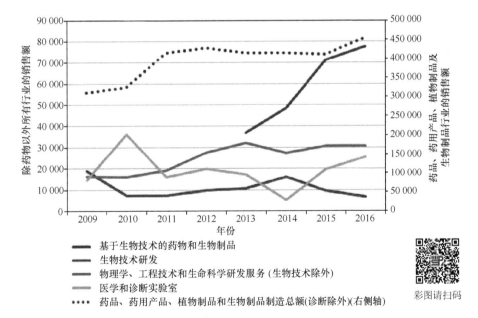

图 3-19　2009—2016 年美国境内从事或资助研发的公司各业务活动的国内销售额（单位：百万美元）。注：右侧 y 轴为药品、药用产品、植物制品和生物制品。资料来源：《企业研发与创新调查》，根据美国国家科学基金会国家科学与工程统计中心和美国人口普查局的数据编制。

3.3.3.4　其他创新成果和产出

微生物商业活动公告　《有毒物质控制法》(TSCA)授权美国环境保护局(EPA)审查使用生物技术的行业平台。环保局公布了截至 2016 年 6 月收到的基于 TSCA 的申请数据。图 3-20 显示了 1998—2015 年环保局收到的微生物商业活动公告提交数量（按申请年份）。最初的注册率相当低，但 2013 年和 2014 年的注册率比前几年翻了一番，2015 年的注册率比 2013 年或 2014 年翻了三倍多，2015 年达到 35。

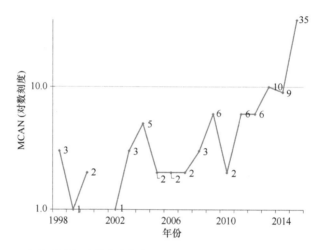

图 3-20　1998—2015 年各申请年份的微生物商业活动公告（MCAN）。数据以对数刻度绘制。资料来源：2018 年美国环保局使用发布在 EPA.gov 上的数据进行的计算（2019 年 5 月 1 日查阅）。

农业产出　关于哪些农产品应被纳入生物经济的定义中，有许多观点。大多数欧洲机构的观点比较宽泛，包括食品、饮料、烟草和木制品等生产或依赖生物生产的材料的行业。在本报告中，那些来自生命科学研发的农产品被认为属于生物经济范畴。其中包括玉米、棉花、林业产品和糖产品，这些产品符合第 2 章所述的四项标准中的任何一项。对这些产品性质的详细分析，以及对它们对经济价值的贡献的估计，可以在关于生物基产品的经济影响的报告中找到，包括 Daystar 等（2018）和 Golden 等（2015）的研究。尽管如此详细的分析超出了委员会的职责范围，但我们仍然提供了一些关键农业产出的数据（即与转基因作物有关的数据）。

作物品种可以通过基因改造而具有除草剂耐受性（HT），这样就可以在田地里喷洒除草剂，在不损害作物的情况下杀死杂草。作物还通过被插入来自土壤微生物 Bt（苏云金芽孢杆菌）的基因而进行了基因修饰，Bt 能产生几种对某些害虫有毒的蛋白质。具有 HT 性状、Bt 性状或两者兼有的玉米、棉花和大豆种子品种（其中，兼具两种性状者被称为叠加品种）于 20 世纪 90 年代中期首次上市。美国没有定期收集有关转基因作物销售额的直接数据。

截至 2018 年，美国玉米、棉花和大豆 90%以上的种植面积种植了 HT 性状品种，玉米和棉花 90%以上的种植面积种植了 Bt 性状品种（图 3-21）。没有频繁收集转基因甜菜、首蓿和油菜的数据，但截至 2013 年，美国已有 95%的油菜种植面积、99%的甜菜种植面积和 13%的首蓿种植面积种植了 HT 转基因种子品种。

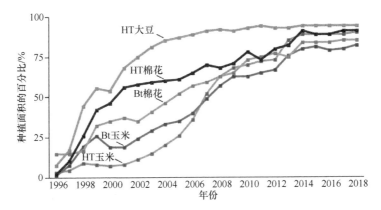

图 3-21　1996—2018 年各种转基因作物的种植面积比例。HT 表示耐除草剂品种；Bt 表示抗虫品种（含有来自土壤细菌苏云金芽孢杆菌的基因）。每种作物的数据都包括兼有 HT 性状和 Bt 性状（叠加性状）的品种。资料来源：USDA ERS，2019。

美国农业部经济研究局报告了转基因作物在美国的种植情况。2017 年数据如表 3-7 所示。玉米、大豆和棉花的估计值为 2017 年，首蓿、甜菜和油菜的估计值为 2013 年（Fernandez-Cornejo et al.，2016）。农作物销售额数据来自美国农业部 2017 年的农业普查（USDA NASS，2017）。总体而言，转基因作物占 2017 年美国所有作物销售总额的近一半。有可用转基因品种的作物占 2017 年作物总销售额的

表 3-7　2017 年美国部分转基因作物销售额、种植面积和产值

作物	销售额（10 亿美元）	占美国作物销售额的百分比	转基因作物种植面积百分比	转基因作物占美国作物销售额的推算百分比	转基因作物销售的推算总收入（2017 年，10 亿美元）
所有美国作物	193.5				
有市售转基因种子的作物					
玉米	51.2	26.0	89.0	23.6	45.6
大豆	40.3	21.0	94.0	19.6	37.9
棉花	6.7	3.0	91.0	3.1	6.1
首蓿	8.2	4.0	13.0	0.5	1.1
甜菜	1.5	1.0	99.0	0.7	1.4
油菜	0.5	0.3	95.0	0.3	0.5
转基因作物小计		56.0		47.8	92.6

资料来源：Fernandez-Cornejo et al.，2016；USDA ERS，n.d.，USDA NASS，2017。

56%。假设作物收入与种植面积成正比，这些数据意味着转基因作物占美国所有作物收入的近48%，2017年的销售额超过920亿美元。

生物燃料 生物燃料是化石燃料的重要替代品。在美国，这一领域的发展受到一系列政策倡议的鼓励。例如，2005年《能源政策法案》和2007年《能源独立与安全法》提出了一系列补贴、税收抵免、贷款、直接拨款和标准，旨在支持生物燃料（包括乙醇、生物柴油和纤维素）的研发。到2012年，生物燃料占美国总燃料消耗量的7%以上。生产的生物燃料中大约94%是乙醇（USDA ERS, n.d.）。图3-22记录了2001年至2017年美国生物燃料产量的增长，在此期间，生物燃料产量从略低于20亿加仑增加到近160亿加仑。

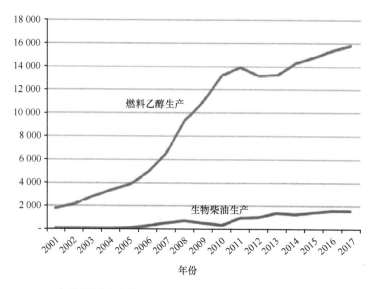

图3-22 2001—2017年美国国内生物燃料产量（单位：百万加仑）。资料来源：美国农业部经济研究局，2019年。

3.4 结 论

本章回顾了美国在生物经济投资方面投入的资源，并研究了如何测量生物经济并评估其对更大的美国经济的经济贡献。在这一讨论的基础上，委员会得出以下结论。

结论 3-1：生物经济领域有其独特的方面，即跨行业的分散、巨大的社会效益潜力、庞大的科学基础和对数据密集型研究的依赖、商业创新与科学基础的紧密联系，以及相对较高的商业创新成本，这些方面使追踪生物经济对更大的美国经济的贡献以及评估其未来创新的前景都变得困难。

结论 3-2：需要一个有针对性的专门框架来分析生物经济的创新生态系

统。这种方法既要广泛关注创新方面的投资（包括对数据和现有数据分析工具的投资），又要考虑所有对生物经济特有的新产品的投资（例如，非药物监管测试效率的提高）。

结论 3-3：在一些关键领域，北美行业分类系统代码对经济领域的分类目前过于宽泛，无法准确反映生物经济中的活动。在某些情况下（如转基因作物生产），调查人员依赖间接来源来扩充领域总数据。对化学制造、研究与开发以及计算机和电子产品制造等大类中某些活动的分类进行细化，将有助于未来对生物经济活动的测量。

结论 3-4：需要一个用于生物经济的卫星账户系统，其中应包括用于生物基生产的适当的行业间关系、对生物经济产品的国外与国内供应来源的完整说明，以及对生物经济的无形资产和数据库（包括所有权）的全面核算。如果为满足这一需求而进行优化设计，该账户还应尽可能纳入生物经济产品（例如，生物药物和生物医学设备）的经质量调整的价格平减指数。

委员会通过对本研究收集的可用数据进行分析，开展了一项试点实验，以评估测量生物经济价值的各种方法。

结论 3-5：委员会的试点估值实验结果如下：2016 年，由生物经济驱动的经济活动占国内生产总值（GDP）的比重接近 5.1%，如果目前可用的生物基生产过程完全取代非生物过程，则该比重将达到 7.4%。这只是一个现时的指南，因为委员会对生物经济的定义是"有生命的"。

结论 3-6：生物基材料及基于生物技术的产品和生产方法在美国行业领域的份额在过去 15 年中大幅增长，预计未来将继续取代非生物基材料和方法。要继续在生物医学方面取得突破，如新药和基于数据的靶向性而广泛的医疗解决方案，就需要国家继续投资于基础研究和生物数据库，以及支持商业创新。

附件 3-1　生物经济行业（包括农业）研究

文献综述

一些研究采取了基于领域的方法来定义和测量工业生物经济对一个国家或地区整体经济的贡献。在这些研究中，生物经济中的经济活动是根据一个国家的国民核算系统来定义的，例如，美国和加拿大使用的北美行业分类系统（NAICS）代码；欧盟使用的欧洲共同体内部经济活动一般行业分类（NACE）代码；联合国投入-产出表。这些研究的一个目标通常是根据领域的就业或相对于更大的经济的总附加价值来测量生物经济的规模。另一个目标是应用投入-产出建模技术来评估生物经济中包含的领域如何与更广泛的经济中的其他领域相互作用。然而，一个挑战是"生物经济跨越多个领域，因此不能被视为经济学中的传统领域"（Wesseler and von Braun，2017）。

专业的研究人员遵循两个步骤。首先，某些领域被认为完全属于生物经济（这种方法可以在 NAICS 或 NACE 代码中编码整个领域）。接下来，对于其余领域，研究人员假设所有活动都被视为生物经济之外的活动，或者某些活动的某些子活动被视为在生物经济之内，而其他子活动则被指定为在生物经济之外。例如，钢铁制造完全不属于生物经济范畴，而发电包括生物质发电（在生物经济之内）和其他发电（在生物经济之外）。

一个关键的问题是，NAICS 和 NACE 代码通常没有在行业内做出足够精细的区分，无法区分生物经济定义内部和外部的组成部分。解决这一限制的一种常见方法是进行行业调查，以确定一个领域内的哪种生产类型可能是"生物基的"。例如，可以调查塑料制造商，以确定他们的就业和生产中有多少用于生物塑料。生物塑料生产的这一子集将被纳入生物经济的一部分。

欧盟的经济政策越来越注重资源利用最大化、浪费最小化的"循环经济"，而不是以"获取""制造"和"处置"为主要要素的"线性经济"。循环经济采用再生方法，包括长寿命设计、再利用、修复和循环利用作为基本要素。不出所料，"循环生物经济"一词在欧盟受到了关注，欧盟正在制定政策，以最大限度地利用被视为废弃物的生物基资源（如农业和林业残留物），长期目标是逐步用生物基生产取代化石基生产（Philp and Winickoff，2018）。

在哪些领域和领域内的活动被视为生物经济的一部分方面，研究存在很大差异，特别是关于北美的研究与关于欧盟国家和日本的研究之间存在明显差异。欧盟的研究倾向于使用相对宽泛的定义，包括生产或基本上依赖生物生产材料的整个领域。例如，不仅包括第一产业（农业、林业、渔业），而且包括食品、饮料、烟草和木制品制造业。对于化学制造等其他领域，研究人员经常进行调查，将领域活动分为生物基和其他类别。美国和加拿大更加重视生物技术的应用、生物研究与开发，以及在制造业中用生物基产品替代以化石燃料为基础的产品。第一产业（农业、林业和渔业）在很大程度上被视为生物经济之外的领域。主要的例外是转基因作物和专门为能源生产而种植的作物或树木。

Lier 等（2018）对负责监测生物经济效能或制定生物经济战略的欧盟政府部门进行了一项调查。该调查询问受访者哪些 NACE 代码活动全部、部分或不包括在生物经济领域内。欧洲各部门将第一产业连同食品、造纸和木制品制造业一起全部包括在内。只有一项研究（Ehrenfeld and Kropfhäußer，2017）遵循了北美分析的方法，将生物科学研发作为生物经济的一部分进行了研究。

一般来说，北美的研究没有将全部 NAICS 领域纳入到其生物经济领域的定义中。这些研究通常依赖于传统领域内基于调查的数据收集，侧重于新技术在传统领域的应用（如转基因作物）、以生物基生产替代以化石燃料为基础的生产（如生物塑料），以及生物研发。作为回应，Carlson（2016）提出了对 NAICS 系统的三个关键补充，以提高其在描述生物技术领域规模方面的效用（见信息栏 3-3）。

投入-产出建模者采用的另一种方法是将生物经济的贡献归于其他领域。研究人员假设，生物经济对一个领域的附加价值的贡献与该领域生产成本中生物生产投入的份额成比例。例如，钢铁领域几乎不会产生任何生物经济附加价值，而使用作物、纤维和木材产品的领域会产生相对较大的贡献。因此，Efken 等（2016）对生物经济的定义延伸到了零售杂货和餐饮行业，认为"这些行业之所以存在，只是因为它们加工（挑选、包装、准备、提供）生物资源。"归责方法避免了对在 NAICS 或 NACE 代码内的行业进行调查。相反，该方法依赖于国家投入-产出表中的基本数据，各国报告的领域数据类似。然而，使用这样一个包罗万象的定义意味着，传统第一产业、加工领域和重新包装并服务于生物衍生产品的服务领域占了可归因于生物经济的大部分就业和附加价值。这一定义与侧重于新型生物技术甚至生物基生产替代以化石燃料为基础的生产的定义相去甚远。

第 3 章中报告的生物经济估算很大程度上依赖于 Carlson（2016，2019）和 Daystar 等（2018）的研究，因此，下文将详细回顾这些研究。

Carlson（2016，2019）

卡尔森（Carlson）（2016，2019）收集了各行业生物基活动的总销售收入数据。他的方法的优势是依赖于"免费公开获取的数据，或通过简单注册即可从互联网上获得的数据"，但在将销售总额与国内生产总值（GDP）[①]进行比较时存在一些问题。尽管如此，Carlson 的工作在其限定的范围内是迄今为止最具权威性的。

根据 Carlson 的估算，2017 年美国转基因生物收入占美国 GDP 的 2%（附图 3-1-1），与 5 年前基本持平，但自 2000 年以来大幅上升，当时该行业仅占 GDP 的 0.6%（Carlson，2016，表 S1；2019）。在 2012 年之前，工业生物技术是这些估算中增长最快的子部分，并且，尽管自那以后工业生物技术占 GDP 的比例没有变化，但生物药物原料的收入相对而言有所增长（附图 3-1-2）。

在 Carlson 的估算中，新兴研发服务规模较小，约为 20 亿美元。而美国人口普查局关于研发服务行业生物技术领域的官方统计数据显示，2012 年的收入要高

[①] 销售总额与附加价值不同。附加价值是总产出（销售额）与中间投入之间的差额，代表生产总产出所用的劳动力和资本的价值。所有行业的附加价值总和等于整个经济体的 GDP。在美国，销售总额是 GDP 的 1.7 倍。Carlson（2016）承认使用销售总额的局限性，并指出这种方法"可能包括一些重复计算"。在后来的工作中，Carlson（2019）试图纠正这一局限性；例如，用于生产生物燃料的玉米就不会被重复计算。然而，在他的估算中，其他地方的重复计算仍然是一个问题。另一方面，正如第 3 章正文所述，通过产业间联系推断总体经济影响的研究与单独隔离附加价值相比，产生的影响更大，而基于总产出的估计虽然不精确，但更接近于这些基础更广泛的估算。

得多（169 亿美元），但两者的相似之处在于，它们几乎都没有反映增长的迹象。

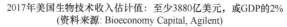

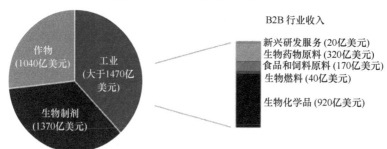

附图 3-1-1   2017 年生物技术收入。玉米的成本已从生物燃料收入中剔除，以避免在作物领域重复计算。资料来源：Bioeconomy Dashboard，http://bioeconomycapital.com/bioeconomy-dashboard（2019 年 4 月 10 日查阅）。

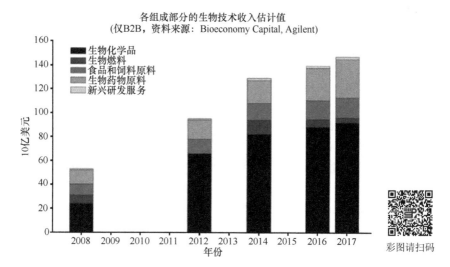

附图 3-1-2   各组成部分的工业生物技术收入。玉米的成本已从生物燃料收入中剔除，以避免在作物领域重复计算。资料来源：Bioeconomy Dashboard，http://bioeconomycapital.com/bioeconomy-dashboard（2019 年 4 月 10 日查阅）。

根据美国人口普查局的统计数据，2012 年研发生物技术服务的收入比 2007 年报告的 174 亿美元略有下降。与此形成鲜明对比的是，其他生命科学领域的研发服务收入从 5 年前的 262 亿美元上升到 2012 年的 400 亿美元。基因组学公司可能属于后一类，或者像 Illumina 这样既销售测序仪器又销售基因组服务的公司，可能完全属于另一类。引用的数据来自 2012 年经济普查，2017 年经济普查的详细结果尚未公布。来自美国人口普查局服务年度调查的产品层面的年度数据没有报告研发服务的数据，更不用说按研发服务类型划分的组成部分了。

第 3 章的正文回顾了研发服务行业内从事研发的公司的销售额[①]。这些数据中的模式与 2007 年和 2012 年经济普查的综合数据以及 Carlson 的估算结果相比更加有利，这表明更广泛地、定期收集服务行业内生物经济公司的更及时的年度收入数据是有用的。美国国家科学基金会（NSF）的销售数据当然小于美国人口普查局的收入数据，因为并非所有研发服务行业的公司都在进行科学研究；2012 年，美国国家科学基金会的数据占美国人口普查局生物技术收入的 60%，占其他生命科学收入的 75%。在这两项调查中都很明显的是，生物技术研发服务行业中从事研发的公司的销售额呈下降趋势，而其他类别的研发服务（包括其他物理科学和其他生命科学）的销售额呈上升趋势[②]。Carlson 对"生物药物原料"的估计，虽然由于没有包括制造商的加成而处于较低水平，但显示出与生物药物领域从事研发的公司的销售额类似的增长。这一结果凸显了 Carlson 关于沿着生物技术/生物产品线对制药行业的产品收入数据进行细分建议的实用性。

Carlson 系统中的工业生物技术收入反映了企业对企业（B2B）的交易，因此低估了生物技术的影响，因为不一定反映生物基消费产品（如塑料包装的替代品、生物基墨水笔、个人基因史）。生物基消费品是正文中讨论的生物经济的合成生物学创业部分的驱动力之一。没有研究或行业估算给出这一活动中消费者驱动部分的收入数字，尽管有充分的证据表明这样做的重要性。面向消费者的基因组公司（如23andMe），以及生物基消费食品公司（如 Impossible Foods），如今已家喻户晓。

Daystar 等（2018）

美国农业部委托 Daystar 等（2018）撰写了报告，这是追踪生物基产品行业对美国经济影响的系列报告中的第四份。本报告包括的领域有：

- 农业和林业
- 生物基化学品
- 生物塑料瓶和包装
- 生物炼制（食品）
- 酶
- 林产品
- 纺织品

---

① 数据可在 https://ncses.nsf.gov/pubs/nsf18313/#data-tables& 下载。

② 另请注意，在两个人口普查年份之间，按客户类别划分的 2012 生物技术收入份额没有实质性变化；也就是说，每年来自政府和非营利组织的收入占总收入的 10%，这表明这一领域的低迷表现是由市场驱动的。

该报告明确排除了能源、牲畜、饲料和制药行业。

Daystar 等（2018）进行了广泛的投入-产出建模，以追踪更广泛的美国经济中的生物基支出，包括计算经济乘数效应。该报告还考察了环境效益、生物基出口的经济影响，以及生物基产品的使用或制造可能更有效的领域，包括识别技术和经济障碍，并建议如何克服这些障碍。

在对环境效益的分析中，作者试图量化生产和使用生物基产品如何通过替代石油基产品来减少温室气体（GHG）排放。他们估计，根据 2016 年的数据，100%转向生物基产品（在所考虑的行业中）将节省多达 940 万桶石油；在温室气体减排方面，他们估计可归因于生物基产品行业的减排量高达 1270 万吨二氧化碳当量。

这项研究的优势在于它的方法学和它对某些生物基化学品、酶和食品的生物炼制的详细覆盖。这些领域包含一组复杂而详细的产品和过程，这些产品和过程很难在现成的数据中识别出来。例如，报告的数据中发现的一个领域是酶，特别是通过"NAICS 5 Digit Industry 32519：其他基础有机化学品制造"行业生产的"其他酶"。该行业包括主要从事基础有机化学品（石化产品、工业气体、合成染料和颜料除外）生产的企业，包括酶蛋白（即基础合成化学品），但用于制药的除外。

在 Daystar 等（2018）的报告中，全部的酶还包括生物制剂（NAICS 325414）。报告估计，2016 年两个酶分领域的总附加价值大幅上升，这些分领域的合并 II 型乘数非常大，达到 4.4（见附图 3-1-3 中最右边的堆叠条）。

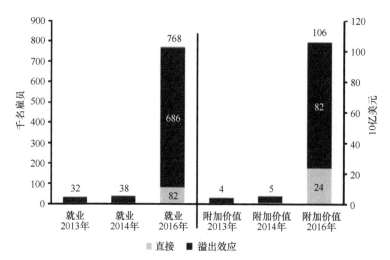

附图 3-1-3　酶生产：对就业和附加价值的贡献（2013 年、2014 年和 2016 年）。注："直接"为酶行业附加价值；"溢出效应"包括行业间的联系（间接影响），以及通过与最终需求的联系而产生的诱导效应。资料来源：Daystar et al.，2018：43。

附件 3-2　确定无形资产

附表 3-2-1 中总结了一个广泛使用的无形投资研究框架。表的第 1 列列出了作为投资被纳入该框架下的支出类型。该框架用于研究创新对生产力和增长的影响，通常与基于经验新古典主义理论的"增长会计法"相结合，以测量和研究经济增长的驱动力，包括在宏观政策和国际比较环境中[①]。在美国，商业无形投资在 20 世纪 90 年代超过了商业有形投资，表明从那时起，无形资产一直是美国经济增长的驱动力（附图 3-2-1）。按照这个标准，亚洲主要经济体（中国、日本）和大多数欧洲经济体落后于美国经济体[②]。

附表 3-2-1　无形投资的种类和类型

种类	无形投资的类型	无形资产的例子
计算机化的信息	• 软件 • 数据库	• 数字功能，工具 • 商业秘密，合同
创新财产	• 研究与开发 • 矿产勘探 • 娱乐、艺术和文学原创 • 其他新产品开发（例如，设计原件、新金融产品）	• 专利权 • 矿权 • 许可证 • 版权 • 属性设计 • 商标
经济能力	• 员工培训 • 品牌推广 • 市场调查 • 组织结构/业务流程投资	• 公司特有的人力资本 • 品牌资产 • 市场洞察力，客户清单 • 运营模式，流程和系统

资料来源：Corrado and Hulten，2010，基于 Corrado et al.，2005。

当然，还有其他研究创新和增长的框架（例如，内生增长理论和熊彼特增长理论）[③]。这些框架和植根于新古典理论的无形资产方法实际上是密切相关的，而不是相互排斥的。内生增长理论关注科学知识的影响，认为一个经济体的长期增长率反映了它对新理念的投资倾向。尽管税收、研究补贴、研究人员供给和知识产权（IP）权利可以通过对研发投资的影响来影响经济增长这一概念早于内生增长

[①] 关于欧盟委员会，以及 2006 年、2007 年和 2008 年美国总统经济报告中的讨论，请参见 Corrado 等（2013，2018）、OECD（2013）和 Thum-Thysen（2017）。请注意，该框架与 2008 年国民核算系统（EC et al.，2009）的国民账户估计值一致，因为固定资本形成总额包括：计算机软件（据信可捕获私营数据库）；研究与开发（R&D）；矿产勘探；娱乐、艺术和文学原创（即附表 3-2-1 第 2 列的前五项）。

[②] 比较是基于 Corrado 等（2013 年）和 OECD（2013 年）报告中对欧盟、日本和美国市场领域行业的无形投资的最新估算；对中国的估算涵盖了其经济的所有领域（Hulten and Hao，2012）。更多信息请参见 www.intaninvest.net。

[③] 内生增长理论源于 Romer（1990）的贡献；熊彼特理论是由 Aghion 和 Howitt（1992）在一个正式的经济模型中提出的。

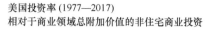

美国投资率 (1977—2017)
相对于商业领域总附加价值的非住宅商业投资

附图 3-2-1 1977—2017 年美国投资率。资料来源：www.intaninvest.net 上对 Corrado 和 Hulten （2010）的更新（未公开发布）。

理论，但该理论的出现为这些工具支持长期宏观经济增长奠定了坚实的基础。熊彼特的方法强调创新与"创造性破坏"有关，即前创新者的利润流被新创新者的创造所破坏；这一现象表明，旨在平衡知识产权保护与利润驱动的竞争利益的政策是有必要的（而且，在宏观导向的方法背后有很多事情要做）。该无形框架追踪驱动基于科学突破（或其他新事物）的商业创新的具体投资和机制，强调增长红利对特定行业中特定投资的情境驱动。

在无形资产估值方面，它们通常被视为公司的非实物资产①。知识创造是无形资产价值的基础（即附表 3-2-1 第 2 列所列的支出类型产生具有商业[或公共]价值的知识，其例子如第 3 列所示）。如本章正文所示，重置成本估计值是根据实际投资的时间序列数据，采用"永续盘存法"得出的。该方法在减去该期间的经济折旧估计值（由于老化造成的资产价值损失，在生产常数中使用的持有时间）后，逐期累积实际投资。

这种计算得出了对资产存量的估计值；以重置成本计算的股票价值是通过估计的交易量乘以今天的价格得到的②。需要注意的是，在伴随财富账户中，国民账户以重置成本计算的公司资产估值与资本市场的公司估值相符，将国民账户估值

---

① 这是美国《一般公认会计准则》下财务会计的观点；它的定义很简单，就是"缺乏实物的资产（不包括金融资产）"。

② 请注意，对经济折旧的简单累加和修正是假设没有自然灾害或非经济事件减少净存量；在实践中，当此类事件（如飓风）破坏资本时，这些"总量上的其他变化"会被考虑在内。还要注意，重置成本不同于美国《一般公认会计准则》（一致的公司财务账目）中使用的历史成本法以及《国际财务报告准则》允许的按市值计价法或公允价值法。

与市场估值联系起来[①]。一些最早的无形资产研究的动机是观察到，公司的市场估值系统地高于企业资产负债表上的资本价值和国民账户中以重置成本计算的企业资产总额（例如，Hall et al.，2001；Lev，2001）。

重置成本法用于估算无形资产，依赖于对每项资产的投资确定一致的时间序列，并估算该资产的折旧率。资产购买相对容易追踪，因为会发生市场交易；但许多无形资产是在组织内部开发的。这种类型投资（所谓的自有账户投资）的估算是基于用于生产这种资产的内部运营成本。定期调查揭示了组织内部进行研发的成本。国民账户和关于无形资产测量的实证文献（例如，Corrado et al.，2009，2013）利用按职业（如软件工程师）划分的员工薪酬数据来估算行业或经济子领域的其他无形资产的自有账户投资[②]。

关于折旧率，一项资产的价值随着时间的推移会因磨损或技术老化而下降这很容易理解，但估算特定资产或资产类别发生此过程的速度对数据的要求很高，而这种估算数量很少。考虑无形资产折旧估算的研究表明，这些资产的折旧率因国家、行业、行业内公司以及时间而异[③]。根据资产类型比较折旧率的研究通常发现，与软件、组织资本和其他经济能力（培训和品牌）相比，研发、设计和艺术资产相对持久。

在无形资产折旧率的背景下，这个概念是为了捕捉投资将产生回报的预期时间段。基于对文献的回顾和新工作的开展（Li and Hall，2019），经济分析局（BEA）得出结论，它将保持国民账户的商业研发折旧率不随时间而变化，但允许其因行业而异。在此基础上，计算机设备、计算机系统设计、仪器和软件行业的研发的折旧率估计相对较快（每年 22%～40%）。对于药品研发，BEA 采用每年 10%的折旧率。对于科学研发行业（包括很大一部分生物技术公司），BEA 使用 16%的研发折旧率。一个行业的研发折旧率估计低于另一个行业通常被认为是由于技术变革速度较慢或市场竞争程度较低（更多讨论请参见 Li and Hall，2019）。

参 考 文 献

AAAS (American Association for the Advancement of Science). 2019. Research by science and engineering discipline. https://www.aaas.org/programs/r-d-budget-and-policy/research-science-and-engineering-discipline (accessed December 20, 2019).

Aghion, P., and P. Howitt. 1992. A model of growth through creative destruction. *Econometrica* 60(2):323–351.

---

① "伴随财富账户"是指由美国经济分析局和美国联邦储备委员会联合编制的综合宏观经济账户（IMA）。IMA 提供了一系列账户，这些账户将收入、储蓄、实物资产和金融资产投资以及资产重估与财富变化联系起来。

② 根据类似活动/产品的市场生产统计数据，将工资成本转换为总成本估计值。

③ 参见 Li 和 Hall（2018）中的回顾和总结（特别是表 1）。

Ahmadpoor, M., and B. F. Jones. 2017. The dual frontier: Patented inventions and prior scientific advance. *Science* 357(6351):583–587.

Arboleda, H. 2001. *Satellite accounts for agribusiness*. Resource Paper Annex 5. Papers Presented at the Expert Consultation on Agricultural Statistics, 11–14 September. Bangkok, Thailand: UN FAO.

Arora, A., S. Belenzon, and A. Patacconi. 2019. The decline of science in corporate R&D. *Strategic Management Journal* 39(1):3–32.

Arrow, K. J., and G. Debreu. 1954. Existence of an equilibrium for a competitive economy. *Econometrica* 22(3):265–290.

Biasi, B., and P. Moser. 2018. *Effects of copyrights on science—evidence from the U.S. book republication program*. CEPR discussion papers 12651. doi: 10.3386/w24255.

Bresnahan, T. F., and M. Trajtenberg. 1995. General purpose technologies "Engines of growth"? *Journal of Econometrics* 65(1):83–108.

Brynjolfsson, E., D. Rock, and C. Syverson. 2018. *The productivity J-curve: How intangibles complement general purpose technologies*. NBER working paper w2518. https://www.nber.org/papers/w25148.pdf (accessed September 7, 2019).

Bush, V. 1945. *Science, the endless frontier: A report to the President by Vannevar Bush, Director of the Office of Scientific Research and Development*. Washington, DC: U.S. Government Printing Office.

Carlson, R. 2016. Estimating the biotech sector's contribution to the U.S. economy. *Nature Biotechnology* 34(3):247–255.

Carlson, R. 2019. Presentation to the National Academy of Sciences Panel on Safeguarding the Bioeconomy, Washington, DC, January 28, 2019. http://nas-sites.org/dels/studies/bioeconomy/meeting-1 (accessed October 30, 2019).

Close, K., C. Meier, and M. Ringel. 2015. *Making big data work: Biopharma*. Boston, MA: Boston Consulting Group. https://www.bcg.com/en-us/publications/2015/big-data-advanced-analytics-biopharmaceuticals-making-big-data-work-biopharma.aspx (accessed September 7, 2019).

Cockburn, I. M. 2006. Is the pharmaceutical industry in a productivity crisis? *Innovation Policy and the Economy* 7:1–32.

Corrado, C., and C. Hulten. 2010. How do you measure a "Technological Revolution"? *American Economic Review* 100(2):99–104.

Corrado, C., C. Hulten, and D. Sichel. 2005. Measuring capital and technology: An expanded framework. In *Measuring capital in the new economy*, Vol. 66, edited by C. Corrado, J. Haltiwanger, and D. Sichel. Chicago, IL: University of Chicago Press. Pp. 11–46. http://www.nber.org/chapters/c0202.pdf (accessed October 30, 2019).

Corrado, C., C. Hulten, and D. Sichel. 2009. Intangible capital and U.S. economic growth. *The Review of Income and Wealth* 55(3):661–685. https://doi.org/10.1111/j.1475-4991.2009.00343.x.

Corrado, C., J. Haskel, C. Jona-Lasinio, and M. Iommi. 2018. Intangible investment in the EU and US before and since the Great Recession and its contribution to productivity growth. *Journal of Infrastructure, Policy and Development* 2(1):205.

Corrado, C., J. Haskel, C. Joan-Lasinio, and M. Iommi. 2013. Innovation and intangible investment in Europe, Japan, and the United States. *Oxford Review of Economic Policy* 29(2):261–286.

Corrado, C., J. Haskel, and C. Jona-Lasinio. 2017. Public intangibles: The public sector and economic growth in the SNA. *Review of Income and Wealth* 63(Suppl 2):S355–S380.

Corrado, C., J. Haskel, C. Jona-Lasinio, and M. Iommi. 2018. Intangible investment in the EU and US before and since the Great Recession and its contribution to productivity growth. *Journal of Infrastructure, Policy and Development* 2(1):205.

Cumbers, J. 2019. *Defining the bioeconomy*. Presentation to the Committee on Safeguarding the Bioeconomy: Finding Strategies for Understanding, Evaluating, and Protecting the Bioeconomy While Sustaining Innovation and Growth. January 28, 2019. Washington, DC.

Daystar, J., R. B. Handfield, J. Golden, E. McConnell, and B. Morrison. 2018. *An economic impact analysis of the U.S. biobased products industry*. https://www.biopreferred.gov/

BPResources/files/BiobasedProductsEconomicAnalysis2018.pdf (accessed September 7, 2019).

DiMasi, J. A., H. G. Grabowski, and R. W. Hansen. 2016. Innovation in the pharmaceutical industry: New estimates of R&D Costs. *Journal of Health Economics* 47:20–33. doi: 10.1016/j.jhealeco.2016.01.012.

EC (European Commission), International Monetary Fund, Organisation for Economic Co-operation and Development, United Nations, and World Bank. 2009. *System of national accounts 2008*. New York: United Nations.

Efken, J., W. Dirksmeyer, P. Kreins, and M. Mnecht, 2016. Measuring the importance of the bioeconomy in Germany: Concept and illustration. *NJAS—Wageningen Journal of Life Sciences* 77:9–17. https://doi.org/10.1016/j.njas.2016.03.008.

Ehrenfeld, W., and F. Kropfhäußer, 2017. Plant-based bioeconomy in Central Germany—a mapping of actors, industries and places. *Technology Analysis & Strategic Management* 29(5):514–527. doi: 10.1080/09537325.2016.1140135.

Feldman, M. P., D. F. Kogler, and D. L. Rigby. 2015. rKnowledge: The spatial diffusion and adoption of rDNA methods. *Regional Studies* 49(5):798–817.

Fernandez-Cornejo, J., S. Wechsler, and D. Milkove. 2016. *The adoption of genetically engineered alfalfa, canola, and sugarbeets in the United States*. Economic Information Bulletin EIB-163. Washington, DC: USDA ERS.

Furman, J. L., and S. Stern. 2011. Climbing atop the shoulders of giants: The impact of institutions on cumulative research. *American Economic Review* 101(5):1933–1963.

Furman, J., M. Nagler, and M. Watzinger. 2018. Disclosure and subsequent innovation: Evidence from the patent depository library program. NBER WP 24660. doi: 10.3386/w24660.

Gittelman, M. 2016. The revolution re-visited: Clinical and genetics research paradigms and the productivity paradox in drug discovery. *Research Policy* 45(8):1570–1585.

Golden, J. S., R. B. Handfield, J. Daystar, and T. E. McConnell. 2015. *An economic impact analysis of the US biobased products industry: A report to the Congress of the United States of America*. https://www.biopreferred.gov/BPResources/files/EconomicReport_6_12_2015.pdf (accessed September 7, 2019).

Graham, S. J., A. C. Marco, and R. Miller, 2018. The USPTO patent examination research dataset: A window on patent processing. *Journal of Economics & Management Strategy* 27(3):554–578.

Hall, B., A. Jaffe, and M. Trajtenberg. 2001. *The NBER patent citations data file: Lessons, insights and methodological tools*. National Bureau of Economic Research working paper #8498. Cambridge, MA: The MIT Press. doi: 10.3386/w8498.

Haskel, J., and S. Westlake. 2017. *Capitalism without capital: The rise of the intangible economy*. Princeton, NJ: Princeton University Press.

Henderson, R., and I. Cockburn. 1996. Scale, scope, and spillovers: Determinants of research productivity in the pharmaceutical industry. *RAND Journal of Economics* 27(1):32–59.

Hermans, R., A. Loffler, and S. Stern. 2007. *The globalization of biotechnology: Science-driven clusters in a flat world*. Washington, DC: The National Academies STEP Board and Northwestern University.

Holloway, T. M., and J. S. Reeb. 1989. A price index for biomedical research and development. *Public Health Reports* 104(1):11–13.

Hulten, C. R., and J. X. Hao. 2012. The role of intangible capital in the transformation and growth of the Chinese economy. *National Bureau of Economic Research*. Working Paper 18405.

Jaffe, A. B., and J. Lerner. 2004. *Innovation and its discontents: How our broken patent system is endangering innovation and progress, and what to do about it*. Princeton, NJ: Princeton University Press.

Jones, R., and J. R. Wilsdon. 2018. *The biomedical bubble: Why U.K. research and innovation needs a greater diversity of priorities, politics, places and people*. London, UK: NESTA.

Kogan, L., D. Papanikolaou, A. Seru, and N. Stoffman. 2017. Technological innovation, resource allocation, and growth. *Quarterly Journal of Economics* 132(2):665–712.

Lev, B. 2001. *Intangibles: Management, measurement and reporting*. Washington, DC: Brookings Institution Press.

Lev, B., and F. Gu. 2016. *The end of accounting and the path forward for investors and managers*. Wiley Finance Series. Hoboken, NJ: John Wiley & Sons.

Levin, R. C., A. K. Klevorick, R. R. Nelson, S. G. Winter, R. Gilbert, and Z. Griliches. 1987. Appropriating the returns from industrial research and development. *Brookings Papers on Economic Activity* 3:783–831.

Li, W. C. Y., M. Nirei, and K. Yamana. 2019. *Value of data: There's no such thing as a free lunch in the digital economy*. RIETI discussion paper 19-E-022. https://www.bea.gov/research/papers/2018/value-data-theres-no-such-thing-free-lunch-digital-economy (accessed October 30, 2019).

Lier, M., M. Aarne, L. Kärkkäinen, K. T. Korhonen, A. Yli-Viikari, and T. Packalen. 2018. *Synthesis on bioeconomy monitoring systems in the EU member states: Indicators for monitoring the progress of bioeconomy*. https://jukuri.luke.fi/handle/10024/542249 (accessed August 30, 2019).

Machlup, F. 1961. Patents and inventive effort. *Science* 133(3463):1463–1466.

Mansfield, E. 1986. Patents and innovation: An empirical study. *Management Science* 32:173–181.

Marco, A. C., and R. D. Miller. 2019. Patent examination quality and litigation: Is there a link? *International Journal of the Economics of Business* 26(1):65–91.

Miller, R. E., and P. D. Blair. 2009. *Input-output analysis: Foundations and extensions*, 2nd edition. Cambridge, UK: Cambridge University Press.

Nagaraj, A. 2018. *The private impact of public information: Landsat satellite maps and gold exploration*. http://abhishekn.com/files/nagaraj_landsat_oct2018.pdf (accessed October 30, 2019).

NASEM (National Academies of Sciences, Engineering, and Medicine). 2017. *Preparing for future products of biotechnology*. Washington, DC: The National Academies Press. https://doi.org/10.17226/24605.

NASEM. 2018. *Biodefense in the age of synthetic biology*. Washington, DC: The National Academies Press. https://doi.org/10.17226/24890.

NASEM. 2019. *Improving data collection and measurement of complex farms*. Washington, DC: The National Academies Press. https://doi.org/10.17226/25260.

NRC (National Research Council). 2009. *Intangible assets: Measuring and enhancing their contribution to corporate value and economic growth: Summary of a workshop*. Washington, DC: The National Academies Press. https://doi.org/10.17226/12745.

NSB and NSF (National Science Board and National Science Foundation). 2018. *2018 Science & Engineering Indicators*. https://www.nsf.gov/statistics/2018/nsb20181/assets/nsb20181.pdf (accessed September 11, 2019).

OECD (Organisation for Economic Co-operation and Development). 2013. *Supporting investment in knowledge capital, growth and innovation*. Paris, France: OECD Publishing. https://doi:.org/10.1787/9789264193307-en.

OECD/Eurostat. 2018. *Oslo Manual 2018: Guidelines for collecting, reporting and using data on innovation*, 4th edition. Paris, France: OECD Publishing. doi: 10.1787/9789264304604-en.

Otto, R., A. Santagostino, and U. Schrader. 2014. *Rapid growth in biopharma: Challenges and opportunities*. New York: McKinsey & Company.

Pakes, A., and Z. Griliches. 1980. Patents and R&D at the firm level: A first report. *Economics Letters* 5:377–381.

Pammolli, F., L. Magazzini, and M. Riccaboni. 2011. The productivity crisis in pharmaceutical R&D. *Nature Reviews Drug Discovery* 10:428–438. doi: 10.1038/nrd3405.

Philp, J., and D. Winickoff. 2018. *Realising the circular bioeconomy*. Paris, France: OECD Publishing. http://www.wcbef.com/assets/Uploads/Publications/Realising-the-Circular-Bioeconomy.pdf (accessed August 30, 2019).

Popkin, J., and K. Kobe. 2010. *Manufacturing resurgence: A must have for U.S. prosperity*. https://www.nist.gov/sites/default/files/documents/2017/04/28/id61990_ManufacturingResurgence.pdf (accessed September 7, 2019).

Rock, D. 2018. *Engineering value: The returns to technological talent and investments in artificial intelligence.* https://www.gsb.stanford.edu/sites/gsb/files/jmp_daniel-rock.pdf (accessed September 7, 2019).

Romer, P. 1990. Endogenous technological change. *Journal of Political Economy* 98(5):S71–S102.

Scannell, J. W., A. Blanckley, H. Boldon, and B. Warrington. 2012. Diagnosing the decline in pharmaceutical R&D efficiency. *Nature Reviews Drug Discovery* 11:1–10.

Scherer, F. M. 1983. The propensity to patent. *International Journal of Industrial Organization* 1:107–128.

Stokes, D. E. 1997. *Pasteur's quadrant: Basic science and technological innovation.* Washington, DC: Brookings Institution Press.

Thum-Thysen, A., P. Voigt, B. Bilbao-Osorio, C. Maier, and D. Ognyanova. 2017. *Unlocking investment in intangible assets.* Brussels, Belgium: Publication Office of the European Union.

USDA ERS (U.S. Department of Agriculture Economic Research Service). n.d. *Adoption of genetically engineered crops in the U.S. data product.* https://www.ers.usda.gov/data-products/adoption-of-genetically-engineered-crops-in-the-us (accessed October 21, 2019).

USDA NASS (U.S. Department of Agriculture National Agricultural Statistical Service). *2017 Census of Agriculture. United States summary and state data*, Volume 1. Geographic Area Series, Part 51, AC-17-A-51. Washington, DC: USDA.

USGCRP (U.S. Global Change Research Program). 2018. *Impacts, risks, and adaptation in the United States: Fourth national climate assessment, Volume II: Report-in-brief*, edited by D. R. Reidmiller, C. W. Avery, D. R. Easterling, K. E. Kunkel, K. L. M. Lewis, T. K. Maycock, and B. C. Stewart. Washington, DC: USGCRP. https://nca2018.globalchange.gov/downloads (accessed September 7, 2019).

Varian, H. 2018. *Artificial intelligence, economics, and industrial organization.* Working Paper #24839. https://www.nber.org/papers/w24839.pdf (accessed November 9, 2019).

Wesseler, J., and J. von Braun. 2017. Measuring the bioeconomy: Economics and policies. *Annual Review of Resource Economics* 9:275–298.

Wilson Center. 2013. *Tracking the growth of synthetic biology: Findings for 2013.* https://www.cbd.int/doc/emerging-issues/emergingissues-2013-07-WilsonCenter-Synbio_Maps_Findings-en.pdf (accessed September 7, 2019).

4 在全球经济中处于领导地位的领域

主要研究结果摘要

在国际上，美国是合成生物学进步商业化的领导者，并在生命科学博士生教育方面继续保持优势。这一态势为美国在生物经济创新领域的未来领导地位提供了基础，但并非保证。

本章确定了通常用于确定全球经济中战略领导地位的指标，并概述了美国目前保持领导地位的生物经济领域，特别是将美国在科学、创新及创业方面的投资和产出与其他在生物经济方面大举投资的国家进行了比较。尽管自第二次世界大战以来，美国在许多科学和创新领域保持了领导地位，但在过去几十年里，随着德国、以色列、新加坡、韩国和中国等越来越多的国家持续增加教育和创新能力的投资，领先的创新国家数量大幅增加（Furman and Hayes，2004；Furman et al.，2002）。

许多论坛上都提出了对美国在科学和创新关键领域未来领导地位的担忧（例如，American Academy of Arts & Sciences，2014；McNutt，2019；NAS et al.，2010；NRC，2007）。许多推动生物经济的基础科学和技术进步都是在美国率先取得的。这些进步包括赫伯特·博耶（Herbert Boyer）和斯坦利·科恩（Stanley Cohen）在1973 年发明的重组 DNA 技术，可以说这一技术开创了生物技术产业；还包括由 CRISPR/Cas-9 技术实现的基因组编辑方面的后续进展，该技术最初由珍妮弗·道德纳（Jennifer Doudna）和埃玛纽埃勒·沙尔庞捷（Emmanuelle Charpentier）在 2012 年证明可用作工具（Doudna and Charpentier，2014；Jinek et al.，2012），并由多个研究团队进一步开发（Cho et al.，2013；Cong et al.，2013；Mali et al.，2013；Slaymaker et al.，2016；Suzuki et al.，2016；Qi et al.，2013）。然而，在最初的科学发现中的领导地位并不能保证在随后的科学或创新中的领导地位。英国在苯胺染料化学方面的早期领导地位为这一观察结果提供了生动的例证。威廉·亨利·珀金（William Henry Perkin）在 19 世纪 50 年代中期的早期发现为英国的领导地位提供了推动力，而这种领导地位随后被 19 世纪 60 年代德国化学和染料行业的工业科学与技术领导地位，以及 19 世纪 70 年代和 80 年代德国在生物学、制药和医学方面的领导地位所取代（Murmann，2003）。

4.1　生物经济中的科学领导地位

Paul Krugman（1991）有一句名言：知识流动非常难以测量，因为与实物不同，它们不会留下清晰的痕迹。尽管研究人员和政策制定者尽了最大努力，但这个基本的测量问题仍然阻碍了对知识创造、知识溢出和创新的研究。在知识创造、领导力和竞争力的国际研究背景下，测量问题甚至更大，因为这些研究的进步在不同的背景下有不同的含义。例如，车间工人可能会在与依靠手工劳动的工厂没有直接关联的机械化工厂的制造中实现全新的创新，然而，在依靠手工劳动进行制造的国家中，可能会实现在工厂自动化程度高的地区影响有限或无关紧要的创新。使测量各国知识创造的难度增加的是，各国（特别是那些不在知识创造前沿的国家）通常对数据收集的投资不足。

测量问题在生物经济等行业领域尤其严重。生物经济的定义因国家而异，其产出也没有以系统的方式测量，即使在大多数国家也是如此。因此，以下用于确定全球生物经济中战略领导地位的指标大纲依赖于一系列测量标准。

4.1.1　政府在生物经济方面的研发支出比较

测量生物经济中科学领导地位的一个有价值的标准是比较政府在生物经济领域中研究与开发（R&D）总支出的时间序列数据。理想情况下，这些数据将转换为实际美元而不是名义美元，以反映通货膨胀的影响，并将包括支出流（即每年的年度支出）和支出存量（即累积支出，经调整以反映知识随着时间的推移出现的贬值）。委员会无法从美国国家科学基金会（NSF）或经济合作与发展组织（OECD）中找到有关政府在生物技术或生物经济其他方面的支出的历史数据系列以将美国与其他许多国家进行比较。OECD确实报告了一个不包括美国在内的国家的数据系列（图4-1）。这个系列比较了政府和高等教育领域的内部生物技术研发支出占政府和高等教育领域研发支出总额的比例。然而，由于数据收集模式的不同，很难在不同国家之间有效地比较这些数据。尽管如此，有一点似乎很清楚，相对于历史投资，韩国以及（在一定程度上）西班牙和捷克共和国，已经开始加快对生物技术的投资。数据显示，2016 年韩国向政府和高等教育领域的生物技术支出投入了近 34 亿美元。美国的一个相关但没有直接可比性的数字是，在 2015 财年，美国联邦政府机构（主要是卫生与公众服务部）向生命科学领域承付了 305 亿美元（图4-2）。其中 148 亿美元用于一般生物科学，109 亿美元用于医学科学，13 亿美元用于农业科学，8 亿美元用于环境科学，26 亿美元用于其他生命科学（NSB and NSF，2018，附表 4-25）。虽然不是所有的生物经济都以生命科学为基础，但这些数据表明，美国在政府主导的生物科学投资方面仍处于世界领先地位。

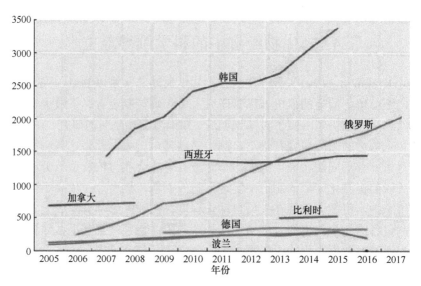

图 4-1 2005—2017 年部分经济合作与发展组织（OECD）成员国政府和高等教育领域的内部生物技术研发支出（单位：百万美元购买力平价）。对于德国，公共联邦生物经济研发支出总额不包括高等教育领域。对于波兰，其中包括私人非营利领域。对于俄罗斯，使用了一个代理指标——生命科学（2011 年以前为"生命系统"）的研发支出，其中包括生物工程、生物催化、生物合成和生物传感器技术、生物医学和兽医技术、基因组学和药物遗传学，以及活细胞技术。

资料来源：OECD，关键生物技术指标，http://oecd/kbi，2018 年 10 月更新。

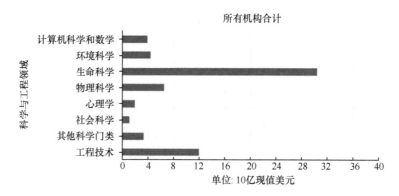

图 4-2 2015 财年联邦对所有机构的各主要科学与工程领域的研究的承付款项。资料来源：NSB and NSF，2018，图 4-12。

4.1.2 生物经济中的科学产出比较

生物经济中科学领导地位的另一个有价值的指标可以从科学产出的测量中收集到，即学术出版物。众多的资源（包括 Thompson Reuters Web of Knowledge，Elsevier's Scopus database 和 Microsoft Academic）提供了关于学术出版物数量的原始信息。根据科学领域对出版物进行分类是一项挑战，但包括 OECD 和 NSF 在内的数据机构利用这些原始数据编制指标。研究人员个人也可以这样做。

　　图 4-3 是基于 NSF 为《科学与工程指标（S&E）》所做的分析[①]，报告了 2016 年 Scopus 中部分地区和领域的科学与工程出版物的数量。这些数据表明，美国在生物和医学领域的出版物产出方面领先世界（尽管欧盟国家集体的出版物产出超过美国）。然而，作者地址在中国的生物和出版物的产出相当惊人，尤其是与历史水平相比。中国生物技术的崛起如图 4-4 所示。该图基于 Gryphon Scientific & Rhodium Group 在《2019 中国生命科学与生物技术发展报告》中的分析，报告了美国和中国的年度生物技术出版物。图 4-4 所示的数据表明，在过去十年中，生物技术研究

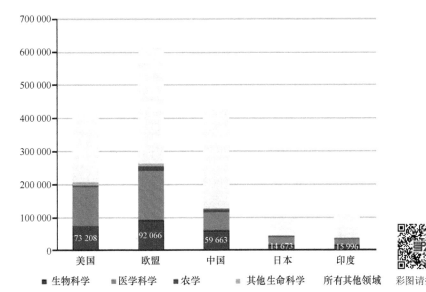

图 4-3　2016 年 Scopus 中部分地区和领域的科学与工程出版物数量。数据标注显示生物科学领域的出版物数量。论文数量来自 Scopus 的科学与工程期刊选集。论文按出版年份分类，并根据论文中列出的机构地址分配给某个地区、国家或经济体。论文以比例计算为基础，例如，如果两位不同国籍的作者共同撰写了一篇论文，那么他们各自的国家都将被计入半篇论文。欧盟内的地区、国家和经济体，参见 2018 年《科学与工程指标（S&E）》附表 5-26。由于四舍五入的原因，百分比可能不会累加到 100%。资料来源：美国国家科学基金—国家科学与工程统计中心—S&E 2018（表 5-23）—基于 SRI 国际；Science-Metrix；Elsevie-Scopus 摘要和引文数据库（2017 年 7 月查阅）。

_____

[①] 使用学术出版物和引文作为科学产出和领导能力的指标已成为大量研究的主题，包括科学计量学领域的研究（de Solla Price，1976；Garfield，1979；Leydesdorff，2001；Schoenbach and Garfield，1956）。研究已经注意到这种方法的局限性，包括战略性和基于声誉的引用的潜力（Simkin and Roychowdhury，2003）。尽管如此，事实证明，国家一级的出版物统计在理解科学进步的广泛趋势方面是有用的，因此该指标定期被纳入 NSF 的 S&E 收集和报告的统计数据中。

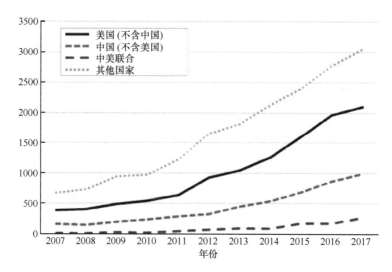

图 4-4　2007—2017 年美国与中国的年度生物技术出版物。资料来源：Gryphon Scientific and Rhodium Group（2019，图 1-2）。基于 Scopus 数据计算所得，使用英文出版物搜索关键词，"CAR-T" OR（"therapeutic antibodies"）OR (CRISPR AND editing OR engineering) OR (synthetic biology) OR "metabolic engineering" OR (genomics AND "precision medicine" OR "personalized medicine"）OR agrobacterium OR (CRISPR AND plants)。

产出大幅增长，并从 2011 年左右开始在多个地区加速增长。尽管欧盟和中国的生物技术出版物产出都大幅上升，但这些数据并不表明其产出在短期内会超过美国。

4.1.3　生物经济中心科学培训比较

　　第三个可以用来比较全球生物经济领先地位的重要指标是科技人员的培训。就像政府投资和科学产出一样，生物经济从业人员的数据也有局限性。特别是，测量某一特定科学学科最近培养的毕业生的产出，要比追踪生物经济从业人员的雇员总数更容易。这在一定程度上是由于测量生物经济从业人员的复杂性。尽管将拥有生物学博士学位的个人归类为生物经济的潜在贡献者相对简单，但是要计算在对生物经济有互补贡献的领域中受过培训的个人数量要难得多，如在数据分析、计算机科学、自动化、生物药品营销或生物燃料运输物流方面受过专业培训的人[①]。

　　OECD 提供了 2016 年各领域博士毕业生人数的国别比较。图 4-5 报告了被确定为已完成"生物及相关科学"学位的学生的这些数据。与上述报告的出版物和投资的测量标准一致，这些数据提供了美国生物经济领导地位的证据。2016 年，美国授予博士学位的数量是德国的两倍多，德国是数据可查的数量第二多的国家。

---

　　① 值得注意的是，各国的博士学位获得者数量可能并不完全一致，因为各国对博士生工作的期望确实不同。

但是，OECD 无法报告中国授予的博士学位总数或生物及相关科学领域授予的博士学位总数。此外，OECD 的数据对生物经济相关领域的博士学位获得者总数的估算并不精确，有低估的可能。例如，美国国家科学基金会报告，2016 年美国产生了 12 568 名生命科学博士学位获得者（这里的生命科学包括：①农业和自然科学，②生物和生物医学科学，③健康科学），另外还有 1089 名生物工程和生物医学工程博士学位获得者[①]。

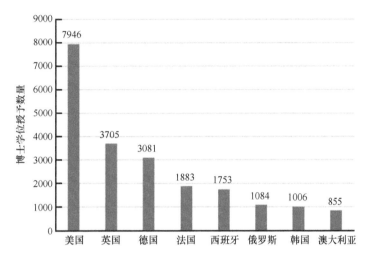

图 4-5 2016 年生物及相关科学博士毕业生数量。资料来源：本委员会基于 https://stats.oecd.org 提取的数据进行的计算（2019 年 7 月查阅）。

在经过整理的数据集中，无法公开获取随时间推移按国籍追踪生物科学博士学位获得者人数的数据。最接近的估计值来自 S&E，它整理了来自不同国家/地区的关于该国在广泛的学术领域授予的学位数量的数据。图 4-6 显示了 2000 年、2007 年和 2014 年部分选定国家在物理和生物科学、数学和统计学等综合类别的博士学位数量的增长情况。这些数据不包括一些适用于生物经济的学位，比如生物工程，但由于这些数据包括数学、统计和物理科学学位，因此它们可能包括在生物经济学特定工作领域接受过培训的博士生以外的博士生统计当中。尽管存在这些局限，但数据的主要特征是，美国在整个时期内授予的生物经济相关领域的博士学位数量领先全球（尽管在这段时期内，中国授予的博士学位数量增长幅度最大）。如果目前的增长速度持续下去，中国将很快在授予此类学位方面超过美国。

鉴于博士生是推动学术机构基础研究进步的引擎，能够用来自世界各地的优秀学生补充美国生物经济从业人员是一件好事。在美国约 4.5 万名博士学位获得者中，30%～34% 是持临时签证的学生，其中最大比例是华裔。表 4-1 列出了

---

① 见 https://www.nsf.gov/statistics/2018/nsf18304/data/tab12.pdf。

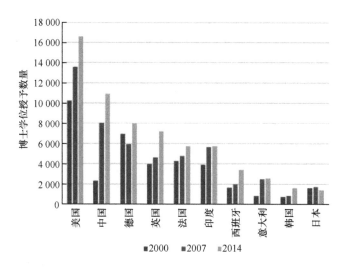

图 4-6 2000—2014 年部分国家和年份的物理和生物科学、数学、统计学博士学位数量。注：中国的数据不包括计算机科学，因为计算机科学被计入工程，而不是物理和生物科学、数学、统计类学。日本的数据包括企业员工获得的论文博士学位（称为 Ronbun Hakase）。在日本的高等教育数据中，数学包括在自然科学中（包括在此图表中），计算机科学包括在工程中（不包括在此图表内）。博士学位数据采用国际教育标准分类第 8 级。科学学位数据不包括健康领域。印度的数据是 2006 年的，而不是 2007 年的。资料来源：根据 NSB 和 NSF（2018，附录 2-38 和 2-39）编制。

表 4-1 2011—2017 年持临时签证的博士学位获得者获得学位后留在美国的意向

	学位授予年份（2011）		学位授予年份（2017）		2011—2017 年总量		2011—2017 年百分比变化	
	数量	%留下	数量	%留下	数量	%留下	数量	%留下
所有临时签证持有者	14 235	70.1	16 323	74.2	109 476	71.5	15	6
美洲	1 449	57.3	1 443	56.6	10 370	56.4	0	−1
亚洲	9 568	74.5	10 659	80.0	73 431	76.4	11	7
中国	3 988	82.1	5 564	83.2	34 458	81.9	40	1
印度	2 165	84.6	1 974	88.6	15 335	85.8	−9	5
韩国	1 445	60.0	1 126	68.5	9 173	62.4	−22	14
欧洲	1 962	64.3	1 788	67.4	12 994	63.8	−9	5
法国	125	64.8	107	69.2	790	63.7	−14	7
德国	203	65.5	154	68.2	1 340	58.1	−24	4
意大利	137	60.6	161	70.8	1 069	64.8	18	17
土耳其	493	61.9	498	61.0	3 275	61.0	1	−1
中东	600	61.3	1 509	62.1	7 052	64.4	152	1
伊朗	198	88.9	771	92.6	3 472	90.1	289	4
沙特阿拉伯	49	14.3	340	10.3	996	11.9	594	−28

注：百分比是基于所有表示毕业后打算留在哪里（美国与外国）的持有临时签证的博士学位获得者，而不仅仅是那些明确承诺就业或博士后学习的人。

资料来源：国家科学基金会—国家科学与工程统计中心—2018 年获得博士学位的调查。

关于 2011 年至 2017 年未拥有美国国籍的美国院校博士毕业生的一些关键数据。有几个事实值得注意。首先，来自中国、印度和韩国的公民是 2011 年和 2017 年在美国学术机构获得博士学位的非美国公民中人数最多的。此外，在亚洲国家中，中国公民获得美国博士学位的人数增长幅度最大，与 2011 年完成学位的近 4000 名中国籍学生相比，2017 年增长了约 40%。然而有趣的是，在 2011—2017 年期间，包括中国在内的所有国家的博士生留在美国的比例保持相对稳定。

对于选定的部分国家，S&E 报告了 1995 年至 2015 年期间美国院校授予的博士学位总数，按学科领域和获得者的国籍分列。中国、印度和韩国的数据如表 4-2 所示。在此期间，近 7 万名中国大陆学生从美国院校获得了科学和工程领域的博士学位。其中 12 202 人获得生物科学学位，10 816 人获得物理科学学位[①]。

表 4-2　1995—2015 年获得美国科学和工程博士学位的亚裔临时签证持有者
（按领域和原籍国家/地区/经济体分列）

领域	亚洲	中国大陆	中国台湾	印度	韩国
所有领域	166 920	68 379	16 619	32 737	26 630
科学与工程	146 258	63 576	13 001	30 251	20 626
工程	55 215	23 101	5 045	13 208	8 274
科学	91 043	40 475	7 956	17 043	12 352
农业科学	4 927	1 745	441	823	720
生物科学	25 149	12 202	2 374	5 654	2 459
计算机科学	9 287	4 229	597	2 477	1 015
地球、大气和海洋科学	2 803	1 563	228	357	338
数学	7 494	4 493	503	805	967
医学和其他健康科学	5 298	1 368	878	1 371	672
物理科学	20 528	10 816	1 305	3 516	2 216
心理学	2 053	530	320	277	481
社会科学	13 504	3 529	1 310	1 763	3 484
非科学与工程	20 662	4 803	3 618	2 486	6 004

注：亚洲包括阿富汗、孟加拉国、不丹、文莱、缅甸、柬埔寨、中国、印度、印度尼西亚、日本、哈萨克斯坦、吉尔吉斯斯坦、老挝、马来西亚、马尔代夫、蒙古国、尼泊尔、朝鲜、巴基斯坦、菲律宾、新加坡、韩国、斯里兰卡、塔吉克斯坦、泰国、东帝汶、土库曼斯坦、乌兹别克斯坦和越南。数据包括临时签证持有人和签证身份不明、被认为是临时身份的非美国公民。

资料来源：2018 年《科学与工程指标》，国家科学基金会—国家科学与工程统计中心—2015 年获得博士学位的调查。

综合来看，这些指标表明，美国在政府投资和产出以及与生物经济相关的科学领域博士学位获得者的产出方面继续领先世界。然而，这一领导地位似乎不像过去那样稳定了。特别是，中国已开始快速增加投资，似乎有望在 21 世纪

---

① 参见 https://www.oecd.org/innovation/inno/keybiotechnologyindicators.htm。

中期至少在这些生物经济相关的科学领域博士学位获得者数量上超过美国
（Gryphon Scientific and Rhodium Group，2019）。

4.2 私营创新投入的国家比较

鉴于前一章强调了在与生物经济相关的研发投资上的政府支出，本章的这一
节将重点转移到国家整体投资和私营领域的投资。这些数据讲述了一个与本章前
面部分类似的故事。虽然美国在生物经济投资方面保持着领先地位，但人们对美
国能否在科学和工程领域保持其历史领导地位提出了质疑。

图 4-7 和图 4-8 分别报告了 2015 年向研发投入资源最多的国家的国家研发支
出总额和国内生产总值（GDP）中用于研发的百分比。图 4-7 显示，美国在创新
投资总额方面继续领先世界，2015 年研发投资近 5000 亿美元。然而，中国目前
的投资金额越来越接近美国，2015 年的投资超过 4000 亿美元。两国的投资都超
过了欧盟当年的投资总额（3865 亿美元）。事实上，除了中国，没有哪个国家在创
新方面的投资能达到美国的一半。然而，相对于经济规模而言，美国的投资并不是
世界领先的。图 4-8 显示，包括澳大利亚、丹麦、芬兰、德国、以色列、日本、
韩国、瑞典、瑞士、中国在内的许多国家在研发投资占 GDP 的比例方面比美国更
高，而图 4-9 则表明，美国的研发投资占 GDP 的份额保持稳定，而韩国和日本等
其他国家的研发投资继续上升。

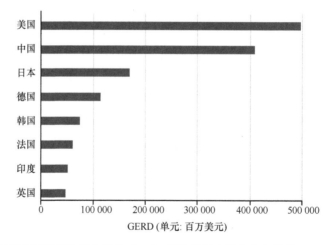

图 4-7　2015 年部分国家经购买力平价（PPP）调整的国内研发支出总额（GERD）。此处显示
的数据反映了计算 GERD 的国际标准，与美国国家科学基金会计算美国研发总量的方法略有不
同。资料来源：美国国家科学基金的 2018 年《科学与工程指标》，基于国家科学与工程统计
中心的《研发资源国家模式（年度）》、经合组织的《主要科学技术指标》（2017/1）；联合
国教科文组织统计研究所数据中心，http://data.uis.unesco.org（2017 年 10 月 13 日查阅）。

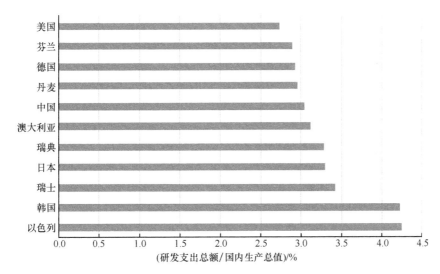

图 4-8　2015 年部分国家研发支出总额占国内生产总值的百分比。注：此处显示的数据反映了计算 GERD 的国际标准，与美国国家科学基金会计算美国研发总量的方法略有不同。资料来源：美国国家科学基金—2018 年《科学与工程指标》—基于美国国家科学与工程统计中心—《研发资源国家模式（年度）》；经合组织—《主要科学技术指标》（2017/1）；联合国教科文组织统计研究所数据中心，http://data.uis.unesco.org（2017 年 10 月 13 日查阅）。

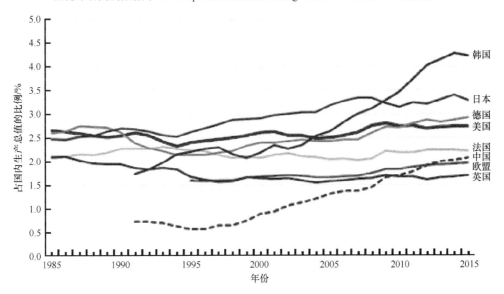

图 4-9　1985—2015 年美国、欧盟、中国及部分其他国家的国内研发支出总额占国内生产总值的比例。资料来源：NSB and NSF，2018。

4.3 生物技术和生物经济其他领域创新的国家比较

很难获得关于国家层面生物经济投资的理想数据。事实上，即使是最大的生物经济领域，包括历史最悠久的生物技术领域，也很难获得有关研发投资的可靠数据。OECD编制了关于活跃在生物技术领域的公司数量的数据（图4-10）。图 4-10 中的数据表明，美国拥有世界上最多的生物技术公司——2015 年超过3000 家。此外，与其他国家的公司相比，美国私营企业在生物技术方面的投资要高一个数量级。据 OECD 统计，2015 年美国公司在生物技术研发上的投资约为 400 亿美元，超过了其他生物技术领先国家（即比利时、丹麦、法国、德国、韩国、瑞士）的投资总和（图4-11）。在 OECD 关于活跃于生物技术研发的公司的统计中，美国也是明显的领导者（图4-10），尽管这些数据很难在不同国家之间进行比较。

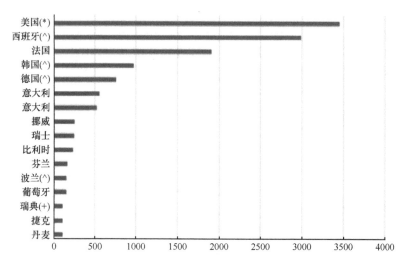

图 4-10　2015 年活跃于生物技术领域的公司数量。（^）这些国家的数据包括生物技术公司，而不仅仅是生物技术研发公司。（+）在瑞典，数据只包括拥有 10 名或 10 名以上员工的公司。（*）在美国，公司的数量只包括那些实际响应调查的公司。数据被做了权重调整，以考虑到遗漏的响应。对于意大利，上方的数据是生物技术公司数量，下方的数据是生物技术研发公司数量。这项调查仅针对拥有 5 名或 5 名以上员工的公司进行。除特别注明外，数据包括生物技术研发公司。无法获得中国和日本的相关数据。资料来源：OECD 的《主要生物技术指标》，http://oe.cd/kbi，2018 年 10 月更新。

有关国际专利的数据表明，美国在生物技术研发方面的领导地位仍然相当稳固（图 4-12）。OECD 收集了关于来自每个国家的发明人的生物技术专利的比例

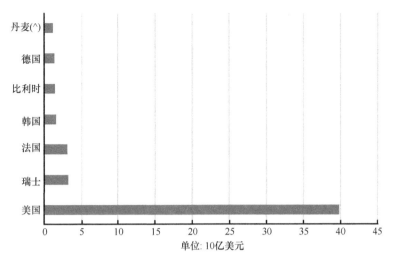

图 4-11 2015 年企业生物技术研发支出。丹麦数据为 2013 年；美国的数据只包括拥有 5 名或 5 名以上员工的公司。资料来源：OECD，《关键生物技术指标》，http://oe.cd/kbi；《主要科学技术指标数据库》，www.oecd.org/sti/msti.htm，2018 年 10 月更新。

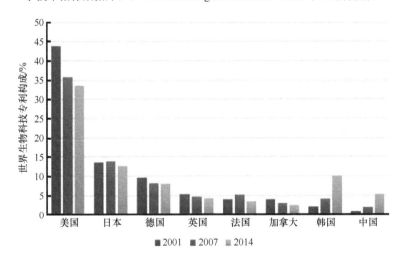

图 4-12 世界生物技术专利比例、所选国家和年份。采用新的生物技术专利国际分类代码清单来提取这些数据。Friedrichs 和 van Beuzekom（2018）概述了这一定义。数据是指知识产权局提交的 5 个专利家族，其成员在首次提交日期和发明人住所之前提交给欧洲专利局或美国专利商标局的专利家族，使用分数计数法。2014 年的数据是估计值。

的数据，并根据来自该国的发明人的比例来计算专利。例如，一项专利列出了三个发明人，分别来自美国、加拿大、德国，则该专利将被测量为对每个国家贡献了 1/3 的专利。这些数据参考了 5 个知识产权局[包括欧洲专利局（EPO）、日本专利局、韩国知识产权局、中华人民共和国国家知识产权局及美国专利商标局

（USPTO）]内根据《专利合作条约》提交的专利家族，其成员在首次申请日之前向 EPO 或 USPTO 提交申请。这些数据记录了过去 20 年美国在生物技术创新方面的领导地位，也记录了这一领导地位的相对削弱。2001 年，美国贡献了 40%以上的专利，但 2007 年仅略高于 35%，2014 年不到 35%。不过，美国的这一比例是其他任何国家的两倍还多。日本的专利占比仅次于美国，不到总专利的 15%。2001—2014 年期间，韩国和中国在国际生物技术专利中所占比例的增长幅度最大，其中韩国从 2%增加到 10%，中国从 1%增加到 5%。

根据世界知识产权数据，对比美国和中国每年发布的生物技术专利，出现了一个不同的情况（图 4-13）。与 OECD 的数据不同，这些数据并不反映国际专利（即在多个国家或地区注册的专利），而只是分别在美国和中国申请的专利。这些数据表明，中国的生物技术专利申请大幅增加。然而，目前尚不清楚这些专利是否反映了世界技术前沿的创新，但它们可能标志着中国开始在世界生物技术前沿进行创新的潜力。

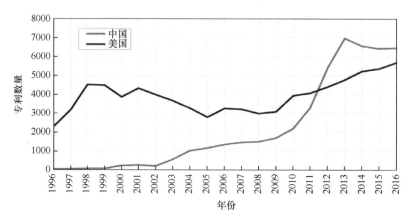

图 4-13　1996—2016 年美国和中国每年授予的生物技术专利。资料来源：世界知识产权组织的 Gryphon Scientific and Rhodium Group（2019）。

更广泛地说，美国以外的国家对其整体创新基础设施的投入程度，以及各国（特别是中国和韩国等具有明确研发战略的国家）对生物科学投资的不断增加，表明美国在生物科学和生物经济创新方面的领导地位将来不太可能继续保持在与过去相同的水平上。

在农业生物技术的应用方面，美国的生物工程作物种植面积居世界首位，2017 年占世界总种植面积（1.898 亿公顷）的 40%（7500 万公顷），接下来是巴西（26%，5020 万公顷）、阿根廷（12%，2360 万公顷）、加拿大（7%，1310 万公顷）和印度（6%，1140 万公顷）。在 1996 年至 2016 年生物工程作物商业化的前 21 年中，美国从这项技术中获得了最大的累积经济效益（ISAAA，2017）。

4.4　创业/风险投资资金的国家比较

长期以来，美国的创业文化一直被视为该国国家制度环境的一个重要特征，这一因素促成了美国的技术领先地位和经济活力。然而，经济学家指出，作为美国经济历史特征的历史动态（如创业率、小企业和成长型企业中工人的比例、新就业岗位的创造率）已经出现了衰退的迹象（Decker et al.，2014；Haltiwanger，2015）。虽然活力下降可能是美国经济整体的一个问题，但这似乎对生物经济没有特别影响。

关于国际创业和风险投资的信息来源有很多，但似乎没有一个能提供涉及生物经济所涵盖的全部行业的一致的历史数据。因此，我们调查了几个主要生物经济领域和信息来源的结果，首先是生物经济中经济规模最大的领域之一，即生物技术领域。《2017 年安永生物技术报告》汇编并报告了基于资本智商（Capital IQ）和风险资本来源（VentureSource）的融资、首次公开募股（IPO）和风险资本投资。这些数据表明，美国生物技术风险融资规模仍远远超过欧洲和亚洲主要国家。

图 4-14 追踪了 2001—2016 年间美国生物技术公司的融资情况，并展示了 15 年间在 IPO 收益波动的同时，风险融资、后续融资和债务融资的平均增长情况。这些模式与同期欧洲生物技术领域的情况类似，但规模要大得多。到 2003 年，

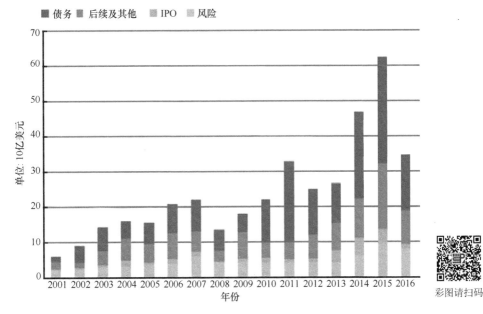

彩图请扫码

图 4-14　2001—2016 年美国生物技术年度融资情况。资料来源：《2017 年安永生物技术报告》，引用 Capital IQ 和 VentureSource，经许可转载；©2017，安永会计师事务所。

美国生物技术融资总额已达到 100 亿美元，而欧洲直到 2015 年才达到这一水平（图 4-15）。尽管中国和韩国的生物技术公司在过去的几年里获得大量投资，但截至 2016 年的数据表明，中国、日本和韩国的生物技术公司获得的融资大大落后于美国和欧洲，在安永数据的最后一年即 2016 年之前或包括 2016 年在内的任何一年，都没有达到过 40 亿美元的融资额（图 4-16）。

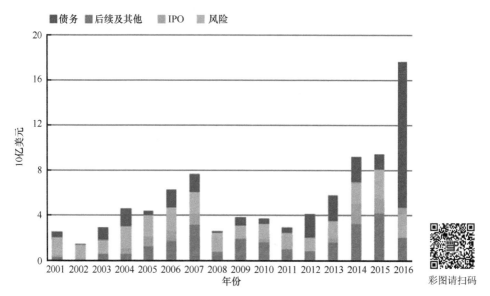

图 4-15　2001—2016 年欧洲生物技术年度融资情况。资料来源：《2017 年安永生物技术报告》，引用 Capital IQ 和 VentureSource。经许可转载；©2017，安永会计师事务所。

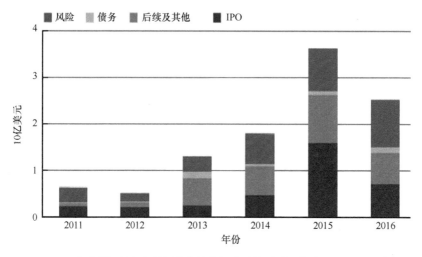

图 4-16　2011—2016 年中国、日本和韩国生物技术年度融资总量。资料来源：《2017 年安永生物技术报告》，引用 Capital IQ 和 VentureSource。经许可转载；©2017，安永会计师事务所。

这些比较主要依靠风险投资数据。该领域内竞争力和领导力的其他有价值的指标包括商业动态指标，如进入的指标（如新公司数量）和退出的指标（如 IPO、收购和公司破产）。

4.5　美国领导地位案例研究：合成生物学

合成生物学是生物科学中最具活力的领域之一，也是生物经济中最有趣的新兴子领域之一。美国在该领域的创新、创业以及科学和经济上的成功也证明了美国的领导地位。图 4-17 报告了 2000—2015 年在 Web of Science 收录的期刊上发表的合成生物学相关学术出版物的数量，显示了全球总数以及领先国家（按作者机构划分）的数量。在此期间，此类出版物的数量每年从不足 200 篇增加到 1000 多篇。自 2000 年以来，该领域美国每年的出版物占全球总量的一半以上。

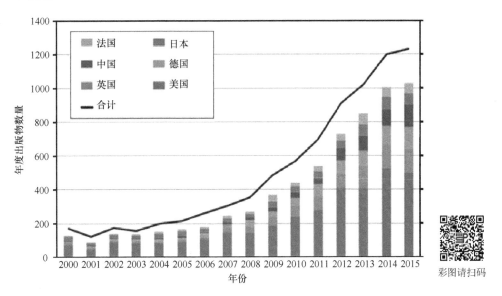

彩图请扫码

图 4-17　2000—2015 年全球及领先国家（按作者机构划分）的合成生物学出版物。折线图描绘了全球年度出版物。柱状图按出版总量描绘了 6 个领先国家的年度出版物。资料来源：Schapira et al.，2017。

曼彻斯特大学和佐治亚理工大学的 Philip Shapira、Seokbeom Kwon 和 Jan Youtie 开展的一项研究对 Web of Science 收录的、由全球前 15 家合成生物学资助机构（基于最初提供资助的机构）赞助的合成生物学论文进行了分类，并且得出了与这些出版物相关的一系列测量标准（Shapira et al.，2018；图 4-18）。他们的分析表明，美国 NIH 和美国 NSF 资助了全球最大比例的合成生物学出版物，而且这些出版物的被引次数比其他机构资助的出版物更多。与美国海军研究办公室、国防高级研究计划署和美国能源部资助的论文一样，这些政府资助的论文也获得了最高的平均每篇论文引用次数。中国国家自然科学基金委员会资助的合成生物学论文数量位居第三，但截至 2018 年，这些论文的平均被引次数明显少于通过合著者追踪的其他机构资助的论文。这些发现表明，美国在合成生物学科学方面处于稳固的领导地位。更概括地说，这些发现表明，这种领导地位在很大程度上可能是由美国联邦政府的投资推动的。

	资助机构	记录	标准	平均引用
1	NIH	1 550	61 103	39.4
2	NSF	1 120	31 979	28.6
3	NNSFC	575	6 379	11.1
4	EU	443	11 396	25.7
5	英国生物科技和生物科学研究委员会	369	8 375	22.7
6	英国工程技术和物理学研究委员会	314	6 321	20.1
7	DOE	282	8 522	30.2
8	ERC	250	4 715	18.9
9	德国研究社区	235	4 905	20.9
10	美国国防部高新研究项目机构	235	8 563	36.4
11	中国 973 计划	228	3 005	13.2
12	美国海军研究办公室	169	7 490	44.3
13	日本科学推动社会	158	2 095	13.3
14	NSERC	147	2 974	20.2
15	日本科学部	144	2 370	16.5

图 4-18　2000—2015 年由全球前 15 家合成生物学资助机构赞助的出版物的被引情况。注：基于对 Web of Science 的出版物记录（2000 年至 2018 年 7 月中旬）的分析。Shapira 等（2017）合成生物学搜索策略，N = 11 369（其中 67%报告资助确认信息）。VantagePoint 用于清理资助机构组织名称列表。资料来源：Shapira and Kwon，2018。

在进一步的研究中，Shapira 和 Kwon（2018）展示了合成生物学专利数量最多的 10 个国家中合成生物学出版物与专利之间的关系（图 4-19）。这些数据也证明了美国的领导地位。在 2003 年至 2017 年期间，作者将 4000 多项合成生物学专利与美国的发明人联系了起来。在 PATSTAT 数据库（国际专利家族）中包含的专利数量中，与美国最接近的国家是日本，该国同期记录的专利数量不到 1000 件。

其机构隶属于美国的作者还发表了 4000 多篇论文，而位于第二名的英国发表的论文不到 1500 篇。由于这些数据基于较长的时间周期，可能会低估韩国和中国等国家最近取得的进展，但这些数据确实表明了美国在合成生物学科学和合成生物学商业化方面的历史领先地位。

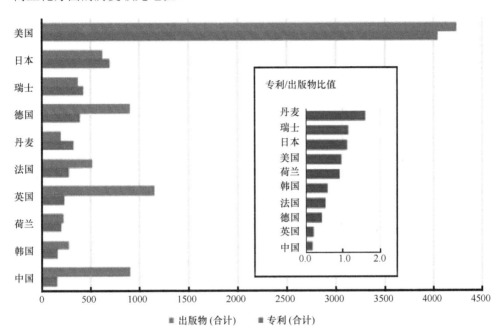

图 4-19　2003—2017 年合成生物学出版物和专利。基于对 Web of Science 的出版物记录（2000 年至 2018 年 7 月中旬）的分析。Shapira 等（2017）合成生物学搜索策略，$N = 11\ 369$。专利：对 PATSTAT 专利记录（2003 年至 2018 年 8 月 3 日）的分析，$N = 8460$。VantagePoint 用于数据清洗和分析。资料来源：Shapira and Kwon，2018。

虽然美国在合成生物学科学和创新方面总体上保持着相当大的优势，但这种优势并非不可动摇。事实上，在这一领域获得专利最多的两家公司是丹麦公司诺维信（Novozymes AS）和瑞士公司豪夫迈·罗氏（Hoffmann-LaRoche）（图 4-20）。Novozymes 总部位于丹麦哥本哈根郊外，是世界领先的工业酶和微生物生产商之一。Hoffmann-LaRoche 总部位于瑞士巴塞尔，是一家全球制药企业集团，在美国拥有多个研发中心，包括最初总部位于美国的生物技术公司 Genentech，在 Shapira 和 Kwon（2018）的研究期间，Genentech 的合成生物学专利数量排名第四。虽然拥有合成生物学专利最多的 6 个组织中有 5 个总部不在美国，但接下来的 18 个组织中有 17 个在美国。总体而言，拥有合成生物学专利最多的 40 个组织中，超过 60%总部位于美国。

受让人	受让人类型	国家	专利数
NOVOZYMES AS	企业	丹麦	275
HOFFMANN LA ROCHE	企业	瑞士	133
CELLECTIS	企业	法国	108
GENENTECH INC	企业	美国	108
UNIV KYOTO	高校	日本	105
NOVARTIS AG	企业	瑞士	104
MIT	高校	美国	103
DANISCO US INC	企业	美国	93
DOW AGROSCIENCES LLC	企业	美国	91
HARVARD COLLEGE	高校	美国	88
UNIV CALIFORNIA	高校	美国	87
REGENERON PHARMA	企业	美国	85
ALNYLAM PHARMACEUTICALS INC	企业	美国	84
SANGAMO BIOSCIENCES INC	企业	美国	84
ISIS OHARMACEUTICALS INC	企业	美国	73
CHUGAI PHARMACEUTISCAL COL LTD	企业	日本	63
PIONEER HI BERD INT	企业	美国	60
AMGEN INC	企业	美国	58
BROAD INST INC	政府非营利机构	美国	58
GENOMATICA INC	企业	美国	53
MONSANTO TECHNOLOGY LLC	企业	美国	51
UNIV PENNSYLVANIA	高校	美国	47
UNIV TEXAS	高校	美国	46
GEN HOSPITAL CORP	高校	美国	45
CENTRE NAT RECH SCIENT	政府非营利机构	法国	44
DU PONT	企业	美国	43
MDRNA INC	企业	美国	42
MERCK SHARP & DOHME	企业	丹麦	39
UNIV LELAND STANFORD JUNIOR	高校	美国	38
UNIV OHIO STATE RES FOUND	高校	美国	38
UNIV TYOKO	高校	日本	38
BIOGEN IDEC INC	企业	美国	34
SCRIPPS RESEARCH INST	政府非营利机构	日本	34
BAYER CROPSCIENCE NV	企业	比利时	32
DSM IP ASSETS BV	企业	荷兰	32
MODERNA THERAPEUTICS INC	企业	美国	31
SANTARIS PHARMA AS	企业	丹麦	30
AGENCY SCIENCE TECH & RES	政府非营利机构	新加坡	28
CUREVAC GMBH	企业	德国	28
EVOGENE LTD	企业	以色列	28
JANSSEN BIOTECH INC	企业	美国	28

图 4-20 2003—2018 年全球合成生物学领域的顶级专利受让人（按组织和起源国划分）。注：对 PATSTAT 专利记录（2003 年至 2018 年 8 月 3 日）的分析，Kwon 等（2016）合成生物学专利搜索策略，$N = 8460$（7847 个具有确定的受让人国家地点）。请注意，专利"受让人"是被授予专利产权的实体。资料来源：Shapira and Kwon，2018。

美国在合成生物学领域的领导地位不仅限于学术界,似乎也延伸到了创业领域。截至 2019 年年初,SynBioBeta 已在该子领域确定了 350 多家美国公司,而公司数量位居第二和第三位的英国和法国分别只有 87 家和 27 家。在美国,利用合成生物学的创业企业包括设计商业用途微生物的银杏生物工程公司(Ginkgo Bioworks),以及在 2018 年获得资助的两家公司——开发植物肉类替代品的 Impossible Foods 公司和开发基于 mRNA 的药物疗法的 Moderna Therapeutics 公司。

4.6　美国在生物经济中的领导地位:总述

综上所述,委员会审查的数据表明,美国在开展引领生物经济创新的研究方面处于显著的领导地位。然而,数据表明,其他国家,特别是韩国和中国,正在增加对科学和创新的投资。

与其他科学和创新领域一样,美国历来吸引并在很大程度上留住了最优秀、最聪明的科学人才,让他们进入研究生院、接受博士后培训,并担任研究人员和教师。虽然截至 2017 年的数据表明,美国仍在吸引和留住来自世界各地的人才,但科学家和政策制定者开始对美国的持续能力提出质疑,这既因为其他国家对科学的投资不断增加,也因为在美国将投资科学和创新作为国家优先事项这一历史共识受到了威胁,如本报告第 7 章中所讨论的(Alberts and Narayanamurti, 2019;Kerr, 2019;Peri et al., 2014)。

虽然全面的创新生态系统和投资的历史存量保护了美国在生物经济中的领导地位,但对于与该领域未来竞争的成功相关的一系列其他政策和选择,无论是其优点还是其对生物经济的影响,都值得思考。例如,信息技术与创新基金会在 2012 年估计,美国提供的研发税收优惠在其研究的 42 个国家中仅位列第 27 位(Stewart et al., 2012)。研究税收抵免的经济学家发现,有证据表明,此类政策可以刺激研发投资[①],美国对此类政策提供更大支持可能有助于提高生物经济竞争力(Agrawal et al., 2019;Rao, 2016)。然而,鉴于表征生物经济的工作还处于相对早期的阶段,要明确判断哪些政策杠杆对生物经济领导地位的影响最大可能还为时过早。考虑到生物经济背后的科学和创新的多种工业应用,这一点尤其正确。委员会希望研究工作将涉及这些主题。

4.7　结　　论

本章对可用数据进行了分析,以评估美国在全球生物经济中的领导地位,并

---

① 值得注意的是,美国的研发税收抵免政策于 2015 年永久生效。然而,它的幅度没有改变(https://www.eidebailly.com/insights/articles/rd-taxcredit-enhanced-and-becomes-permanent)。

讨论了每种指标的优势和注意事项。

结论 4-1：在与生物经济相关的多个领域，美国在全球范围内是一个无可争辩的领导者，包括：对生物科学的联邦资助；合成生物学领域的科学、创新和创业成果；生物工程作物的产生和利用。这种领导地位在很大程度上是建立在美国在科学领域和新知识产生方面的历史优势之上的。

结论 4-2：美国目前的国际地位是在那些建立在生命科学研究和开发基础上的领域中的总体领导地位——领导力是由于开放的科学边界而建立起来的，而不是憎恶开放。继续保持领导地位将需要：①认真分析支撑生物经济的政策和生态系统特征；②联邦政府继续致力于世界领先的科学投资。

参 考 文 献

Agrawal, A., C. Rosell, and T. S. Simcoe. 2019. *Tax credits and small firm R&D spending*. NBER working paper 20615. https://www.nber.org/papers/w20615 (accessed September 7, 2019).

Alberts, B., and V. Narayanamurti. 2019. Two threats to U.S. science. *Science* 364(6441):613.

American Academy of Arts & Sciences. 2014. *Restoring the foundation: The vital role of research in preserving the American dream*. https://www.amacad.org/publication/restoring-foundation-vital-role-research-preserving-american-dream (accessed September 7, 2019).

Cho, S. W., S. Kim, J. M. Kim, and J. S. Kim. 2013. Targeted genome engineering in human cells with the Cas9 RNA-guided endonuclease. *Nature Biotechnology* 31(3):230–232.

Cong, L., F. A. Ran, D. Cox, S. Lin, R. Barretto, N. Habib, P. D. Hsu, X. Wu, W. Jiang, L. A. Marraffini, and F. Zhang. 2013. Multiplex genome engineering using CRISPR/Cas systems. *Science* 339(6121):819–823.

Cumbers, J. 2019. *Defining the bioeconomy*. Presentation to the Committee on Safeguarding the Bioeconomy. January 28. http://nas-sites.org/dels/studies/bioeconomy/meeting-1 (accessed March 10, 2020).

de Solla Price, D. 1976. An extrinsic value theory for basic and "applied" research. *Policy Studies Journal* 5:160–168.

Decker, R., J. Haltiwanger, R. Jarmin, and J. Miranda. 2014. The role of entrepreneurship in U.S. job creation and economic dynamism. *Journal of Economic Perspectives* 28(3):3–24.

Doudna, J. A., and E. Charpentier. 2014. Genome editing: The new frontier of genome engineering with CRISPR-Cas9. *Science* 346(6213):1258096.

EY Biotechnology Report. 2017. Ernst & Young LLP. https://www.ey.com/Publication/vwLUAssets/ey-biotechnology-report-2017-beyond-borders-staying-the-course/$FILE/ey-biotechnology-report-2017-beyond-borders-staying-the-course.pdf (accessed August 1, 2019).

Friedrichs, S., and B. van Beuzekom. 2018. Revised proposal for the revision of the statistical definitions of biotechnology and nanotechnology. OECD Science, Technology and Industry Working Papers, No. 2018/01, OECD Publishing, Paris, https://doi.org/10.1787/085e0151-en.

Furman, J. L., and R. Hayes. 2004. Catching up or standing still?: National innovative productivity among "follower" countries, 1978–1999. *Research Policy* 33(9):1329–1354.

Furman, J. L., M. E. Porter, and S. Stern. 2002. The determinants of national innovative capacity. *Research Policy* 31(6):899–933.

Garfield, E. 1979. 2001: An information society? *Journal of Information Science* 1(4):209–215.

Gryphon Scientific and Rhodium Group. 2019. *China's biotechnology development: The role of U.S. and other foreign engagement.* https://www.uscc.gov/sites/default/files/Research/US-China%20Biotech%20Report.pdf (accessed September 7, 2019).

Haltiwanger, J. 2015. *Top ten signs of declining business dynamism and entrepreneurship in the U.S.* http://econweb.umd.edu/~haltiwan/haltiwanger_kauffman_conference_august_1_2015.pdf (accessed September 7, 2019).

ISAAA (International Service for the Acquisition of Agri-biotech Applications). 2017. *Global status of commercialized niotech/GM crops in 2017: Biotech crop adoption surges as economic benefits accumulate in 22 years.* ISAAA brief no. 53. Ithaca, NY: ISAAA.

Jinek, M., K. Chylinski, I. Fonfara, M. Hauer, J. A. Doudna, and E. Charpentier. 2012. A programmable dual-RNA-guided DNA endonuclease in adaptive bacterial immunity. *Science* 337(6096):816–821.

Kerr, W. 2019. *The gift of global talent.* Palo Alto, CA: Stanford Press.

Krugman, P. 1991. Increasing returns and economic geography. *Journal of Political Economy* 99(3):483–499.

Kwon, S., J. Youtie, and P. Shapira. 2016. *Building a patent search strategy for synthetic biology.* Working paper. Atlanta, GA: Tech Program in Science, Technology and Innovation Policy. http://bit.ly/2E3Py7T (accessed September 1, 2019).

Leydesdorff, L. 2001. Scientometrics and Science Studies. *Bulletin of Sociological Methodology/Bulletin de Méthodologie Sociologique* 71(1):79–91.

Mali, P., L. Yang, K. M. Esvelt, J. Aach, M. Guell, J. E. DiCarlo, J. E. Norville, and G. M. Church. 2013. RNA-guided human genome engineering via Cas9. *Science* 339(6121):823–826.

McNutt, M. K. 2019. *Maintaining U.S. leadership in science and technology.* Statement before the Committee on Science, Space, and Technology, U.S. House of Representatives, March 6. http://www8.nationalacademies.org/onpinews/newsitem.aspx?RecordID=362019b (accessed September 7, 2019).

Murmann, J. P. 2003. *Chemicals and long-term economic growth: Insights from the chemical industry.* Cambridge, UK: Cambridge University Press.

NAS/NAE/IOM (National Academy of Sciences, National Academy of Engineering, and Institute of Medicine). 2010. *Rising above the gathering storm, revisited: Rapidly approaching category 5.* Washington, DC: The National Academies Press. doi: 10.17226/12999.

NRC (National Research Council). 2007. *Rising above the gathering storm: Energizing and employing America for a brighter economic future.* Washington, DC: The National Academies Press. doi: 10.17226/11463.

NSB and NSF (National Science Board and National Science Foundation). 2018. *2018 Science & Engineering Indicators.* https://www.nsf.gov/statistics/2018/nsb20181/assets/nsb20181.pdf (accessed September 11, 2019).

Peri, G., K. Shih, C. Sparber, and A. M. Zeitlin. 2014. *Closing American Doors.* New York: Partnership for a New American Economy.

Qi, L. S., M. H. Larson, L. A. Gilbert, J. A. Doudna, J. S. Weissman, A. P. Arkin, and W. A. Lim. 2013. Repurposing CRISPR as an RNA-guided platform for sequence-specific control of gene expression. *Cell* 152(5):1173–1183.

Rao, N. 2016. Do tax credits stimulate R&D spending? The effect of the R&D tax credit in its first decade. *Journal of Public Economics* 140:1–12.

Schoenbach, U. H., and E. Garfield. 1956. Citation Indexes for Science. *Science* 123(3185):61–62.

Shapira, P., and S. Kwon. 2018. Synthetic biology research and innovation profile 2018. *Publications and Patents.* doi: 10.1101/485805.

Shapira, P., S. Kwon, and J. Youtie. 2017. Tracking the emergence of synthetic biology. *Scientometrics* 112:1439–1469.

Simkin, M. V., and V. P. Roychowdhury. 2003. Read before you cite! *Complex Systems* 14:269–274.

Slaymaker, I. M., L. Gao, B. Zetsche, D. A. Scott, X. Winston, W. X. Yan, and F. Zhang. 2016. Rationally engineered Cas9 nucleases with improved specificity. *Science* 351(6268):84–88.

Stewart, L. A., J. Warda, and R. D. Atkinson. 2012. *We're #27!: The United States lags far behind in R&D tax incentive generosity.* Washington, DC: Information Technology and Innovation Foundation.

Suzuki, K., Y. Tsunekawa, R. Hernandez-Benitez, J. Wu, J. Zhu, E. J. Kim, F. Hatanaka, M. Yamamoto, T. Araoka, Z. Li, M. Kurita, T Hishida, M. Li, E. Aizawa, S. Guo, S. Chen, A. Goebl, R. D. Soligalla, J. Qu, T. Jiang, X. Fu, M. Jafari, C. R. Esteban, W. T. Berggren, J. Lajara, E. Nuñez-Delicado, P. Guillen, J. M. Campistol, F. Matsuzaki, G. H. Liu, P. Magistretti, K. Zhang, E. M. Callaway, K. Zhang, and J. C. Belmonte. 2016. In vivo genome editing via CRISPR/Cas9 mediated homology-independent targeted integration. *Nature* 540:144–149.

第 2 部分 理解美国生物经济的生态系统，识别美国生物经济的新趋势

本报告在阐述委员会对美国生物经济的定义，并汇编和分析了可用于评估其价值及其在全球生物经济中的领导地位的数据之后，将在第 2 部分转向考察美国生物经济运行所在的生态系统和可用于识别有潜力推动生物经济未来发展的新技术、市场以及数据来源的地平线扫描方法。

第 5 章首先回顾了美国进行生命科学研究并将其转化为创新产品和服务的整个系统。它涵盖了促进和支持美国生物经济的周边生态系统，包括监管和知识产权制度、投资来源以及从业人员政策和结构。本章为后续章节中对潜在风险和相关政策缺口进行更深入的讨论奠定了基础，认识到识别潜在风险需要先了解生态系统。本章还探讨了一些正在塑造和改变美国生命科学系统运作方式的趋势及创新。

第 6 章考察了开展地平线扫描和预见活动的各种方法，重点是将地平线扫描作为一种政策工具。本章通过研究地平线扫描和预见方面的最佳实践，直接解决了委员会任务陈述的最后一个要素。它阐明了识别这一过程的关键元素所需的步骤，思考了如何优化地平线扫描，并考察了过去的示例。本章还提供了与生物经济相关的、有助于识别问题的案例研究，不同政府机构进行的地平线扫描示例，以及侧重于不同应用领域（例如，健康、食品安全和环境）的示例。最后，本章回顾了可与地平线扫描结合使用的未来思考工具。

这两章通过描述美国生物经济运行所在的动态系统和为决策者提供一套用来预测和应对美国生物经济的变化和进步的工具，推动讨论向前发展。

5   美国生物经济的生态系统

主要研究结果摘要

- 美国的生物经济依赖于一个复杂而不断演变的生态系统，该生态系统从研发延伸到制造，还包括相关的服务。

- 美国生物经济利用多种资源，包含多种应用。因此，美国所有地区都拥有可为生物经济作出贡献的优势。

- 支持基础研究和赋能技术开发的投资对美国生物经济的影响是非线性的。在进行初始投资时，不一定能够预测这些影响。

- 生物经济是一项日益受数据驱动的事业。诊断、药物、合成生物学产品等的发展，更多地得益于对信息资源的获取。

- 多项政策和实践支持美国生物经济，旨在实现：①一个可预测的、响应迅速的监管环境；②技术熟练的从业人员队伍；③从研究到商业化的多阶段投资，以及考虑到行业竞争前利益的战略；④有针对性地运用激励措施和市场拉动。

本章首先回顾了从研究到商业应用的生物经济创新，描述了美国进行生命科学研究并将其转化为创新产品和服务的整个系统。然后详细介绍了支持美国生物经济的周边生态系统的特征，包括监管和知识产权制度、投资来源，以及从业人员政策和结构。本章的第三节探讨了一些正在塑造和改变生物经济运作方式的趋势及变化，并展望了跟上新趋势和进行战略规划的必要性。接下来讨论了一种支持美国生物经济的战略规划工具——技术就绪水平（TRL）量表的使用。在本章中，重点介绍了有助于为生命科学创新通道提供动力的一些发展示例，以展示关键信息。本章最后是委员会关于美国生物经济中的发现和创新的结论。

5.1   生物经济中的创新：从研究到应用

正如第 3 章所讨论的（见信息栏 3-1）及经济合作与发展组织（OECD）所定义的那样，创新是"与该单位之前的产品或过程有明显区别，并已提供给潜在用户（产品）或应用于该单位（流程）的新的或改进的产品或过程（或其组合）"（OECD/Eurostat，2018，p. 20）。美国国家科学基金会（NSF）在《2018年科学与工程指标》（NSB and NSF，2018）中使用了类似的定义。随着科学发现的步伐加快以及发现演变为商业产品和服务的实际应用，美国已认识到一个能够将研究发现转化为经济和社会效益的国家创新生态系统的好处。这个生态系统对于美国继续实现这些利益至关重要。对于生物经济来说，推动这一创新的系统是建立在基础生物学知识的重大进步及支持性平台技术的持续创造和成熟的基础上的，这些知识与技术共同转化为有意义的应用并商业化（图 5-1）。本节回顾了科学发现和基础研究的作用、赋能技术的贡献，以及转化和商业化的一般过程。

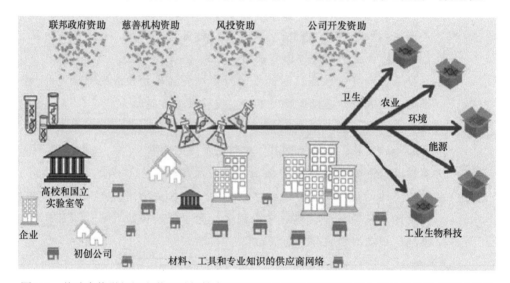

图 5-1　基础生物学知识和若干赋能技术方面的进步正在创造应用于生物经济的许多领域的商业机会。一个想法从基础研究和概念验证阶段（左），到进一步开发和扩大规模（中），再到商业应用（右），这条路径不一定是线性的，它涉及来自传统和非传统研究团体的多个利益相关者、初创公司、商业实体，以及提供材料、工具和专业知识的供应商网络。联邦资金通常为这些路径的早期阶段提供支持，并可以辅以慈善支持、风险资本投资和商业资金支持该过程的后期阶段。对于卫生、农业、环境、能源和工业生物技术领域（以路径上的分支点表示）的应用，向商业产品的转化不一定发生在相同的时间尺度上（仅作说明）。

5.1.1　科学发现和基础研究的作用

几十年来，美国在基础生命科学研究的投资和活动方面一直领先世界（见第4 章）。在对世界一流大学、研究型非营利组织和联邦研究实验室的联邦资助的支持下，美国的生命科学研究体系为研究发现创造了基础，这些发现是在卫生、农业、环境、能源和工业生物技术等领域的各种应用中实现收益所需的（关于反映美国生物经济范围的数据和测量策略的详细信息，请参见第 3 章）。虽然仍然无法预测下一个重大基础研究突破的性质和时间，但很明显，知识积累的步伐正在加快（IAC，2014）。例如，截至 2015 年，产生的 DNA 序列数据量每 7 个月翻一番（Stephens et al.，2015）。

早期发现往往来自对研究以及对科学家培训从而培育下一代从业人员的公共投资。尽管在美国历史上早期就已经知道投资于基础科学发现的价值和重要性，但范内瓦·布什（Vannevar Bush）在 1945 年致罗斯福总统的信《科学：没有止境的前沿》中阐述了科学研究对国家安全和经济福祉的重要性："科学进步是我们国家的安全、我们身体的更加健康、更多的就业机会、更高的生活水准，以及文化进步的一个重要关键"（Bush，1945，p. 2）。科研过程最令人兴奋的一个方面是，这一过程往往始于探索自然世界的尝试，目的是了解支配自然世界的某些原理。然而，随着科学知识的获得，将这些知识用于各种应用的机会也随之产生，包括：解决以前无法解决的问题；创造以前无法想象的技术；在以前未开发的领域创建业务。在某些情况下，很快就会获得收益，而在另一些情况下，科学知识实际应用的收益需要数年或数十年才能实现。尽管如此，基础科学研究的一个标志性特征是，发现有时可以基于间接的、不可预测的、偶然的事件。在许多此类情况下，研究产生了重大的经济成果（见信息栏 5-1）。

信息栏 5-1 基础研究的重要成果

关于基础研究投资如何能在不同应用领域产生广泛影响，诺贝尔奖就是突出的例子。其中一个例子说明了对基础生物学研究的投资如何能产生不同的应用。Edmond Fisher 博士（与 Edwin Krebs 一起）因其关于可逆蛋白磷酸化作为生物调节机制的发现而被授予 1992 年诺贝尔生理学或医学奖。Fisher 的工作在 20 世纪 70 年代得到了美国国家科学基金会（NSF）的支持[a]，帮助揭示了利用激酶/磷酸酶调节真核细胞许多方面的磷酸化-去磷酸化范式。这些过程在控制人类、植物和酵母细胞生长、代谢营养和应对环境变化中起着至关重要的作用，Fisher 的工作为理解生物学以支持药物的开发、植物和动物的生长、使用生物制造生物燃料铺平了道路。

Frances Arnold（与 George Smith 和 Gregory Winter 共同获得 2018 年诺贝尔化学奖）的研究是关于以生命科学为基础的技术范例如何在一系列领域产生重大经济影响的另一个例子。她在酶定向进化方面的工作得到了几项国家科学基金会课题经费的支持，包括 1989 年的总统青年研究者奖[b]。Arnold 在实验室里开发了一种进化酶的方法，使其具有自然界中发现的酶不具备的新的或改进的特性。这一范式已被用于开发能够合成新分子的酶、生物燃料的新路线、用于洗衣粉的酶以及治疗 2 型糖尿病的药物。Arnold 的方法被试图理解基本生物现象的学术科学家和将新产品推向市场的工业科学家广泛使用。

———————————

[a] 请参阅 https：//www.nsf.gov/news/special_reports/nobelprizes/med.jsp。

[b] 请参阅 https：//www.nsf.gov/news/special_reports/nobelprizes/che.jsp。

生物学发现的进步也植根于科学文化和对有助于提升知识水平的基本原则的依赖。这些原则包括尊重知识的完整性、合议性、诚实性、客观性和开放性（NRC，1992），以及承认坚持严格的科学方法的重要性。在会议上介绍研究成果和在经同行评议的文献中发表研究成果，也是传播信息和方法以及在该领域取得进展的重要机制。越来越多地使用 BioRxiv 等预发布服务器，以及在其他互联网平台上进行快速沟通，在日益全球化的环境中提供了更为便捷的信息获取渠道。

生物研究从信息的开放共享中获益良多，尤其是在基因组学时代，包括由美国 NIH 支持（与日本 DNA 数据库和欧洲核苷酸档案馆等国际合作伙伴协调）的 GenBank 在内的各种资源提供了数亿条 DNA 序列的免费访问[①]。Addgene 等物理存储库提供研究人员开发的质粒，使其可以传播到更广泛的生命科学领域[②]。开源软件使生物信息学家可以混合和匹配兼容的工具，以定制对生物数据特别是下一代测序数据的分析（Carrico et al.，2019）。所有学科的数据科学家都受益于用于统计分析和机器学习的数据及软件的开发与共享；随着基因组学和代谢组学等"组学"技术的出现，这些工具越来越多地被应用于生物学。NASEM 之前的一份题为《开放科学设计》的报告指出："在研究过程的所有阶段公开共享论文、代码和数据对研究界、更广泛的科学机构、政策制定者以及广大公众而言都是有益的。"（NASEM，2018d，p. 107）。

在中国、德国、瑞士和英国等其他研究密集型国家开展的工作也扩大了美国的生命科学研究基地，并加快了发现的步伐。科学合作的日益全球化将以对美国有利、同时也可能带来挑战的方式影响科学发现和转化的进展（见第 7 章）。

5.1.2　赋能技术的贡献

在生命科学研究和创新体系中，赋能技术常常加速基础发现。一些赋能技术（例如，下一代 DNA 测序技术或先进的基因编辑工具）直接来自生命科学界，

———————————

[①] 见 https://www.ncbi.nlm.nih.gov/genbank/statistics。

[②] 见 https://www.addgene.org。

而其他技术（例如，自动液体处理或用于数据分析和推断的机器学习算法）则来自平行的科学领域，也有助于生命科学研究和创新。在学术环境中，这表现为购买、操作和维护专用设备（如 DNA 测序仪、共聚焦显微镜或质谱仪）的核心设施的兴起，否则对于单个实验室来说，购买这些设备的成本太高（Hockberger et al.，2018）。高性能计算服务也正在作为核心设施可供使用（Courneya and Mayo，2018）。在许多情况下，这些赋能技术可以推动营利性或非营利性业务的发展。合同研究实验室持续增长，可以为客户提供商品和专业服务（Nature Biotechnology，2014）。

5.1.3 转化和商业化

随着特定的科学界对基础研究发现的理解不断成熟，会出现允许将这些发现应用于实际的机会。在生命科学中，包括人类健康、农业、能源、工业生物技术和环境在内的多个应用领域都与生物经济有关。在某些情况下，在一个特定的生物学发现的背景下可以出现不同的应用。例如，对细胞如何生长的理解可以影响对人类细胞中癌症和癌症治疗、植物中作物产量、牛的辅助生殖技术、环境污染物的修复或将某些类型细菌作为可持续能源的理解。然而，值得注意的是，将基础生命科学发现有意义地转化为实际应用的时间尺度因生物体类型和应用领域而异。

在将一项发现转化为商业化的过程中，会出现一个活动的中间阶段，通常被称为"死亡谷"，这被认为是高风险的应用研究。通常情况下，这项研究被资助者认为过于适用于大学开展的经典基础研究，风险过高，无法获得行业对其商业应用的关注。弥补这一差距的策略包括公私伙伴关系和风险资本投资，这可能有助于刺激创新。在开发路径的后期阶段，随着潜在新产品或新服务背后的科学和技术的成熟，在商业机会的刺激下，营利性部门往往会推动进步。

5.2　支撑美国生物经济的周边生态系统

美国生物经济依赖于支持生命科学研究的联邦机构网络。联邦和私人投资促进并支持从基础科学到商业化的生物经济。其中包括对知识产权保护和监管框架的投资，以便在保护人民和环境的健康与安全的同时获得创新的回报。对生物经济的投资也有助于培养必要的熟练从业人员。制定科学和技术标准的努力以及政府采购计划等市场激励措施的使用也做出了贡献。本节介绍有助于实现科学技术进步潜力和发挥支持美国生物经济作用的各种美国机构、政策和机制。

5.2.1　参与生命科学研究的联邦机构

至少有 25 个机构和部门支持生命科学领域的研究与开发（见信息栏 5-2，其中列出了参与《2012 年国家生物经济蓝图》筹备的机构和部门）。其他许多部门也具有与生物经济有关的职能，可以添加到此列表中，包括生物医学高级研究与开发局、美国医疗保险和医疗补助服务中心、美国陆军研究办公室、美国空军科学研究办公室、美国陆军作战能力发展司令部、美国司法部、美国国家公园管理局。这些机构在支持其职责任务范围内的基础研究、发现和转化活动方面发挥着关键作用，许多机构还支持有助于生物经济的科技融合领域的研发。鉴于联邦利益相关者的多样性，没有任何一个机构在推进美国生物经济目标方面处于明确的领先地位。因此，维持美国生命科学事业和推进美国生物经济发展需要政府多个机构和部门的参与。

信息栏 5-2　支持生物学研究的联邦部门和机构示例

美国国家航空航天局

美国国家科学基金会

史密森学会

美国国际开发署

美国农业部

- 农业研究局
- 林务局
- 美国国家粮食与农业研究所

美国商务部

- 美国国家标准与技术研究所
- 美国国家海洋与大气管理局

美国国防部

- 国防高级研究计划局
- 国防科学技术计划局
- 海军研究办公室
- 美国陆军医学研究与物资司令部

美国能源部

- 高级研究计划局-能源
- 科学办公室
- 能源效率与可再生能源办公室

美国卫生与公众服务部
- 国立卫生研究院
- 备灾与响应助理部长办公室
- 美国疾病控制与预防中心
- 美国食品药品监督管理局

美国国土安全部
- 科学技术局

美国内政部
- 鱼类与野生动物管理局
- 美国地质调查局

美国退伍军人事务部

美国环境保护局

资料来源：白宫，2012年。

5.2.2 促进并支持生物经济的投资

5.2.2.1 政府对研究与开发的支持

政府的研发投资包括对生物科学和赋能技术方面的基础研究的投资，以及更直接地针对生物技术领域的投资，这些领域可以满足生物经济的特定需求，并支持美国国防部等政府机构的特定任务。共享使用独特的政府研发设施、政府研究人员与私营部门实体之间通过合作研发协议开展合作，以及鼓励私营公司合作开发竞争前技术和支持数据的工业联盟，也可以支持生物经济的进步。此外，专门旨在促进小企业开发具有商业化潜力的技术的项目，如"小企业创新研究和小企业技术转让"项目，可以通过减少壁垒和加速转化来促进从研究向产品的过渡（Link and Morrison，2019；Narayanan and Weingarten，2018）。

5.2.2.2 支持生物经济的私人投资，包括风险投资和公私合作

支持早期研究对于发现新知识和发展训练有素的人才库至关重要，也是创新机会的催化剂。这种支持主要来自政府，有时也来自私人基金会，可以为新想法和新技术提供概念验证。然而，这一基础研究阶段的终点通常距离技术成熟还为时过早，无法作为新产品或新服务进入市场。至少有两个来源的投资为寻求

将成熟技术用于商业产品和过程的企业提供支持：风险投资界和公私合作伙伴关系。

风险投资界提供关键资金以帮助处于早期阶段的企业推进并将其技术开发成产品。通过提供现金，通常是为了换取股权和出于其他考虑因素，风险投资界可以提供重要的财务来源，帮助企业跨越"死亡谷"，在将新产品和新服务推向市场的同时，为投资者创造可观的价值（这通常意味着依靠几笔大额回报来弥补损失）（Bristow et al.，2018；另见第 4 章对美国领导力指标的评估）。美国世界领先的创业生态系统有助于经济增长（WEF，2018），是美国生物经济的关键支柱之一。

大量的公私合作伙伴关系的产生是为了将联邦政府的利益相关者聚集在一起，与大中小型公司、学术界和其他非营利组织进行协作和互动，以帮助将新技术推向市场。"美国制造业"项目就是一个例子[①]。该项目由 14 家制造业机构组成，每个机构都是由政府、行业和非营利组织共同资助的公私合作伙伴关系，致力于开发和推进制造业相关的技术。其中一些机构直接与生物经济相关联，包括从事生物制造和再生医学、生物制药、机器人技术和数字技术的机构[②]。该项目还将广泛的、跨领域的相关政府机构聚集在一起，包括美国农业部、商务部、国防部、教育部、能源部、卫生与公众服务部、劳工部、美国国家航空航天局（NASA）和美国国家科学基金会。

另一类相关的公私合作伙伴关系是通过美国国立卫生研究院基金会（FNIH）创建的。FNIH 由美国国会于 1990 年成立[③]，通过在 NIH 与公共和私营机构之间建立合作关系，致力于加速生物医学研究。作为对专注于开发跨越"死亡谷"的特定技术的工作的补充，FNIH 的活动通常集中在大规模项目上，而基础深厚的专业知识和广泛的参与可以为这些项目创造新的竞争前知识。例如，"加速药物合作"计划提供了新技术，可加速类风湿关节炎、狼疮、糖尿病、阿尔茨海默病和帕金森病的药物发现（Dolgin，2019）。

私人投资在生物经济中发挥着重要的推动作用，公私合作伙伴关系可以催生新的创新或将利益相关者聚集在一起以解决技术的"死亡谷"，其价值是显而易见的。随着这些模式在世界范围内的扩展，美国必须继续培育和支持这些努力，并确定刺激生物经济的新手段和机会。

5.2.3　对知识产权的支持

生物技术是研究最密集的行业之一，生物技术公司必须承担将新产品推向市

---

① 见 www.manufacturingusa.com。

② 例如，先进再生制造研究所（BioFabUSA）、国家生物制药创新研究所、先进机器人制造研究所和数字化制造时代。

③ 见 www.fnih.org。

场的巨大成本。虽然生物技术公司开发新产品和新工艺需要大量的研究时间，但是（例如，由潜在竞争对手）复制这些产品和工艺的成本相对较低。出于这个原因，生物技术公司经常寻求通过获得知识产权来保护其研究成果，知识产权可以为保护其投资提供所需的排他性。

在众多形式的知识产权中，专利和商业秘密是生物技术公司最常用来保护其创新的两种形式（Sherkow，2016；见第 7 章中信息栏 7-2）。专利允许公司阻止竞争对手使用他们的创新，但只提供有限的排他期（通常从申请日起 20 年），之后专利中描述的技术进入公共领域（《美国法典》第 35 卷——专利；NRC，2004）。相比之下，商业秘密可以无限期地持续下去，但不会阻止竞争对手实施逆向工程或独立发现创新。这两种机制都可以在战略上用于帮助企业保持竞争优势，从而有助于企业的经济成功和整个生物经济。

国会认识到专利所提供的排他性的重要性，1980 年通过了《拜杜法案》（Bayh-Dole Act），该法案将由联邦资金资助开发的技术和发明的专利权授予其非政府开发者[①]。这项立法的目的之一是鼓励大学和非营利研究机构为其创新申请专利和许可，以激励私营公司进一步投资于没有专利权就无法实现的商业化创新。此后，大学的专利和许可申请活动大幅增加，尽管《拜杜法案》在鼓励技术转让方面的有效性仍存在争议（NRC，2011；NSB and NSF，2018）。值得注意的是，美国国家标准与技术研究所（NIST）最近的一项研究确定了一系列策略，这些策略将改善联邦技术转让政策和实践，而无需对《拜杜法案》进行立法修改（NIST，2019）。尽管全球对生物技术的投资依然强劲[②][③]，但生物技术创新的专利权资格的不确定性增加对生命科学领域的投资产生了负面影响（见第 7 章关于无效或低效知识产权环境所带来的风险的讨论）。因此，生物技术公司正在探索美国专利制度之外的机制，以支持他们对创新研发的投资。

例如，至少有一家公司已经寻求对核苷酸序列的版权保护（Holman，2017）。版权可保护思想的表达（或更正式地说，保护固定在有形表达媒介中的作者作品）[④]，并可用来保护有助于研究和商业转化的软件及数据分析工具。然而，在美国，目前没有立法或司法支持对生物序列的版权保护，向美国版权局登记核苷酸序列的尝试也失败了（Burk，2018）。如果扩展到生物序列，版权保护可以实现开源许可模式，但版权只能为生物创新提供浅层的使用保护，而且很难执行（Torrance and Kahl，2014）。

---

① 拜杜法案——专利和商标法修正案（P.L. 96-517，1980 年 12 月 12 日）。

② 2019 年第三季度全球风险投资报告，2019 年 10 月 7 日，https://news.crunchbase.com/news/the-q3-2019-global-venture-capital-report-seed-stage-deals-increase-while-broader-funding-environment-shows-signs-of-erosion。

③ 2019 年第二季度合成生物投资报告，2019 年 7 月 17 日，https://synbiobeta.com/wpcontent/uploads/2019/07/Synthetic-Biology-Investment-Report-2019Q2-SynBioBeta.pdf。

④《美国法典》第 17 卷版权。

监管排他性是使公司能够从创新中获益的另一种策略，提供有限的排他期以换取满足监管要求。专利期内和专利过期的药物均具有监管排他性（Eisenberg，2012），但在仿制药和孤儿药以外的生物技术领域尚未进行测试，可能需要新的立法来创建或扩展到生物经济商业化的其他领域。

5.2.4 对公共领域的投资

公共领域中可用的技术是美国大部分生物经济的基础。在《拜杜法案》之前的时代，大多数学术科学家不寻求专利保护，而是根据学术研究界的规范，通过出版物和在科学会议上的演讲，将他们的创新直接置于公共领域。像所有这些未获得专利权的技术一样，学术研究人员在《拜杜法案》生效以来的近 40 年里开发的许多技术在都属于公共领域，或者是因为研究人员为传播其创新而采取了一种公共领域策略，或者是因为专利保护期已经结束。

专利制度通常与排他性和垄断性联系在一起，但实际上该制度是建立公共领域的最佳机制之一。专利制度的交换条件是提供一段有限的排他期，以换取向公众披露创新成果。一旦排他期结束，创新就进入了公共领域。通过专利制度进入公共领域的基础生物技术的例子包括 Stanley Cohen 和 Herbert Boyle 开发的 DNA 重组技术、Kary Mullis 开发的聚合酶链反应（PCR）技术、Martin Chalfie 开发的使用绿色荧光蛋白监测基因表达技术。除了这些早期的专利生物技术之外，研究人员和其他希望进一步开发或使用专利技术的人只是等待专利过期的情况并不少见。例如，阿肯色大学的研究人员在孟山都公司第一代抗草甘膦（Roundup Ready）技术的专利于 2015 年 3 月到期后，开发出了抗草甘膦的大豆品种（Chen et al.，2016）。这些品种无需技术费用即可获得，农民可以把种子储存起来，以便在未来几年种植。生物技术革命始于 20 世纪 80 年代初，但自 21 世纪初以来，由于专利制度的存在，美国生物经济一直受益于通用生物技术时代。

公共领域中与生物技术相关的创新也会通过创造排除后续专利申请的现有技术而增长。现有技术是在专利申请的最早优先权日之前已向公众披露的信息，该信息将因缺乏新颖性[1]或非显而易见性[2]而阻止授予专利。尽管美国专利商标局（USPTO）正在努力提高专利质量[3]，但在审查过程中，在专利审查员之前获得最佳的现有技术仍然具有挑战性。对于发表在非专利文献（如科学期刊、会议论文集）上的现有技术尤其如此[4]。出于这个原因，那些希望将技术贡献给公共领域的人可以选择先提交专利申请，然后故意放弃，那么该专利申请就可以帮助公开他

---

[1] 35 U.S.C. § 102。

[2] 35 U.S.C. § 103。

[3] 参见 https://www.uspto.gov/patent/patent-quality。

[4] Colleen V. chien，《比较专利质量与现有技术差距》，客座文章，2019 年 10 月 1 日，https://patentlyo.com/patent/2019/10/comparative-patent-quality.html。

们希望贡献的技术。这种"提交而后放弃"策略[1]取代了原《Leahy-Smith 美国发明法案》（被称为"法定发明注册"）的程序，在这一程序中，公司通常将技术置于公共领域，以确保其自身对技术的使用不会受到竞争对手拥有的专利的危害。

在建立公共领域的一套相关创新机制时，重要的是要认识到，专利并不是唯一可能限制（尽管是暂时的）技术使用的知识产权保护类型。材料转移协议（MTA）在生命科学中通常用于管理质粒、抗体、细胞系等研究材料的使用。尽管对于大多数研究材料来说，MTA 只需要确定出处就可以了，但 MTA 谈判的高交易成本和包含不必要的限制性条款以规避风险的倾向已经得到了充分的证明（Bubela et al.，2015；Nielsen et al.，2018；Walsh et al.，2005）。在 20 世纪 90 年代，美国 NIH 制定了统一生物材料转移协议（UBMTA）和简单信函协议，这两种协议现在被大学技术管理者协会作为标准。虽然这些标准材料转移协议（MTA）在简化 MTA 谈判过程方面发挥了很大作用，但它们包括限制材料使用和再分配的条款，因此不太适合打算在公共领域内传播的研究材料。最近，OpenMTA 被作为标准模板引入，可实现出处追踪，并针对通过公共领域传播非专利材料进行了优化（Kahl et al.，2018）。OpenMTA 以 UBMTA 模板为基础，经过修改以允许商业使用和重新分配。OpenMTA 的发展势头稳步增长，有超过50 个学术研究机构、生物技术公司和社区实验室签署了该协议[2]。

从本质上讲，公共领域是一种由公众拥有并为公众利益而维护的财产形式（Ochoa，2002）。随着美国生物经济的持续增长，必须确保科学家和工程师以及雇用他们的公司和研究机构能够有效地利用并发展公共领域的技术。USPTO 已经提供了大量资源和培训机会，以帮助发明家、企业家和其他利益相关者更好地理解和利用专利制度[3]。此外，农业公共知识产权资源（Chi-Ham et al.，2012）和 Cambia（Jefferson et al.，2018）等非营利组织向公众提供了大量的工具和教育材料，以帮助制定策略从而优化专有技术和公共领域技术的创造及使用。

5.2.5　美国生物技术产品监管协调框架

为生物经济产品以高效、及时和安全的方式进入市场提供明确的监管路径，有助于减少新产品的不确定性，也有助于推动生物经济内部的持续创新。美国政府监管许多与生物经济相关的产品、服务和生产过程，因为它们有可能影响公共健康、安全、福利或环境。美国政府在制定 1986 年《生物技术产品监管协调框架》时，将重点放在了产品本身的特性上，而不仅仅是产品的制造过程："美国食品药品监督管理局（FDA）、美国农业部（USDA）和美国环境保护局（EPA）将对食品的新

---

① 35 U.S.C. § 157（《Leahy-Smith 美国发明法案》）法定发明注册。
② 见 https://biobricks.org/openmta。
③ 见 https://www.uspto.gov/learning-resources。

技术（即基因工程）生产，以及新药、医疗器械、人畜用生物制剂和杀虫剂的开发进行安全性与有效性审查，审查方式与通过其他技术获得的产品本质上相同"（OSTP，1986，p.23304）。美国的法规是由需要缓解的潜在风险的性质触发的，例如，危险的医疗产品和设备、不纯净或掺假的食品或环境污染所造成的风险，而不仅仅是因为生产过程可能使用了基因工程技术。此外，这些法规并不追求消除所有风险。《2017 年生物技术产品监管协调框架修订版》重申了 1992 年更新版中关于将生物技术产品引入环境的措辞，"只有在引入生物技术产品造成的风险不合理的情况下，才应进行监督"（EOP，2017，p.4）。2011 年的一项行政命令进一步阐明了美国政府在高效、有效和有利于创新的监管中的利益（EOP，2011）。

根据美国政府的说法，目前对生物技术产品的监管方法有效地保护了公众健康和环境（EOP，2017）。然而，美国政府也承认，科学和技术发展迅速，很难确定哪种监管程序适合哪种产品。因此，在某些情况下，监管机构的决策可能会被延迟，导致人们认为美国的监管体系不灵活。例如，从 1988 年到 1997 年，转基因作物的平均批准时间为 1321 天；从 1998 年到 2015 年，平均批准时间为 2467 天（Smart et al.，2016）。

《2017 年生物技术产品监管协调框架修订版》澄清了哪些机构负责哪些类型的生物技术产品（EOP，2017，p.1）。三个联邦机构根据 11 部法规，对监管生物技术产品负主要责任。

- **美国食品药品监督管理局（FDA）** 负责人畜食品、化妆品的安全性和正确标识，以及人畜药品和人类医疗器械的安全性与有效性。FDA 还认为，其动物药物主管部门管理动物的基因工程，甚至不考虑其对人类食品的影响。
- **美国环境保护局（EPA）** 负责具有杀虫、杀真菌、杀鼠或其他有毒特性的物质（包括生物技术产品）。特别是，它对其界定为包括某些形式的基因工程生物体的新商业化学品行使广泛的权力。这种监管空间有可能对生物经济产生广泛影响[1]。
- **美国农业部（USDA）** 负责植物病虫害风险、有害杂草风险以及某些食品（即肉类、家禽和蛋类产品）的安全性和正确标识。美国农业部对通过使用其认为是植物病害的细菌来进行基因工程改造的植物进行监管，但目前没有权力监管不使用此类细菌的植物生物技术，如基因组编辑，但美国农业部过去没有用于监管生物技术的部门可能会适用。

---

[1] 根据《2017 年生物技术产品监管协调框架修订版》："有毒物质控制法（TSCA）应用的例子包括：用于化学生产的生物质转化的属间微生物生物技术产品；微生物燃料电池；矿产开采和资源开采；建筑材料；废物修复与污染控制；非农药农业应用，如生物肥料；天气和气候改造；各种消费品和所有其他未被TSCA 排除在外的属间微生物生物技术产品的应用"（EOP，2017，P. 13）。

表 5-1 总结了这些机构的一些法规和保护目标。

表 5-1　美国环境保护局（EPA）、美国食品药品监督管理局（FDA）和美国农业部（USDA）关于生物技术产品监管的法规和保护目标

机构	法规	保护目标
美国环境保护局	联邦杀虫剂、杀菌剂和杀鼠剂法（FIFRA）	防止并消除对环境的不利影响 · 对于环境和职业风险，这涉及将使用农业对人类健康和环境造成的经济、社会和环境风险与其相关的收益进行比较 · 对于膳食健康或居民健康的影响，唯一的标准是农药和相关化合物的所有联合暴露的"安全性"
美国环境保护局	联邦食品、药品和化妆品法	确保对农药化学残留物的总和暴露不会造成伤害，包括所有预期的膳食暴露以及有可靠信息的所有其他接触
美国环境保护局	有毒物质控制法	防止化学物质的制造、加工、商业分销、使用或处置，或此类活动与此类物质的任何组合，对健康或环境造成不合理的伤害风险，包括对潜在暴露群体或敏感群体的不合理风险，不考虑成本或其他非风险因素
美国食品药品监督管理局	联邦食品、药品和化妆品法	确保人畜食品安全、健康并正确标识。确保人畜药品安全有效。确保合理保证供人用设备的安全性和有效性。确保化妆品安全并正确标识
美国食品药品监督管理局	公共健康服务法	确保生物制剂的安全性、纯度和效力
美国农业部	动物健康保护法	保护家畜免受动物害虫和疾病的侵害
美国农业部	植物保护法	保护农业植物和农业上重要的自然资源免受造成植物害虫或有害杂草风险的生物体的损害
美国农业部	联邦肉类检验法	确保美国在商业上供应的肉类、禽类和蛋类产品安全、有益健康且正确标识
美国农业部	家禽产品检验法	确保美国在商业上供应的肉类、禽类和蛋类产品安全、有益健康且正确标识
美国农业部	蛋制品检验法	确保美国在商业上供应的肉类、禽类和蛋类产品安全、有益健康且正确标记
美国农业部	病毒-血清-毒素法	确保兽用生物制剂纯净、安全和有效

资料来源：EOP，2017，p.9（同样见 NASEM，2017 中的表 3-1）。

2015 年白宫科学和技术政策办公室主任关于"生物技术产品监管体系的现代化"的备忘录（OSTP，2015）呼吁对"生物技术产品的未来前景"进行研究，从而确定潜在的新风险和风险评估框架，以帮助监管机构预见可能与其现有监管流程和风险评估能力不匹配的新产品类型。这项研究由 NASEM 开展，并于 2017 年发布了《为未来生物技术产品做准备（未来产品）》报告（NASEM，2017b）。制定《未来产品》报告的委员会得出结论认为，美国监管体系需要考虑许多相互冲突的利益，包括：

支持创新，保护人类健康，保护生物多样性，减少有害的环境影响，提高公众对监管过程的信心，提高监管过程的透明度和可预测性，减少不必要的成本和负担，利用来自广泛学科领域的新工具，并与全球经济互动（NASEM，2017b，p.10）。

报告还得出结论，未来 5～10 年的生物技术进步可能压垮美国的监管体系，监管机构将面临新型生物技术产品带来的严峻挑战。值得注意的是，美国的产品监管包括事前（上市前测试）和事后（评估效能）两个组成部分，监管制度旨在优化这两个部分，同时也考虑利益和风险（Innes，2004）。2019 年，美国发布了一项行政命令，旨在通过监管框架的现代化来支持农业生物技术带来的收益（White House，2019）。

5.2.6 标准在支持科学技术进步和商业化中的作用

由美国政府和专业团体（包括公私合作伙伴关系）支持的标准制定活动可以明确技术进步的方向，权衡是否需要通过过早制定标准而过早地限制创新，以及是否需要通过及时制定标准和相关测量技术来获得效率和提高互操作性。美国政府普遍鼓励制定和使用由某一领域的专家制定的自愿共识标准。例如，1995 年《国家技术转让和进步法》（P.L. 104-113）要求 NIST 除了继续开展自己制定重要标准的活动之外，还要"协调联邦机构对私营部门标准的使用，在可能的情况下强调使用由私营共识组织制定的标准"。

在生命科学和促进生物经济的赋能技术中存在着许多不同类型的开放和专有标准及参考材料。其中包括各种各样的例子，如 NIST 单克隆抗体参考材料标准（NIST RM8671），该标准支持单克隆抗体的物理化学特性和生物学特性的连续鉴定。随着合成生物学等领域的进步继续推动生物经济的发展，该领域也开始创建相应的标准基础设施[1]。2015 年，成立了合成生物学标准联盟，作为学术、行业、非营利组织和公共实体确定计量需求和技术标准的论坛[2]。在合成生物学等快速发展的领域，标准的制定可能尤其具有挑战性。兰德所属欧洲公司的一份由英国标准协会委托、基于利益相关者访谈的报告阐述了标准在支持创新和商业化方面的许多可感知的好处，同时强调了诸如生物高复杂性使有效标准化变得困难等挑战（Parks et al.，2017）。

5.2.7 针对性使用政府购买力和生物基产品的激励计划

美国政府也是生物经济产品和服务的客户，利用采购计划和其他激励措施来

---

① 参见 https://www.nist.gov/programs-projects/nist-monoclonal-antibody-reference-material-8671。
② 参见 https://www.nist.gov/programs-projects/synthetic-biology-standards-consortium-sbsc。

刺激需求和鼓励进一步的私人投资。信息栏 5-3 中描述了一个示例——美国农业部的"生物优先"计划。授权的使用同样被认为可以激励行业发展基础设施，推动了巴西和美国的生物燃料市场（Cicogna et al.，2017）。

信息栏 5-3　美国农业部（USDA）的"生物优先"计划

2002 年的《农业法案》催生了美国农业部的"生物优先"计划，通过两个组成部分增加美国生物基产品的开发、使用和购买：一是对联邦机构和联邦承包商的联邦采购要求，二是自愿认证和标识计划。美国农业部的"生物优先"生物基产品用于食品、饲料或燃料以外的联邦采购，它们来自农业和其他可再生材料。"生物优先"计划旨在减少美国对石油的依赖，并增加对包括农业废弃物在内的可再生农业资源的利用 [a]。农业、海洋和林业材料的使用增加促进了生物经济的发展，为农村地区的就业提供了支持。

通过分析"生物优先"计划可以看出美国生物基产品行业的明显增长。2005 年，美国农业部为该计划指定了 6 种产品类别；2016 年 2 月，美国农业部部长宣布，美国农业部已对 100 个产品类别的 2500 多种生物基产品进行了认证 [b]。同样在 2016 年，对美国生物基产品行业的经济分析确定，2014 年它为美国经济贡献了 422 万个工作岗位，高于 2013 年的 402 万个，对美国经济的附加价值为 3930 亿美元，高于 2013 年的 3690 亿美元（Golden et al.，2016）。由于没有对生物基采购的正式年度报告要求，因此这些成就中缺少联邦机构和承包商对生物基产品的采购随着时间而显著增加的情况。

2015 年 3 月，第 13693 号行政令《未来十年联邦可持续发展规划》旨在维持联邦在可持续发展和减少温室气体排放、促进创新以及提高机构效率并改善其环境效能方面的领导地位 [c]。获取和采购可持续产品（例如，再生产品、节能节水产品、生物基产品）是一个重要组成部分，各机构被指示为合同数量和年度支出设定年度目标，以达到至少 95% 的生物优先采购要求。重要的是，规定了此类采购的年度报告和信息公开发布。2017 年 1 月，美国管理与预算办公室（OMB，2017）公布了 2017 财年机构对可持续和生物基产品采购的承诺。2018 年 5 月 17 日，第 13693 号行政命令被撤销 [d]，并在同一天被新的第 13834 号行政命令《高效联邦运作》取代，其中没有提及可持续和生物基产品的采购（EOP，2018）。鉴于联邦采购的规模及其对创新的影响，联邦机构和承包商在可测量的生物基采购势头上的退步有可能阻碍美国生物经济的增长。

a 参见 https://www.biopreferred.gov/BioPreferred/faces/pages/AboutBioPreferred.xhtml。

b 参见 https://www.usda.gov/media/press-releases/2016/02/18/fact-sheet-overviewusdas-biopreferred-program。

c *Federal Register* 80（57）：15871–15884。参见 https://www.govinfo.gov/content/pkg/FR-201503-25/pdf/2015-07016.pdf。

d 参见 https://www.fedcenter.gov/programs/eo13693。

政府或公共领域实体的采购占商品和服务需求的很大一部分，而且越来越被视为实现创新政策目标的重要因素（Uyarra and Flanagan，2010）。公共采购是政府获取履行其职能所需的商品和服务的机制。采购发生在若干领域，包括建筑、健康、托管、食品服务、运输，以及安全和国防。对创新有影响的两种采购类型是："公共技术采购"，在该情况下，产品尚不存在，但存在预期需求；"常规公共采购"，在该情况下，根据价格、数量和性能等现有信息购买不需要额外研发的现有产品。市场"拉动"采购政策可以促进新市场的建立，并为生产者提供确定性。

5.2.8 技术熟练的生物经济从业人员队伍的价值

随着美国和世界各地人口结构的变化及生物经济的持续增长，需要一支拥有技能并受过培训的多样化从业人员队伍来利用这些机会。美国在与生物经济未来经济增长相关领域的科技教育和培训方面有着长期的公共和私人投资历史。"科学、技术、工程和数学（STEM）领域的教育发展、保存和传播能够带来个人、经济和社会利益的知识和技能"（NSB and NSF，2018，p.12）。高等教育（包括社区学院提供的高等教育）"提供了在日益知识密集型、全球一体化和以创新为基础的环境中所需的高级工作技能"（NSB and NSF，2018，p.12）。2018 年，联邦政府发布了 STEM 教育战略，其中有三个雄心勃勃的目标：为 STEM 知识普及奠定坚实基础；增加 STEM 领域的多样性、公平性和包容性；为未来的 STEM 从业人员做好准备（White House，2018）。同样，美国 NASEM 最近的报告也展望了研究生和本科教育的未来（包括在为少数族裔服务的机构），建议维持美国教育系统的能力，以充分满足 21 世纪对从业人员的预期需求（NASEM，2018b，c）。

生物学、化学、计算机技术、工程学等学科的融合以及其他支持生物经济研发的趋势，催生了发展下一代从业人员的新项目。在美国，本科生和研究生阶段的工程生物学和合成生物学正式培训项目继续快速发展，并且是多学科的，其中包括聚焦创业、计算机培训（如 Python 训练营）[①]，以及机器人和自动化使用培

① 见 https://www.agmrc.org/directories-state-resources/related-directories/bioprocessing-and-bioproducts-degree-programs。

训的内容。存在已久的"国际基因工程机器"（iGEM）竞赛在激发人们对合成生物学的进一步兴趣方面发挥了重要作用，而合成生物学是推动生物经济发展的一个领域。该项目现已成立 15 年，吸引了超过 3 万名高中和本科学生及教师，来自世界各地的 353 支队伍参加了 2019 年的比赛。除了培养工程生物学的科学技能和兴趣之外，iGEM 还强调团队进行负责任的科学实验行为，并推动此类规范[①]。iGEM 每年会针对各种主题颁发奖项，包括最佳治疗、最佳诊断、最佳能量、最佳软件、最佳信息处理、最佳食品和营养项目等（关于 IGEM 竞赛的更多详细信息见第 7 章）。

高校生物基产品工程、加工和产品开发项目也在扩大，以满足未来工业生物技术公司的需求[①]。随着生命科学的发展越来越受数据驱动，也有人呼吁在本科阶段进行更系统的准备，以扩大数据科学人才（NASEM，2019）。最后，也有人提议在正式的学术环境之外，开展虚拟现实练习等活动，以激发人们对生物经济相关职业的兴趣（Hakovirta and Lucia，2019）。

迄今为止，与生物经济关系最密切的美国培训和从业人员发展主要集中在合成生物学和生物技术领域，其中少数项目侧重于生物加工[①]。相比之下，许多欧洲项目专门侧重于硕士和博士级别的"生物经济"培训（Motola et al.，2018），其中一些项目认识到需要培训特定的经济学家队伍，他们需要精通初级生产、生物基价值链以及生物经济发展的社会和经济影响方面的研究（Lask et al.，2018）。关于与美国和国际生物经济从业人员相关的研究生招生和学位授予等领域的一些指标的更全面讨论，请参见第 4 章。

5.3 生物经济的趋势和变化

展望未来，生命科学界可能将继续经历：跨学科和基于团队的科学不断增长这种形式的变化；将工程学方法应用于生物学这种转向越来越多；一个由共享、访问和分析大量数据驱动的全球科学环境；不断变化的利益相关者、从业人员队伍和供应链。这些趋势也将有助于塑造美国生物经济的未来。

5.3.1 跨学科整合

从历史上看，基础研究活动都是围绕着科学学科创建的，这些学科领域的专业知识构成了研究的基础，也为下一代科学家的培训和教育提供了基础。随着这些学科中关于世界的基础知识体量的增加，生命科学研究和教育事业越来越关注

---

① 见 https://www.agmrc.org/directories-state-resources/related-directories/bioprocessing-and-bioproducts-degree-programs。

会聚或跨学科的问题①，以及可能需要科学家团队提供专业知识才能取得关键突破的问题（见信息栏 5-4）。助力生物经济的学科也在不断发展，一些学科正在以新的方式结合，而一些先前的领域正在因新的发展而回归。

信息栏 5-4 防治蚊媒疾病的专业知识的会聚

多个领域的进展可能协同交叉，在生物经济中创造创新。许多团体正在寻求解决蚊媒疾病的办法，其中之一是"调试项目"（Project Debug），它是昆虫学和工程学会聚的例证[a]。该项目提供了一种通过释放感染沃尔巴克氏菌的雄性埃及伊蚊来减少蚊子的方法。在这种情况下，感染沃尔巴克氏菌的雄蚊在与未感染的野生型雌蚊交配后无法繁殖，从而降低了蚊子传播登革热、塞卡等疾病的能力。这项工作是生物杀虫剂初创公司 MosquitoMate[b] 和 Alphabet 旗下的 Verily Life Sciences（Gilbert and Melton，2018）合作的结果。Verily 公司的工程师将以一种基于人工注射的实验室感染过程改造为一种完全自动化的过程，每周可以生产 150 万只受感染的雄蚊。他们还开发了控制释放受感染雄蚊的算法，并"近实时"监测对目标蚊子种群的预期影响。自 2019 年起，该团队一直在为另一次释放做准备，但团队认为这项工作仍处于早期的知识收集阶段。该项目已获得多项专利（截至 2019 年 6 月，已授予分离蛹[US 10251380，US 9992983]、输送卵 [US 10028491]、分离或单挑昆虫 [US 10278368，US 10178857]、自动羽化[US 10051845，US 10292375]等专利）。

---

[a] 参见 https://debug.com。

[b] 参见 https://mosquitomate.com。

5.3.2 转向工程学方法

传统上，生物学研究侧重于小规模的手工实验，目的是更好地理解生物学现象。技术上的突破使产品制造转向工程生物学。合成生物学就是这种转变的一个案例，其中各种技术使工程师能够"设计、构建和测试"生物系统（EBRC，2019；NASEM，2017b，2018a）。随着数据科学、系统生物学"组学"方法和自

---

① 会聚被定义为"一种跨越学科界限的问题解决方法"。它整合了来自生命和健康科学、物理学、数学和计算科学、工程学等学科的知识、工具和思维方式，形成一个全面的综合框架，用于解决存在于多个领域交界处的科学和社会挑战。通过将这些不同领域的专业知识合并到一个合作网络中，会聚可以激发从基础科学发现到转化应用的创新（NRC，2014，p. 1）。

动化技术的进步，工程方法也不断改善传统的生物经济领域，从而减少了改进生物过程和扩大生产规模所需的反复试验。

5.3.3 数据的获取和分析

生命科学的进步及其转化为生物经济的过程越来越依赖于数据。随着高通量测序技术的发展，生成大量基因组数据的成本已经显著降低，人们越来越需要探索自动化管理方法，以帮助管理这些不断增长的数据流。然而，获取高价值的数据，特别是经充分描述的基因型-表现型信息，往往比保留收集到的有朝一日可能用于解决新问题的数据更昂贵。因此，存储和管理这些信息的数据库为发现和创新提供了重要的基础设施。下文将举例说明大型基因组和个人健康数据集的收集、汇总和分析如何为促进人类健康提供新机会。

5.3.3.1 基于群体确定新生物疗法的机会

进入 21 世纪大约十年后，有越来越多的人达成共识，即为了实现将人类基因组计划转化为医学相关资源的目标，研究人员必须获得比最初预期要大得多的群体，才能确定预期会加速医学发展的强大的基因组-表型组关联（Green and Guyer，2011）。为此，人们很快认识到，国家科学优先事项将是对这些群体进行准确的临床表征，并以经济实惠的方式测量他们的基因组特征（Kohane，2011）。此外，人类健康和医学也随着文化和环境的变化而迅速变化。一个例子是目前在许多国家流行的肥胖症以及用于治疗其后果（如糖尿病）的新疗法。因此，迫切需要在群体规模上解决疾病基因组学中的问题，并在短短几个月而不是几十年之内回答这些问题。此外，面对科学和医疗保健机构日益增加的财务压力，现在必须以每个受试者更低的成本进行空前的大规模和及时群体研究。基因组测量本身的成本已显著降低。"DNA 测序的成本在 2002 年至 2008 年期间下降了 7 个数量级，在 2008 年至 2015 年期间又下降了一个数量级"（NASEM，2017b，p.28）。因此，与这些基因组测量相关的临床表征占据了剩余的主要成本。

电子病历（EHR）中提供的临床注释的二次使用推动了人群临床表征（也称为表型）的成本效率。虽然对这些系统的临床价值、电子编码数据（如诊断、流程、实验室测量值、人口统计）和电子叙述文本（如临床笔记、出院总结、放射学总结）的可用性存在相当大的争议，但电子图像（即大多数放射学研究和稳步增长的少数组织病理组织学研究）提供了重要的数据资源。因此，将这些数据用于大规模群体表型分析仅在美国就依赖于数千亿美元的基础设施，以支持与 EHR 相关的互操作数据共享（Halamka and Tripathi，2017），而且还依赖并加速了自然语言处理和图像处理/分类技术以及其他多种机器学习方法的高级开发。在具有感兴趣表型的群体中进行筛选的能力代表了一项有显著价值的优势，制药公司为此支付了数亿美元。安进公司（Amgen）就是其中之一。2012 年，该公司在收购 deCODE 项目时，斥资 4.15 亿美元仅购买了针对数万个体的、与自身基因匹配的、经充分描述的患者样本。

虽然对于这些群体分析的经济学而言不是首要问题，但收集这些人口数据所依据的同意制度在社会上同样有争议。在某些情况下，对患者数据的二次使用完全取得了患者的同意（例如，将数据用于最初收集数据的主要原因之外的其他目的）。然而，在其他情况下，并没有完全获得或记录患者的同意。例如，Deep Mind（一家被谷歌收购的公司）的研究人员能够在未经患者同意或知情的情况下访问英国国家医疗服务体系（NHS）的患者身份记录（Powles and Hodson，2017）。美国医学研究所的报告对患者同意制度及其影响进行了更广泛的探索（IOM，2003，2015）。

使用患者数据的公司　通过几个案例研究，可以更好地理解人们对获取经充分描述的群体的兴趣，这些案例研究说明了寻找合适的患者进行基因研究如何能够带来科学突破及可以延长生命或显著改善生活质量的新药，并给公司及其股东带来可观的投资回报。2001 年，人类基因组计划接近尾声时，发现了家族性高胆固醇血症与 PSCK9 基因产物之间存在关联。相反，一些人的"胆固醇"（特别是 LDL-C，一种血液中携带胆固醇的脂蛋白）水平较低，这是 PSCK9 突变（也被称为遗传变体）的一个特定亚群，其心脏病的发病率也显著降低。很明显，这一发现为设计一种可以重现遗传变体效果的"生物制剂"（即静脉注射的单克隆抗体）提供了机会。

几家大型制药公司很快就竞相研发并批准了一种靶向 PSCK9 的生物制剂。2015 年，安进公司获得 FDA 对 Evolocumab（商标名 Repatha，中文名为瑞百安/依洛尤单抗）的批准。该药的年销售额远远超过 1 亿美元，而且还在继续攀升。就像所有的药物开发一样，率先上市通常是一个显著的财务优势，而一种生物制剂在专利期内上市的时间越长，优势就越大。事实上，法官为安进公司颁布了一项禁令，禁止赛诺菲（Sanofi）等大型竞争对手通过类似的思路获得类似的生物制剂。因此，各公司将获取群体数据的特权视为一种战略资产，这种特权使得公司可以识别出这类思路，并将其转化为一种生物制剂。

例如，Regeneron 公司与 Geisinger Health Systems 公司签订了一项合同协议，除其他方面的共同努力外，还包括访问 Geisinger 公司患者群体的表型特征（值得注意的是，不仅仅是通过处理 Geisinger 的电子病历）。其中包括感兴趣的特定群体（如患有严重的肥胖症相关疾病的一大群人），以及遗传隔离的群体（如宾夕法尼亚州的阿米什人）。协议①包括最初为 10 万名患者提供外显子组测序的

---

① 外显子组包括基因组中包含编码蛋白质的基因区域（或外显子）的部分。

资金，但现在的目标是至少 25 万名患者（Karow，2017）。Regeneron 公司在与 Geisinger 公司的这次合作中所投入的金额尚未披露，但估计有数亿美元。

最近，Geisinger 公司和 Regeneron 公司的科学家在同行评议的科学出版物上报告了一系列关于特定基因变异与临床特征之间联系的发现。这些关联包括 *ANGPLT3* 基因突变与心血管疾病风险降低之间的关联。这一发现导致了一种旨在模拟这些突变效应的生物制剂的发现（Dewey et al.，2017）。尽早取得这些成果可能是 Regeneron 公司领导层对这一合作保持热情并扩大原始协议范围的原因。

英国生物银行：一个国家级示例[①]   英国"生物银行"项目提供了一种对比鲜明的模式，即利用和挖掘患者群体以促进医疗保健和科学。英国生物银行是由维康信托（Wellcome Trust）医疗慈善机构、英国医学研究委员会、英国卫生部以及苏格兰和威尔士政府建立的。该项目既依赖于英国国家医疗服务体系（NHS）原有的基础设施（NHS 本身就是一项国家资产），也依赖于 NHS 的实物捐助。该项目关注的是英国 50 万名志愿者，他们的年龄从 40 岁到 69 岁不等。招募工作于 2006 年开始，对这些志愿者的特征描述和随访将持续 30 年。对志愿者的特征描述包括：人体测量学（如身高、体重）；血液和尿液化学；临床评估，包括从志愿者的病历中提取的评估；对于这些患者的亚组进行影像学研究（如颅脑磁共振成像）、基因分型和全外显子组测序。对于后者，一个由公司（主要是制药公司）组成的财团提供了资金。

从一开始，英国生物银行的设计就是为了让最广泛的研究人员能够访问数据。2012 年 3 月，收到了世界各地研究人员的访问申请，无论是公共领域的还是私人领域的。唯一的要求是一份研究方案和象征性的费用，以及由英国生物银行委员会确认该研究符合公共利益并与健康有关。他们鼓励使用这些数据的研究人员在开放获取的出版物或学术期刊上发表他们的研究结果，并向英国生物银行报告他们所有的结果。自数据集向研究人员开放以来的 6 年里，已经启动了 500 多项研究，在生物医学文献中发表了数百篇出版物。

美国研究人员和美国公司现在正在使用来自英国的这些数据来确定临床相关结果。例如，波士顿的一组研究人员利用英国生物银行的临床和基因型数据开发了一种多基因风险评分，该评分似乎可以准确识别出冠状动脉疾病高危个体（Khera et al.，2018）。此外，这些研究人员中有许多都是一家拥有 1.91 亿美元资金支持的公司的创始人，该公司现在寻求"通过一种将研究全球人类自然遗传变异与开展大规模基因扰动实验结合起来的整合方法，来扩展我们对遗传修饰剂提供的自然疾病保护的理解"（MarketWatch，2019）。这些结果和商业计划在很大

---

① 见 https://www.ukbiobank.ac.uk。

程度上依赖于世界上最大的开放获取的详细基因组-表型组数据集之一，即一个对所有研究人员开放的数据集。

5.3.3.2 从序列到产品：生物信息学数据库对生物技术产品的贡献

如上所述，收集、汇总和分析越来越多的生物科学数据已经成为生物经济的一个关键特征。开放的生物信息数据库经常被基础科学研究人员访问，也被工业界访问以将产品商业化。由营利性公司 Celera Genomics 和公共的国际人类基因组测序联盟同时发布的第一批人类基因组序列，高度依赖于使用美国政府主导的"人类基因组计划"产生的数据（International Human Genome Sequencing Consortium，2001；Venter et al.，2001）。分子诊断和面向消费者的祖先分析工具依赖于 dbSNP 数据库中报告的单核苷酸多态性（SNP）的识别[①]。

现在，可以利用蛋白质数据库中的蛋白质结构在芯片上设计和测试新药[②]。据估计，2010 年至 2016 年间，FDA 批准的 210 个新分子实体可追溯到该数据库中的 5914 个蛋白质结构（Westbrook and Burley，2019）。同样，DNA 合成技术使研究人员能够通过对 GenBank 和其他数据库的计算分析来识别新的基因功能（Bayer et al.，2009）。此外，许多公司的一个重要价值来源在于专有数据库。

开源和专有的生物信息学软件工具，如用于基因组注释的工具，都依赖于开放的生物信息学数据。在这两种情况下，基础研究都可能导致存储原始数据的研究人员预料不到的应用。作为专利披露要求的一部分，GenBank 等数据库还保存了应用研发所产生的专利序列。

虽然可能无法量化开放数据库对生物经济的总体影响，但诊断、药物和合成生物学产品的开发得益于这些资源的获取。生物经济中的合并和收购也为公司如何评估数据集的价值提供了一些启发，并且这些收购可能有助于识别对生物经济变得重要的相邻技术领域。例如，开发农作物的微生物处理技术的 Indigo Ag 公司于 2018 年收购了卫星成像公司 TellusLabs。两家公司称，这次合并将数据集整合到一起，可以通过机器学习来更好地将产品定位到各个农场[③]。

5.3.3.3 建立标准和框架对生命科学数据集发挥效用的贡献

建立共同的标准和框架对于利用能够促进基础科学发现和创新的数据非常重要。例如，信息栏 5-5 描述了通用蛋白质资源（UniProt）在聚合和分析蛋白质序列及功能信息方面的价值。这个例子说明了在现代数据库中由于大量传入数据而产生的对自动管理功能的基本需求。这类数据库的价值不是由自动汇编数据的能力来测量的，而是由用户对冗余或错误信息已被处理的信心来测量的。

---

① 见 https://www.ncbi.nlm.nih.gov/snp。

② 见 https://www.wwpdb.org。

③ 见 https://www.indigoag.com/pages/news/indigo-acquires-telluslabs-to-enhanceagronomic-solutions。

信息栏 5-5　通用蛋白质资源

通用蛋白质资源（UniProt）是由美国蛋白质信息资源（PIR）、欧洲生物信息学研究所和瑞士生物信息学研究所联合发起的 UniProt 联盟的产品。UniProt 的使命是为科学界提供全面、高质量、可自由访问的蛋白质序列和功能信息资源[a]。该联盟成立于 2002 年，当时可自由访问的蛋白质相关信息数据库越来越多且多样化，所有这些数据库都是独立管理的，具有不同的基础架构和不同的优缺点。这些数据库包括 PIR、TrEMBL 和 Swiss-Prot（Apweiler et al.，2004），以及与欧洲分子生物学实验室、国际蛋白质索引（the International Protein Index）、蛋白质数据库（the Protein Databank）、RefSeq、Flybase 和 Wormbase 相关的数据库等。

这是生命科学领域一个激动人心的时刻，因为已经积累了许多生物的基因组序列信息，人类序列草图也可供使用。广泛的生命科学界正在通过转向蛋白质的鉴定和功能表征来构建这些基础数据。寻找信息的科学家可以搜索这些资源来汇编任何特定蛋白质的可用信息，包括参考潜在的同行评议科学文献。投入了大量的计算工作和人力工作来管理这些独立的资源，并且同一蛋白质可能在许多不同的数据库中被标示出来，可能使用不同的标识符，有时还使用相互冲突的信息。

随着 UniProt 的推出，三个领先的蛋白质数据库合并到一个平台，保留了各自的优势。每个蛋白质都被分配了一个唯一的标识符，由此产生的 UniProt "知识库"提供了一个包含注释和功能信息的蛋白质序列中心数据库。来自不同数据库的信息，以一种保持手动管理的"黄金标准"方式被转移到 UniProt 中，该标准基于对许多条目的文献和序列分析，并通过自动分类和注释加以扩充（Apweiler et al.，2004）。

截至 2019 年，UniProt 知识库包含近 1.6 亿个蛋白质序列，高于 2004 年的约 15 万个[a]，以及 542 亿个数据三元组（描述这些条目之间如何相互关联）[b]。虽然这些措施本身很了不起，但值得强调的是，即使在一个单一的全球性平台内，也识别到了大量冗余信息（如果没有一个通用的平台，这项工作是无法完成的），2015 年 3 月，从知识库中删除了 4700 万个冗余序列。鉴于序列呈指数增长，这种"蛋白质组冗余最小化程序"（UniProt Consortium，2017）估计在 2017 年将条目规模保持在 1.2 亿，而如果没有删除冗余条目，则估计至少有 3.61 亿个序列（UniProt Consortium，2019）。

　　此外，尽管专家手动管理数据仍然是一个黄金标准，并且仍在继续，但 UniProt 越来越依赖信息学工具来对同行评议文献中的蛋白质管理论文进行优先排序。每年有超过 100 万篇科学论文在 PubMed 上被索引，单个科学家不可能挖掘任何给定蛋白质的相关文献。因此，UniProt 节省了科学家们无数的工作时间，加快了科学发现的步伐。事实上，有超过 160 个研究界使用的其他数据库交叉参考了 UniProt，超过 125 万篇论文引用了该数据库[a]，2015 年该资源有超过 400 万月度用户（UniProt Consortium，2017）。该资源对研究界产生了广泛的影响。引文分析表明，除了可预料到的对生物医学和生物技术研究、蛋白质鉴定、功能注释和比较研究的影响外，它还影响了算法开发的研究和资源/基础设施建设（UniProt Consortium，2015）。自 2002 年以来，UniProt 每年获得约 1500 万美元的财政支持，包括来自美国国立卫生研究院、欧洲分子生物学实验室欧洲生物信息学研究所和瑞士政府的支持[c]。

———————————

[a] 见 www.uniprot.org。

[b] 见 sparql.uniprot.org。

[c] Cathy Wu，University of Delaware，personal communication，October 17，2019。

　　尽管整合的科学数据库很有价值，但拟南芥信息资源（TAIR）从一个联邦资助的数据库迁移到一个以订阅方式提供访问的非营利组织，表明了此类数据库的脆弱性（Berardini et al.，2015）。TAIR 负责管理拟南芥的遗传和分子信息，拟南芥是一种全球科学界广泛使用的模式植物。该数据库于 1999 年推出，2014 年报告全球有 6.1 万名用户每月访问 17.8 万次。该数据库生态系统的任务是为科学界提供该生物体的黄金标准功能注释，但在 2014 年，TAIR 的运营商报告称，由于失去了主要的国家级资助，其主要任务已"大幅缩减"。随后，该数据库被转移到一家非营利组织，并确定了一个可持续的订阅模式（Reiser et al.，2016）。目前的 TAIR 资源运营商承认，向基于订阅的模式过渡并不适用于所有政府资助的数据库，并提出了一系列可供探索的选项。他们进一步指出，有保障的资金对持续的数据库运行是必要的，但不是唯一的必要因素。他们的第一个建议是，开发精确的计算辅助管理，以及一套更全面的工具，以降低在科学界内部创建和向科学界分配此类资源组件的相关成本。一个重要的总体考虑是，哪个组织应该为数据保存和（公开）传播提供资金。此类投资通常不符合行业的使命；因此，如果考虑到没有此类数据可用对领导地位和研发生产力方面造成的损失，则政府对此类基础设施投资的支持可能是合理的。

5.3.4 生物技术创新中不断变化的参与者

在过去十年中，生物技术领域公司的形成发生了巨大的变化。而生物技术投资传统上集中在制药、农业和工业生物技术领域，最近出现了一系列更广泛的应用领域和新的投资者，包括专注于遗传工具开发和服务、高通量筛选技术、纺织品和替代食品蛋白质的初创企业（Schmidt，2019）。例如，2018 年，致力于合成生物学多种应用的 97 家公司获得了超过 38 亿美元的私人资本。相比之下，2018 财年 NIH 的预算超过 270 亿美元[①]。

此外，这些公司中有许多不是学术机构的直接产物，而是独立创立或在初创企业孵化器中成立的。其中一些孵化器来自传统的科技行业。一个例子是与 Airbnb 和 Dropbox 等公司有关联的 Y Combinator，该公司目前已经资助了 140 多家生物技术公司，2018 年获得资助的新公司中有 15% 涉及生物技术（Rey，2018）[②]。IndiBio[③]或 QB3[④]（隶属于加州大学）等其他孵化器也已经成立，其明确的目的是成立新的生物技术公司。自筹资金的社区实验室，如 BioCurious（从众筹平台 Kickstarter 起步），也已经成为事实上的预孵化器，为来自传统研究机构和非传统背景的科学家提供在开放的竞争前空间中为公司开发概念的空间。

生物技术领域公司的关注点和背景不断扩大，形成了一个相互依赖的公司生态系统，类似于数字领域的发展和成熟。例如，许多公司专注于单个的服务或产品类别，如生物设计和统计软件（例如，Benchling、Synthace 通过其在英国 Ryffin 的 Antha 软件）或生物工具组件（例如，Synthego、Caribou）。其他公司则专注于提高产品产量和应对扩大规模的挑战，例如，通过改进合成生物学应用中的微生物菌株工程。还有一些公司正在形成垂直整合的"堆栈"或水平的"平台"，后者是将服务捆绑在一起以针对特定的市场，或将许多需要特定服务的市场中的工作整合到一起。图 5-2 显示了用于推进合成生物学的堆栈。这些工具和服务供应商公司形成了一个可以在全球分布的生命科学供应链。

如第 3 章中进一步详细讨论的，不断变化的生物技术发展格局以及不断增长的服务和供应商网络对评估生物经济的规模与价值提出了新的挑战。

5.3.5 不断变化的生物经济从业人员队伍

研究的快速进步以及对赋能技术和数据共享的依赖也对如何培训生命科学本

---

① 见 https://www.hhs.gov/about/budget/fy2018/budget-in-brief/nih/index.html。
② 银杏生物工程公司是 Y Combinator 孵化器中的第一家生物技术公司。按估值计算，它目前是 Y Combinator 前 20 强公司之一（https://www.ycombinator.com/topcompanies），这有助于说明投资者对生物技术感兴趣的现状。
③ 见 https://indiebio.co。
④ 见 https://qb3.org。

科生和研究生提出了挑战，这表明大学内需要新的教育和培训方法。此外，研发活动不再局限于大学实验室。今天的技术使整个社会都能获得关键资源，科学也开始在家庭、社区中心、在线社区和其他非传统途径中得到应用。因为这些简单的指标（如计数生命科学分支领域的博士学位数量）不再能够反映与生物经济相关的所有研发工作，因此需要更新收集生物经济数据（包括研究投资和从业人员数量）的模型。

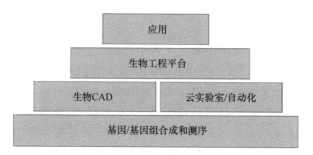

图 5-2 合成生物学"堆栈"。这个合成生物学堆栈显示了可能有助于最终产品的几个层次。每个水平层代表一套整合的工具和服务，用于加速特定任务或产品的生产。这些产品互为基础，合成生物学的基本构件——位于架构底部的基因合成和测序就证明了这一点。专注于堆栈中单个部分的工具和服务的出现代表了可能不适用于合成生物学所有应用的职能专业化。例如，虽然自动化被用于合成生物学的许多应用中，但它被用作一种赋能技术，并不是成功的产品开发的严格要求。资料来源：Gumbers，2019。

随着生物技术行业的持续增长，高等院校提供的经典生命科学培训需要不断发展，以帮助学生为这些类型的工作做好准备（Delebecque and Philp，2019）。学生往往缺乏跨学科知识，而且他们所学的知识与实际的行业实践之间往往存在脱节（Thompson et al.，2018）。拥有生命科学知识和学士学位的行业员工是日益增长的生物经济从业人员的重要需求。一项研究表明，绝大多数工业生物技术公司都希望雇用具有学士学位的入门级员工（Delebecque and Philp，2019）。虽然大多数雇主更青睐拥有生命科学学位的求职者，但他们对学习意愿等素质更感兴趣。一些地方在培训所需的生物技术从业人员方面处于引领地位。例如，加州动员了几所社区学院，为该领域的未来职业培养多样化的学生（Monis，2018），索拉诺社区学院生物技术和科学大楼就是一个例证。该设施包含一个模拟工业实验室，学生可以在此获得与生物制造相关主题的实践经验。除了帮助学生模拟生物制造过程和生产的课程外，该学院生物制造学位的课程设置主要偏重于科学（Monis，2018）。

5.3.6 美国生物经济的区域创新中心和地理分布

区域创新生态系统可能出现在重大基础研究投资地区附近，如公共、私营和赠地大学及联邦研究实验室（Baily and Montalbano，2018；EUA，2019）。这些创新生态系统包括初创公司、小型企业和附属基础设施，旨在将基础研究发现转化为经济和社会影响，尽管关于大学创业努力可以促进区域创业的证据各不相同（Qian and Yao，2017）。

此外，美国各地区都为生物经济做出了贡献。生物经济贡献者的多样性反映在相关设施在全国的地理分布上。为了说明这一点，下面给出了一组示例，重点比较生物乙醇发酵设施的分布和生物技术研发公司的分布。虽然这些示例说明了美国境内的地理分布，但许多导致这种分布的因素也有望应用到全球生物经济领域的培育工作中。

在美国，发酵能力主要用于生产生物乙醇。2017 年，美国生物乙醇总产量超过 150 亿加仑（约 570 亿升），其中超过 130 亿加仑产自中西部（EIA，2017，图 5-3①）。这一产能分布在 200 家乙醇工厂，其中 176 家位于中西部（EIA，2019）。生物乙醇发酵厂的分布在很大程度上取决于玉米产地的分布，绝大多数生物乙醇都是用玉米生产的。

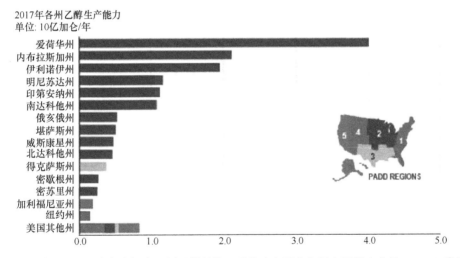

图 5-3　美国各州乙醇生产能力。用于燃料的乙醇生产主要在包括中西部在内的 PADD 2 类区域的各州。注：PADD =国防区域石油管理局分类。资料来源：EIA，2017。

一般来说，精炼高价值产品的运输比低价值原料的运输更可取，这导致发酵能力通常与原料一起配置。种植原料的最佳地点可能会随着地球气候的变化而改变，这就要求系统设计能够适应农田使用的变化。如果原料种植地点的变化在时间尺度上快于发酵能力的更新，则可能需要建立新的发酵能力来跟进原料，还可能需要开发新的原料来供应现有的设施，或需要运输原料。

---

① 美国石油管理局定义的中西部地区。

　　美国的玉米产量大幅增长，以供应生物乙醇工业。在过去 30 年里，美国的玉米使用量增加了一倍多，其中绝大部分增长用于生物乙醇生产，而用于饲料的玉米使用量仍然保持平稳（图 5-4）。目前，大约 50 亿蒲式耳（1 蒲式耳=36.3688 L）的玉米被转化成 150 亿加仑的生物乙醇。相比之下，美国每年大约使用 3150 亿加仑（75 亿桶[①]）的石油。随着"第二代"生物燃料的成熟，玉米与生物乙醇产量之间的这种关系可能会发生巨大变化，这种生物燃料可以利用木质纤维素生物质，而不是玉米中的淀粉作为原料。然而，为了充分开发这种可能性，可能需要扩大发酵能力或将一些现有的乙醇发酵罐转向其他生物产品。专注于高价值产品可能会在不需要大量增加原料供应的情况下实现生物生产的大幅增长。

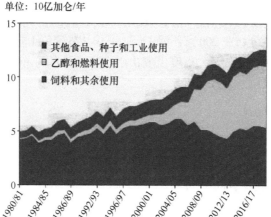

图 5-4　2000 年代以来美国的玉米使用量。用于饲料、食品、工业用途和其余用途的玉米使用量保持相对平稳，而将玉米转化为生物燃料乙醇的使用量有所增加。资料来源：https://www.ers.usda.gov/topics/crops/corn-and-other-feedgrains/feedgrainssector-at-a-glance（2019 年 8 月 1 日查阅）。

　　与发酵能力集中在中西部相比，生物技术研发主要集中在沿海各州。美国 NIH 的研究经费也呈现了这种趋势，在 2018 年美国 NIH 的 280 亿美元预算中，有近 100 亿美元给了加利福尼亚州、马萨诸塞州和纽约州的研究机构[②]。这一趋势也反映在风险投资上，无论针对哪个领域[③]，风险投资绝大多数都集中在沿海地区。生物制药等传统行业和合成生物学等新兴行业的初创企业仍集中在沿海城市（Synbiobeta，2018）。加利福尼亚州、马萨诸塞州和纽约州在反映生物技术研发与产业初创企业的未来增长方面可能具有强大的优势，因为这些州拥有资金充足的研究型大学、工业研究中心以及获得种子资本和成长资本的渠道。可获得类似

①　见 https://www.eia.gov/tools/faqs/faq.php。
②　见 https://report.nih.gov/award/index.cfm。
③　见 https://www.nsf.gov/statistics/state-indicators/indicator/venture-capital-deals-perhigh-set-establishments。

资源的区域中心通过集中的投资和培训项目成功地增加了其生物技术从业人员（Feldman，2019）。

虽然生物乙醇发酵和生物技术研发只是生物经济的两个方面，但它们说明了对生物经济增长进行投资的复杂性。例如，可以通过降低玉米价格、在利用纤维素生物质方面取得突破或为生物乙醇混合汽油提供补贴来刺激生物乙醇生产的增长。然而，同样的这些因素可能不会刺激沿海地区的生物经济生产力。同样，对支持生物乙醇生产的熟练从业者的投资，可能会倾向于生物化学工程学位，而不是分子生物学学位。因此，为了达到预期效果，旨在保护或发展生物经济的政策需要认识到技术、从业人员和关键基础设施的可变性。生物经济领域的全球竞争同样体现在这一领域。例如，巴西低成本的甘蔗吸引美国公司在那里生产，而英国政府支持的生物技术初创企业孵化器则在争夺美国培训的科学家。生物经济活动的区域差异也表明，根据区域和预期影响而采取不同的策略可能最有效。正如本章所讨论的，这些策略包括大学驱动的技术转让，以及创业加速器等非大学性质的机构。

5.3.7 生物经济中的相互依存关系和供应链

虽然大规模发酵往往与原料的区域可及性密切相关，但如果这些原料种植地点的变化在时间尺度上快于发酵能力的更新，则需要一个弹性供应链系统。此外，生物经济中的许多其他关键材料（如 DNA、细胞和种子）都是可移动的，并且经常是跨国开发的。一种设计用于在巴西种植的种子可能是在美国改造的，使用的 DNA 可能是在欧洲采用来自中国的磷酰胺和其他试剂合成的。这些供应链的复杂性可能导致关键材料的意外短缺。例如，全世界用于生物学研究的琼脂和琼脂糖供应中，80%以上来自摩洛哥收割的红藻，这种收割管理方式的变化导致了短缺和价格上涨（Santos and Melo，2018）。复杂的全球供应链也可能被假货利用。据报道，通过添加低成本糖、使用更便宜的生产工艺、更改产品原产地名称等手段，蜂蜜等产品是最常见的被伪造食品（Zhou et al.，2018）。

5.4 支持美国生物经济的战略规划

通过由多种资金来源支持的美国及世界各地公共和私营组织中的不同利益相关者的努力，以及不断增长的供给和服务供应商体系，生命科学及会聚科技的进步步伐继续加快。这种复杂性使得制定支持美国生物经济的战略规划极具挑战性。不过，可以探讨一些可能有助于识别和预测趋势的策略。本节说明了依据 TRL 进行的描述如何有助于进一步的规划。

TRL 量表为考察从发明到商业化的投资复杂性提供了一个视角。该量表代表了一项技术走向成熟的各个阶段，从基础研究到概念验证（TRL 1-3），再到额外的实验室测试和原型验证（TRL 4-6），再到在试点系统中的集成和全面商业部署准备就绪的演示（TRL 7-9）。

尽管 TRL 量表的概念起源于工程学科，但经过必要的标准调整，该概念已被采用，为资助者和决策者提供了管理生物科学投资的工具，如欧洲和英国的案例所示。欧洲研究与技术组织协会（EARTO）追溯了 TRL 量表的历史，它起源于 NASA 和美国国防部，其初衷是"帮助评估特定技术的成熟度，并对不同类型技术之间的成熟度进行一致的比较"（EARTO，2014）。EARTO 的目的是将 TRL 作为对欧盟的"地平线 2020"计划进行国家资助的政策工具。因此，欧盟现在有能力部分通过 TRL 视角评估其生物经济工作的各个方面（Spatial Foresight et al.，2017）。在欧盟，TRL 概念目前正通过"欧洲生物技术研究区域网络联合基金"（ERA CoBioTech）被应用于"负责任的研究和创新"，其中评估标准包括资金申请人"通过描述实现更高的过程和技术 TRL 的设想计划"来展示其在技术和经济发展领域的项目成果[1],[2]。

在另一个例子中，英国工程和物理科学研究委员会也将 TRL 应用于其医疗保健投资框架[3]。TRL 的概念在《英国 2030 年国家工业生物技术战略》的定义中得到明确体现。"英国工业生物技术（IB）的愿景是一个超越政治的愿景，在这个愿景中，有可用的资金用于跨越技术就绪水平的商业增长和创新。"[4]

在美国，TRL 被用于国家投资战略。NASEM 最近的一份报告沿 TRL 轴排列了广泛的美国项目（NASEM，2017a）。美国国家科学基金会使用 TRL 来评估流入合成生物学的资金，美国农业部的国家食品和农业研究所已为作物研究准备工作创建了 TRL[5]。政府、行业和风险资金来源的相互作用可以通过美国能源部的生物能源炼油厂的发展得到说明。Male（2019）记录了从实验室规模的生物质转化（g/d，投资 100 万～500 万美元）转变到完全的生产工厂（>250t/d 生物质，投资 2.5 亿～5 亿美元）所需的投资。

TRL 作为一个方便的 x 轴，用于检验从发明到商业化的所谓"死亡谷"。全球竞争力委员会联合会使用这种格式来说明早期的公共领域技术开发人员与后来的私营领域商业生产商之间的差距（图 5-5）。这一差距是由于无法为风险化解活

---

① 见 https://www.cobiotech.eu/lw_resource/datapool/systemfiles/elements/files/85886BE9C7161C71E0539A695E865A64/live/document/ERA_CoBioTech_RRI_Framework.pdf。

② Molino 等（2018）对根据 TRL 排列的全球第二代生物燃料生产工厂技术进行了全面分析。

③ 见 https://epsrc.ukri.org/research/ourportfolio/themes/healthcaretechnologies/strategy/toolkit/landscape。

④ 见 http://beaconwales.org/uploads/resources/UK_Industrial_Strategy_to_2030.PDF。

⑤ 见 https://nifa.usda.gov/sites/default/files/resources/Crop%20Research%20Technology%20Readiness%20Level%202018.docx。

动提供资金，包括原型开发和收集扩大生产规模所需的数据。

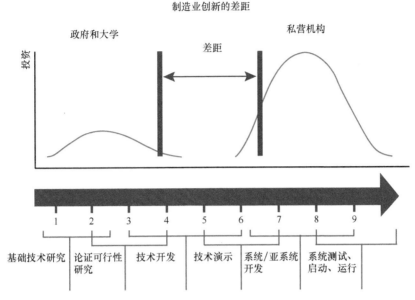

图 5-5 沿 TRL 轴绘制通常由联邦政府和大学进行或支持的研究。这些实体主要资助 TRL 1～4，即从基础研究到可行性论证。私营部门支持或承担的工作往往集中在 TRL 6～9，即系统开发、测试、启动和运行。技术开发和演示发生在 TRL 3～7 中，这些与可行性论证的后期阶段（政府和大学资助）和系统开发的早期阶段（私营部门资助）重叠。这代表"死亡谷"，将想法从实验室转变为商业开发的关键步骤是"死亡谷"的重要特征，但"死亡谷"同样发生在不明确的资金来源缺口中。资料来源：Wince-Smith，2017。

　　美国 NSF 的"工程学研究中心"项目详细阐述了为工程学研究中心弥补这一差距而制定的政策资助策略的各个方面（Jackson，2011）。Jackson 将创新生态系统比作自然界中观察到的生物生态系统。与设计-构建-测试周期相关的一个概念是快速原型化基础设施的作用。Jackson 认为，通过基础设施投资，可以建立一座跨越死亡谷的"桥梁"，从而实现快速原型化。这种投资降低了初创企业从事创新的成本，并提高了商业目标的创新的成功率。

5.5 结 论

　　本章描述了：美国生物经济中将研究转化为创新的体系；支持生命科学创新的发展速度、性质和范围的趋势；联邦和私营领域的政策及实践支持并维持美国在生物经济中领导地位的若干领域。基于本次讨论中记录的研究结果，委员会得出了几个与生物经济中的发现和创新有关的结论。

结论 5-1：维持美国的生物经济领导地位需要在相关领域维持一个充满活力的科技基础，即一个包括初创企业和大规模制造业、熟练的人力资源、灵活有效的监管体系，以及其他支持研究和创业企业的创新和商业化政策的生态系统。

一些趋势正在推动生物经济中的发现和经济影响，包括：日益会聚/跨学科的科学；向将工程学方法应用于生物学问题的转变；大型生物数据集和分析此类数据所需工具的可及性；在初创企业孵化器、社区实验室、补充传统大学和国家实验室研究的其他场所将研究转化为创新的新机会。

结论 5-2：为维持生物经济中新应用领域的创建并加快商业转化的时间表，需要不断有新的、令人兴奋的生物学发现，不断创造赋能平台技术，并改变研究人员和开发人员处理需要跨学科整合的问题的方式。

结论 5-3：加强数据库、软件和其他数据分析工具的可及性策略，以及数据标准框架的创建，将提高美国研究人员和开发人员创造生物经济机会的能力。扩大获得这些资源的可及性所产生的影响很难量化，但可以从私营领域公司对数据的投资中推断出它们的潜在价值。

随着美国继续发展和维持其生物经济生态系统，必须认识到，所有利益相关者都参与了这些努力，整合他们的投入很重要。为协助生物经济领域的决策者和利益相关者，委员会注意到以下问题。

结论 5-4：美国联邦政府内或非联邦利益相关者之间没有一个实体对生物经济负责。这一现实导致政策制定者在预测趋势和制定连贯政策以支持美国生物经济的持续增长及领导地位方面存在能力差距。然而，扩大使用技术就绪水平、生物基采购项目和其他策略等规划工具，将为支持和发展美国所有地区的生物经济提供机会，使生物经济发展能够促进城市和农村的繁荣。

本章探讨了如何最好地维持生物经济中利益相关者的生态系统。下一章将讨论转移到其他可展望未来的策略上，通过地平线扫描过程来预测趋势和变化，这有助于支持改进的战略规划。

参 考 文 献

Apweiler, R., A. Bairoch, C. H. Wu, W. C. Barker, B. Boeckmann, S. Ferro, E. Gasteiger, H. Huang, R. Lopez, M. Magrane, M. J. Martin, D. A. Natale, C. O'Donovan, N. Redaschi, and L. S. L. Yeh. 2004. UniProt: The Universal Protein Knowledgebase. *Nucleic Acids Research* 32:D115–D119.

Baily, M. N., and N. Montalbano. 2018. *Clusters and innovation districts: Lessons from the United States Experience*. Washington, DC: Brookings Institution. https://www.brookings.edu/wp-content/uploads/2018/01/es_20180116_bailyclustersandinnovation.pdf (accessed September 3, 2019).

Bayer, T. S., D. M. Widmaier, K. Temme, E. A. Mirsky, D. V. Santi, and C. A. Voigt. 2009. Synthesis of methyl halides from biomass using engineered microbes. *Journal of the American Chemical Society* 131(18):6508–6515. doi: 10.1021/ja809461u.

Berardini, T. Z., L. Reiser, D. Li, Y. Mezheritsky, R. Muller, E. Strait, and E. Huala. 2015. The Arabidopsis Information Resource: Making and mining the "gold standard" annotated reference plant genome. *Genesis* 53:474–485. https://www.arabidopsis.org/about/Berardini_et_al-2015-genesis.pdf (accessed September 3, 2019).

Bristow, M. R., L. A. Leinwand, and E. N. Olson. 2018. Entrepreneurialism in the translational biologic sciences: Why, how, and however. *JACC: Basic to Translational Science* 3(1):1–8.

Bubela, T., J. Guebert, and A. Mishra. 2015. Use and misuse of material transfer agreements: Lessons in proportionality from research, repositories, and litigation. *PLoS Biology* 13:e1002060.

Burk, D. L. 2018. DNA copyright in the administrative state. *UC Davis Law Review* 51:1297–1349.

Bush, V. 1945. *Science, the endless frontier: A report to the President.* https://www.nsf.gov/od/lpa/nsf50/vbush1945.htm (accessed September 3, 2019).

Carrico, J. A., M. Rossi, J. Moran-Gillad, G. Van Domselaar, and M. Ramirez. 2019. A primer on microbial bioinformatics for nonbioinformaticians. *Clinical Microbiology and Infection* 24(4):342–349.

Chen, P., R. Bacon, T. Hart, M. Orazaly, L. Florez-Palacios, P. Manjarrez-Sandoval, C. Wu, D. Rogers, G. Bathke, D. Ahrent-Wisdom, R. Sherman, and S. Clark. 2016. Purification and production of breeder seed and foundation seed of University of Arkansas System Division of Agriculture soybean lines. In *Arkansas Soybean Research Studies*, edited by J. Ross. Arkansas Agricultural Experiment Station. https://arkansas-ag-news.uark.edu/pdf/648_Arkansas_Soybean_Research_Studies_2016.pdf (accessed October 14, 2019).

Chi-Ham, C. L., S. Boettiger, R. Figueroa Balderas, S. Bird, J. N. Geoola, P. Zamora, M. Alandete-Saez, and A. B. Bennett. 2012. An intellectual property sharing initiative in agricultural biotechnology: Development of broadly accessible technologies for plant transformation. *Plant Biotechnology Journal* 10(5):501–510.

Cicogna, M. P. V., M. Khanna, and D. Zilberman. 2017. Prospects for biofuel production in Brazil: Role of market and policy uncertainties. In *Handbook of bioenergy economics and policy*, Vol. II. New York: Springer International Publishing. Pp. 89–117.

Courneya, J. P., and A. Mayo. 2018. High-performance computing service for bioinformatics and data science. *Journal of the Medical Library Association* 106(4):494–495.

Cumbers, J. 2019. *Defining the bioeconomy.* Presentation to the Committee on Safeguarding the Bioeconomy, January 28. http://nas-sites.org/dels/studies/bioeconomy/meeting-1 (accessed October 30, 2019).

Delebecque, C. J., and J. Philp. 2019. Education and training for industrial biotechnology and engineering biology. *Engineering Biology* 3(1). doi: 10.1049/enb.2018.0001.

Dewey, F. E., V. Gusarova, R. L. Dunbar, C. O'Dushlaine, C. Schurmann, O. Gottesman, et al. 2017. Genetic and pharmacologic inactivation of ANGPTL3 and cardiovascular disease. *New England Journal of Medicine* 377:211–221. doi: 10.1056/NEJMoa1612790.

Dolgin, E. 2019. Massive NIH–industry project opens portals to target validation. *Nature Reviews Drug Discovery*, February 27. https://www.nature.com/articles/d41573-019-00033-8 (accessed September 3, 2019).

EARTO (European Association of Research and Technology Organisations). 2014. *The TRL scale as a research & innovation policy tool, EARTO recommendations.* https://www.earto.eu/wp-content/uploads/The_TRL_Scale_as_a_R_I_Policy_Tool_-_EARTO_Recommendations_-_Final.pdf (accessed October 3, 2019).

EBRC (Engineering Biology Research Consortium). 2019. *Engineering biology: A research roadmap for the next-generation bioeconomy.* https://roadmap.ebrc.org (accessed September 3, 2019).

EIA (U.S. Energy Information Administration). 2017. *U.S. ethanol production capacity continues to increase.* https://www.eia.gov/todayinenergy/detail.php?id=31832 (accessed September 3, 2019).

EIA. 2019. *U.S. fuel ethanol plant production capacity.* https://www.eia.gov/petroleum/ethanolcapacity/index.php (accessed September 3, 2019).

Eisenberg, R. S. 2012. Patents and regulatory exclusivity. In *The Oxford Handbook of the Economics of the Biopharmaceutical Industry*, edited by P. Danzon and S. Nicholson. Oxford, UK: Oxford University Press. Pp. 167–198. https://repository.law.umich.edu/book_chapters/126 (accessed October 14, 2019).

EOP (Executive Office of the President). 2011. *Improving regulation and regulatory review*. Executive Order 13563, January 18, 2011. https://obamawhitehouse.archives.gov/the-press-office/2011/01/18/executive-order-13563-improving-regulation-and-regulatory-review (accessed October 1, 2019).

EOP. 2017. *Modernizing the regulatory system for biotechnology products: Final version of the 2017 update to the coordinated framework for the regulation of biotechnology*. https://obamawhitehouse.archives.gov/sites/default/files/microsites/ostp/2017_coordinated_framework_update.pdf (accessed October 3, 2019).

EOP. 2018. *Efficient federal operations*. Executive Order 13834. *Federal Register* 83:23771–23774 https://www.federalregister.gov/documents/2018/05/22/2018-11101/efficient-federal-operations (accessed October 18, 2019).

EUA (European University Association). 2019. *The role of universities in regional innovation ecosystems*. https://eua.eu/downloads/publications/eua%20innovation%20ecosystem%20report%202019v1.1_final_digital.pdf (accessed September 3, 2019).

Feldman, M. 2019. *The economics of innovation and the commercialization of research*. Presentation to the Committee on Safeguarding the Bioeconomy, May 1. http://nas-sites.org/dels/studies/bioeconomy/meeting-3 (accessed October 14. 2019).

Gilbert, J. A., and L. Melton. 2018. Verily project releases millions of factory-reared mosquitoes. *Nature Biotechnology* 36:781–782.

Golden, J. S., R. B. Handfield, J. Daystar, and T. E. McConnell. 2016. *An economic impact analysis of the U.S. biobased products industry*. U.S. Department of Agriculture. https://www.biopreferred.gov/BPResources/file/BiobasedProductsEconomicAnalysis2016.pdf.

Green, E. D., and M. S. Guyer. 2011. National Human Genome Research Institute. Charting a course for genomic medicine from base pairs to bedside. *Nature* 470:204–213. doi: 10.1038/nature09764.

Hakovirta, M., and L. Lucia. 2019. Informal STEM education will accelerate the bioeconomy. *Nature Biotechnology* 37:103–104. https://www.nature.com/articles/nbt.4331 (accessed September 3, 2019).

Halamka, J. D., and M. Tripathi. 2017. The HITECH era in retrospect. *New England Journal of Medicine* 377:907–909. doi: 10.1056/NEJMp1709851.

Hockberger, P., J. Weiss, A. Rosen, and A. Ott. 2018. Building a sustainable portfolio of core facilities: A case study. *Journal of Biomolecular Techniques* 29(3):79–92.

Holman, C. M. 2017. Charting the contours of a copyright regime optimized for engineered genetic code. *Oklahoma Law Review* 69(3). http://digitalcommons.law.ou.edu/olr/vol69/iss3/2 (accessed October 14, 2019).

IAC (InterAcademy Council). 2014. *Inventing a better future: A strategy for building worldwide capacities in science and technology*. Amsterdam, The Netherlands: InterAcademy Council. http://www.interacademies.org/33347.aspx?id=33347 (accessed October 3, 2019).

Innes, R. 2004. Enforcement costs, optimal sanctions, and the choice between ex-post liability and ex-ante regulation. *International Review of Law and Economics* 24:29–48.

International Human Genome Sequencing Consortium. 2001. Initial sequencing and analysis of the human genome. *Nature* 409(6822):860–921.

IOM (Institute of Medicine). 2003. *Responsible research: A systems approach to protecting research participants*. Washington, DC: The National Academies Press. https://doi.org/10.17226/10508.

IOM. 2015. *Informed consent and health literacy: Workshop summary*. Washington, DC: The National Academies Press. https://doi.org/10.17226/19019.

Jackson, D. 2011. What is an innovation ecosystem? National Science Foundation. http://erc-assoc.org/sites/default/files/topics/policy_studies/DJackson_Innovation%20Ecosystem_03-15-11.pdf.

Jefferson, O. A., A. Jaffe, D. Ashton, B. Warren, D. Koellhofer, U. Dulleck, A. Ballagh, J.

Moe, M. DiCuccio, K. Ward, G. Bilder, K. Dolby, and R. A Jefferson. 2018. Mapping the global influence of published research on industry and innovation. *Nature Biotechnology* 36:31–39.

Kahl, L., J. Molloy, N. Patron, C. Matthewman, J. Haseloff, D. Grewal, R. Johnson, and D. Endy. 2018. Opening options for material transfer. *Nature Biotechnology* 36(10):923–927.

Karow, J. 2017. Geisinger experience implementing precision medicine spurs new effort to help others do the same. *GenomeWeb*, November 16. https://www.genomeweb.com/molecular-diagnostics/geisinger-experience-implementing-precision-medicine-spurs-new-effort-help (accessed September 3, 2019).

Khera, A. V., M. Chaffin, K. G. Aragam, M. E. Haas, C. Roselli, S. H. Choi, P. Natarajan, E. S. Lander, S. A. Lubitz, P. T. Ellinor, and S. Kathiresan. 2018. Genome-wide polygenic scores for common diseases identify individuals with risk equivalent to monogenic mutations. *Nature Genetics* 50:1219–1224. doi: 10.1038/s41588-018-0183-z.

Kohane, I. S. 2011. Using electronic health records to drive discovery in disease genomics. *Nature Reviews Genetics* 12(6):417–428. doi: 10.1038/nrg2999.

Lask, J., J. Maier, B. Tchouga, and R. Vargas-Carpintero. 2018. The bioeconomist. In *Bioeconomy: Shaping the transition to a sustainable, biobased economy,* edited by I. Lewandowski. Cham, Switzerland: Springer. Pp 343–356. doi: 10.1007/978-3-319-68152-8.

Link, A. N., and L. T. R. Morrison. 2019. The U.S. small business innovation research program. In *Innovative activity in minority-owned and women-owned business: Evidence from the U.S. Small Business Innovation Research Program.* Cham, Switzerland: Springer. Pp. 13–27. doi: 10.1007/978-3-030-21534-7.

Male, J. 2019. BETO overview, slide 18. 2019 Project Peer Review, March 4. https://www.energy.gov/sites/prod/files/2019/03/f60/Day%201_Plenary_Male_BETO_Overview.pdf (accessed October 14, 2019).

MarketWatch. 2019. *Maze Therapeutics launches with $191 million to focus on translating genetic insights into new medicines.* https://www.marketwatch.com/press-release/maze-therapeutics-launches-with-191-million-to-focus-on-translating-genetic-insights-into-new-medicines-2019-02-28 (accessed September 3, 2019).

Molino, A., V. Larocca, S. Chianese, and D. Musmarra. 2018. Biofuels production by biomass gasification: A review. *Energies* 11(4):811. doi: 10.3390/en11040811.

Monis, I. 2018. Designing for STEM: California community colleges are helping shape the STEM workforce of the future. *Planning for Higher Education Journal* 47(1):32–38.

Motola, V., I. De Bari, N. Pierro, and A. Giocoli (ENEA). 2018. *Bioeconomy and biorefining strategies in the EU member states and beyond.* IEA bioenergy task 42. https://www.ieabioenergy.com/wp-content/uploads/2018/12/Bioeconomy-and-Biorefining-Strategies_Final-Report_DEC2018.pdf (accessed October 30, 2019).

Narayanan, D., and M. Weingarten. 2018. Chapter 9—An introduction to the National Institutes of Health SBIR/STTR programs. In *Medical innovation: Concept to commercialization,* edited by K. E. Behrns, B. Gingles, and M. G. Sarr. Cambridge, MA: Academic Press. Pp. 87–100.

NASEM (National Academies of Sciences, Engineering, and Medicine). 2017a. *A new vision for center-based engineering research.* Washington, DC: The National Academies Press. https://doi.org/10.17226/24767.

NASEM. 2017b. *Preparing for future products of biotechnology.* Washington, DC: The National Academies Press. https://doi.org/10.17226/24605.

NASEM. 2018a. *Biodefense in the age of synthetic biology.* Washington, DC: The National Academies Press. https://doi.org/10.17226/24890.

NASEM. 2018b. *Data science for undergraduates: Opportunities and options.* Washington, DC: The National Academies Press. https://doi.org/10.17226/25104.

NASEM. 2018c. *Graduate STEM education for the 21st century.* Washington, DC: The National Academies Press. https://doi.org/10.17226/25038.

NASEM. 2018d. *Open science by design: Realizing a vision for 21st century research.* Washington, DC: The National Academies Press. https://doi.org/10.17226/25116.

NASEM. 2019. *Minority serving institutions: America's underutilized resource for strengthening the STEM workforce*. Washington, DC: The National Academies Press. https://doi. org/10.17226/25257.

Nature Biotechnology [Editorial]. 2014. The service-based bioeconomy. 32:597. https://www. nature.com/articles/nbt.2961 (accessed October 14, 2019).

Nielsen, J., T. Bubela, D. R. C. Chalmers, A. Johns, L. Kahl, J. Kamens, C. Lawson, J. Liddicoat, R. McWhirter, A. Monotti, J. Scheibner, T. Whitton, and D. Nicol. 2018. Provenance and risk in transfer of biological materials. *PLoS Biology* 16(8):e2006031.

NIST (National Institute of Standards and Technology). 2019. *Return on investment initiative for unleashing American innovation*. NIST Special Publication 1234. https://nvlpubs. nist.gov/nistpubs/SpecialPublications/NIST.SP.1234.pdf (accessed October 14, 2019).

NRC (National Research Council). 1992. *Responsible science, Volume I: Ensuring the integrity of the research process*. Washington, DC: National Academy Press.

NRC. 2004. *A patent system for the 21st century*. Washington, DC: The National Academies Press. https://doi.org/10.17226/10976.

NRC. 2011. *Managing university intellectual property in the public interest*. Washington, DC: The National Academies Press. https://doi.org/10.17226/13001.

NRC. 2014. *Convergence: Facilitating transdisciplinary integration of life sciences, physical sciences, engineering, and beyond*. Washington, DC: The National Academies Press. https://doi. org/10.17226/18722.

NSB and NSF (National Science Board and National Science Foundation). 2018. *2018 science & engineering indicators—Digest*. https://www.nsf.gov/statistics/2018/nsb20181/ assets/1407/digest.pdf (accessed October 8, 2019).

Ochoa, T. T. 2002. Origins and meanings of the public domain. *University of Dayton Law Review* 28:215. https://digitalcommons.law.scu.edu/facpubs/80 (accessed October 14, 2019).

OECD (Organisation for Economic Co-operation and Development)/Eurostat. 2018. *Oslo manual 2018: Guidelines for collecting, reporting and using data on innovation*, 4th edition. Paris, France: OECD Publishing. doi: 10.1787/9789264304604-en.

OMB (Office of Management and Budget). 2017. *Report to Congress on Implementation of Section 6002 of the Resource Conservation and Recovery Act (RCRA); Section 9002 of the Farm Security and Rural Investment Act of 2002; and Section 9002 of the Agricultural Act of 2014*. https://www.whitehouse.gov/sites/whitehouse.gov/files/omb/procurement/ reports/2017_rcra_report.pdf (accessed October 14, 2019).

OSTP (Office of Science and Technology Policy). 1986. Coordinated framework for regulation of biotechnology; announcement of policy and notice for public comment. *Federal Register* 51(123):23302–23309. https://ww.govinfo.gov/content/pkg/FR-1986-06-26/ pdf/FR-1986-06-26.pdf.

OSTP. 2015. *Modernizing the regulatory system for biotechnology products*. Memorandum for Heads of Food and Drug Administration, Environmental Protection Agency, and Department of Agriculture, July 2. https://www.epa.gov/sites/production/ files/2016-12/documents/modernizing_the_reg_system_for_biotech_products_ memo_final.pdf (accessed October 30, 2019).

Parks, S., I. Ghiga, L. Lepetit, S. Parris, J. Chataway, and M. Morgan Jones. 2017. *Developing standards to support the synthetic biology value chain*. Santa Monica, CA: RAND Corporation. doi: 10.7249/RR1527.

Powles, J., and H. Hodson. 2017. Google DeepMind and healthcare in an age of algorithms. *Health and Technology* 7(4):351–367. doi: 10.1007/s12553-017-0179-1.

Qian, H., and X. Yao. 2017. *The role of research universities in U.S. college-town entrepreneurial ecosystems*. doi: 10.13140/RG.2.2.12370.15043.

Reiser, L., T. Z. Berardini, D. Li, R. Muller, E. M. Strait, Q. Li, Y. Mezheritsky, A. Vetushko, and E. Huala. 2016. Sustainable funding for biocuration: The Arabidopsis Information Resource (TAIR) as a case study of a subscription-based funding model. *Database: The Journal of Biological Databases and Curation* baw018. doi: 10.1093/database/baw018.

Rey, D. 2018. There are now 141 bio companies funded by YC. *Y Combinator*, September 11. https://blog.ycombinator.com/there-are-now-141-bio-companies-funded-by-yc (accessed September 3, 2019).

Santos, R., and R. A. Melo. 2018. Global shortage of technical agars: Back to basics (resource management). *Journal of Applied Phycology* 30(4):2463–2473. https://link.springer.com/article/10.1007/s10811-018-1425-2 (accessed September 3, 2019).

Schmidt, C. 2019. Meet the 25 synthetic biology companies that raised $652M this quarter. *Synbiobeta*, April 10. https://synbiobeta.com/meet-the-25-synthetic-biology-companies-that-raised-652m-this-quarter (accessed September 3, 2019).

Sherkow, J. S. 2016. Protecting products versus platforms. *Nature Biotechnology* 34:462–465.

Smart, R. D., M. Blum, and J. Wessler. 2016. Trends in approval times for genetically engineered crops in the United States and the European Union. *Journal of Agricultural Economics* 68:182–198. https://onlinelibrary.wiley.com/doi/abs/10.1111/1477-9552.12171 (accessed October 18, 2019).

Spatial Foresight, SWECO, ÖIR, t33, Nordregio, Berman Group, and Infyde. 2017. *Bioeconomy development in EU regions. Mapping of EU member states'/regions' research and innovation plans & strategies for smart specialisation (RIS3) on bioeconomy for 2014–2020.* DG Research & Innovation, European Commission, Brussels. https://ec.europa.eu/research/bioeconomy/pdf/publications/bioeconomy_development_in_eu_regions.pdf (accessed October 3, 2019).

Stephens, Z. D., S. Y. Lee, F. Faghri, R. H. Campbell, C. Zhai, M. J. Efron, R. Iyer, M. C. Schatz, S. Sinha, and G. E. Robinson. 2015. Big data: Astronomical or genomical? *PLoS Biology* 13(7):e1002195.

Synbiobeta. 2018. *Synthetic biology annual investment report.* https://synbiobeta.com/reports/investment-report-2018 (accessed September 3, 2019).

Thompson, C., J. Sanchez, M. Smith, J. Costello, A. Madabushi, N. Schuh-Nuhfer, R. Miranda, B. Gaines, K. Kennedy, M. Tangrea, and D. Rivers. 2018. Improving undergraduate life science education for the biosciences workforce: Overcoming the disconnect between educators and industry. *CBE—Life Sciences Education* 17(3). https://www.lifescied.org/doi/full/10.1187/cbe.18-03-0047?url_ver=Z39.88-2003&rfr_id=ori%3Arid%3Acrossref.org&rfr_dat=cr_pub%3Dpubmed& (accessed October 18, 2019).

Torrance, A. W., and L. Kahl. 2014. Bringing standards to life: Synthetic biology standards and intellectual property. *Santa Clara High Technology Law Journal* 30(2). https://ssrn.com/abstract=2426235 (accessed October 14, 2019).

UniProt Consortium. 2015. UniProt: A hub for protein information. *Nucleic Acids Research* 43:D204–D212.

UniProt Consortium. 2017. UniProt: The Universal Protein Knowledgebase. *Nucleic Acids Research* 45:D158–D169.

UniProt Consortium. 2019. UniProt: A worldwide hub of protein knowledge. *Nucleic Acids Research* 47:D506–D515.

Uyarra, E., and K. Flanagan. 2010. Understanding the innovation impacts of public procurement. *European Planning Studies* 18(Issue 1). doi: 10.1080/09654310903343567.

Venter, J. C., M. D. Adams, E. W. Myers, P. W. Li, R. J. Mural1, G. G. Sutton, H. O. Smith, M. Yandell, C. A. Evans, R. Holt, et al. 2001. The sequence of the human genome. *Science* 291(5507):1304–1351.

Walsh, J. P., C. Cho, and W. M. Cohen. 2005. View from the bench: Patents and material transfers. *Science* 309(5743):2002–2003.

WEF (World Economic Forum). 2018. *The Global Competitiveness Report 2018.* http://reports.weforum.org/global-competitiveness-report-2018 (accessed October 18, 2019).

Westbrook, J. D., and S. K. Burley. 2019. How structural biologists and the protein data bank contributed to recent FDA new drug approvals. *Perspective* 27(2):211–217. doi: 10.1016/j.str.2018.11.007.

White House. 2012. *The National Bioeconomy Blueprint.* https://obamawhitehouse.archives.gov/sites/default/files/microsites/ostp/national_bioeconomy_blueprint_april_2012.pdf (accessed September 3, 2019).

White House. 2018. *The U.S. STEM strategy.* https://www.whitehouse.gov/wp-content/uploads/2018/12/STEM-Education-Strategic-Plan-2018.pdf (accessed September 3, 2019).

White House. 2019. *Executive order on modernizing the regulatory framework for agricultural biotechnology products.* https://www.whitehouse.gov/presidential-actions/executive-order-modernizing-regulatory-framework-agricultural-biotechnology-products (accessed September 3, 2019).

Wince-Smith, D. 2017. Universities are wellsprings of innovation, drivers of regional economies. *Medium*, February 14. https://blog.thegfcc.org/universities-are-wellsprings-of-innovation-drivers-of-regional-economies-8a3c097e6cc (accessed September 3, 2019).

Zhou, X., M. P. Taylor, H. Salouros, and S. Prasad. 2018. Authenticity and geographic origin of global honeys determined using carbon isotope ratios and trace elements. *Scientific Reports* 8. https://www.nature.com/articles/s41598-018-32764-w (accessed August 1, 2019).

6　地平线扫描和预见方法

主要研究结果摘要

- 地平线扫描有助于评估是否为未来的变化或威胁做好了充分的准备。
- 当地平线扫描与其他预测工具相结合时，如果能够持续有效地执行，可以通过识别重要需求或差距来帮助制定政策。
- 地平线扫描也是一个将不同学科领域的专家聚集在一起讨论一个共同的问题并制定可行解决方案的有效工具。
- 所有的地平线扫描过程都涉及扫描、分析、综合和交流信息这一循环行为的一些迭代。
- 来自各种可靠来源的专家意见对地平线扫描过程的成功至关重要。
- 在考虑生物经济的地平线扫描过程时，需要解决四个关键问题：
  - 方法：目的是实现情景规划，还是确定可能产生政策影响的具体问题？
  - 范围：所设想的地平线扫描工作是广泛的（例如，描述可能影响生物经济的问题）还是狭窄的（例如，描述特定领域中出现的所有问题）？
  - 过程：输入未来思考过程的数据是来自机器可读的来源，还是基于专家意见？
  - 时间框架：目的是着眼于近期，确定现在正在出现的问题，还是着眼于更远的未来，包括未来10~20年的远景？
- 将地平线扫描整合到更广泛的预见过程中，将有助于在短期内更好地制定政策，为持续、及时地确定保护新技术和数据所需的其他策略并评估其对创新和生物安全的影响做准备。

可以使用一系列工具以结构化的方式思考未来的风险和机会。正如国家情报总监办公室的丹尼尔·弗林（Daniel Flynn）所指出的，这些工具"是用来在一个未来无法预知的世界中进行未来规划的。"[①]此类工具通常用于帮助制定政策，使实体

---

① Flynn 在 2019 年 6 月 11 日为这项研究举行的网络研讨会上发表了讲话。

（如政府或组织）更有弹性，更好地采取有效行动（IRM，2018）。根据英国内阁办公室的解释：

> 这不是做预测，而是系统地调查未来趋势的证据。地平线扫描有助于政府分析自己是否为潜在的机会和威胁做好了充分准备。这有助于确保政策能够适应不同的未来环境①。

因此，地平线扫描不是为了预测未来，而是关注作为潜在变化指标的微弱信号的早期检测。

有关地平线扫描所涉及的相关工具、技术和过程的术语尚未标准化，这可能会导致混乱。例如，在有些情况下，对未来进行结构化思考的整个过程被称为"地平线扫描"（UK Government Office for Science，2013），而在另一些情况下，它被称为"预见"或"未来思考"（FAO，2013）。在这份报告中，委员会采用了与经济合作与发展组织（OECD）使用的相似的定义：地平线扫描是"一种通过对潜在威胁和机会进行系统性检查来检测潜在重要发展的早期迹象的技术，重点是新技术及其对当前问题的影响"（OECD，n.d.a）。

地平线扫描可以整合到更广泛的未来思考或预见框架中。这个框架描述了更广泛的整体过程，包括评估和理解相关发展的政策影响，以及确定期望的未来和有助于实现这些未来的具体政策行动（关于这些术语的更详细讨论见附件6-1）。苏黎世联邦理工学院开发了一个预见过程模型，作为加强瑞士政策制定工作的一部分（Habegger，2009）（图 6-1）。该模型有三个阶段。第一阶段是使用地平线扫描工具来识别和监测相关问题、趋势、发展和变化。第二阶段是利用不同的工具来评估和理解由此产生的政策挑战。第三阶段是设想未来，并根据特定情景的发展来确定实现这些未来的具体政策行动。

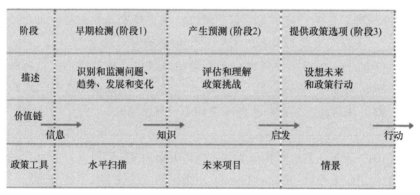

图 6-1　全面预见过程的三个阶段。资料来源：Habegger，2009；Schultz，2006；Horton，1999。

---

① 见 https://www.gov.uk/government/groups/horizon-scanning-programme-team。

本章深入思考了地平线扫描方法，首先探讨它是如何被用作政策工具的。接下来概述了地平线扫描的良好实践。该概述思考了潜在的信息来源、用于参数化扫描或评估结果的标准的制定，以及改进传统地平线扫描方法的途径，还思考了与结果沟通、将结果与具体行动相关联以及从过去吸取教训有关的问题。为了说明地平线扫描在实践中是如何工作的，本章随后介绍了对过去在美国和世界其他地方进行的相关扫描的案例研究。其中一些案例研究专门关注生物技术，而其他案例研究则由可能与本研究相关的领域进行，如国防、健康、食品安全、农业、环境与保护。接下来，本章将地平线扫描置于更广泛的背景下，通过所谓的"超级预测"探索一些相关的工具包、手册和指南，以及通过所谓的"超级预测"进行预测或未来思考的应用。本章以委员会的结论结尾，该结论概述了一种基于现有最佳实践并利用现有资源、适合对美国生物经济进行未来思考和地平线扫描的可能机制。

6.1 作为一种政策工具的地平线扫描

地平线扫描通常作为预见过程的一部分，可以帮助解决各种各样的政策制定需求（有关此类分析的概述，见附件 6-1）。它还可以产生重要的信息（如识别重要的趋势或发展），并有助于在解决未来问题时获得准备时间，或作为情景开发过程的输入（European Commission，2015；OECD，n.d.a）。它可以帮助确保政策制定"跳出了固有思维模式"，并且能够"通过预先为不太可能发生但可能具有高影响性的事件制定规划来管理风险"（UK Government Office for Science，2013）。更广泛地说，将来自不同背景和学科的专家及政策制定者聚集在一起会带来好处（Habegger，2009）。然而，必须认识到，地平线扫描的运作超越了坚实的证据基础，而依赖于参与这项工作的人的直觉（UK Government Office for Science，2017）。

地平线扫描的过程可以被认为包括两种不同的方法："持续（通常为定期通讯）或定期不连续扫描（如每 5 年一次），以及针对特定目的、按需或在特定场合进行的临时地平线扫描"（European Commission，2015）。已经确定了许多不同的地平线扫描方法。例如，联合国粮食及农业组织（FAO）开发了一个类型，包括：用于对趋势或发展进行优先排序的最优-最差扫描，用于从其他地平线扫描过程中捕获已识别的趋势和发展的德尔塔扫描，挖掘专业知识的专家咨询，用于识别变化信号以追踪趋势和驱动因素的手动扫描。FAO 还举例说明了每种方法的常用操作过程，并指出了每种方法的优缺点（FAO，2013）。

在世界某些地区，地平线扫描已经被明确纳入政策制定过程。例如，英国通过内阁办公室将地平线扫描纳入了其核心政策制定过程。英国使用地平线扫描作为更大的预见过程的一部分,以收集有关趋势和发展(监测)的信息并探索其可能的影响。地平线扫描还被用作一种机制,以吸引人们参与对未来的思考,并创造一个有利于深入了解不断变化的政策环境的氛围。例如,新加坡(Chong et al.,2007)、荷兰(European Environmental Agency,2011)和瑞士(Habegger,2009)也开展了类似的工作。新加坡的工作主要集中在地平线扫描过程的自动化方面。

6.2　地平线扫描的良好实践

6.2.1　地平线扫描过程

许多机构已经描述了不同的地平线扫描过程,包括英国政府科学办公室(2017)、欧盟(EU)研究与创新总局(DG)(European Commission,2015)、风险管理研究所(IRM,2018)和几个学术团体(Brown et al.,2005;Habegger,2009;Wintle et al.,2017)。图 6-2 展示了地平线扫描过程的示例。一般来说,这些过程具有以下共同特点。他们首先定义扫描的范围,然后确定可能有重要相关见解的专家。例如,IRM 过程强调了包含不同范围的、具有开放思想的参与者的重要性(IRM,2018)。其他一些模型则强调,这个过程可以是开放式的,参与人数尽可能多。当然,增加人员数量会增加跟踪和汇编结果方面的负担,并且可能需要专门的项目经理。然后,参与者的任务是在固定的时间框架内对特定

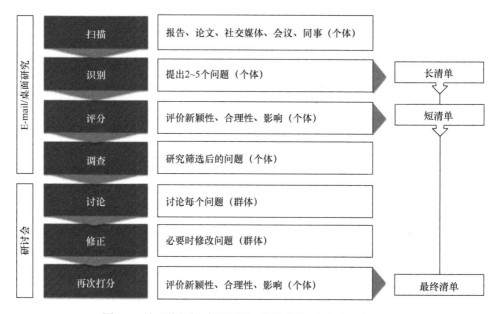

图 6-2　地平线扫描过程示例。资料来源:Wintle,2017。

问题进行结构化扫描。例如，英国的扫描过程建议每人每周进行一次扫描（UK Government Office for Science，2017）。要涵盖的问题可以预先确定，也可以由参与者自行确定，从而利用他们的专业知识和对可能有关的问题的见解。每次扫描都描述了所确定的趋势或发展、它与正在探索的政策或战略领域的关系、参与者为什么认为它很重要，以及它激发了哪些想法。这些描述可以包含指向原始来源或附加信息的链接，但最好是简短的。例如，英国的扫描过程建议不超过一页（UK Government Office for Science，2017）。

有些过程在这一点上停止，它们的最终输出是一段时间里一系列经过整理的问题扫描，不过这些输出有时会作为更大扫描过程的一部分被输入到其他活动中，就像英国的情况一样（UK Government Office for Science，2013）。其他的过程更进一步，提供额外的步骤，包括在地平线扫描过程中对扫描本身进行讨论、细化、评级或以其他方式审查。例如，欧盟科研与创新总司（DG RTD）制定的过程需要专家对话。一些学术过程采用了更全面的半定量方法，包括需要通过研讨会进行面对面交流（European Commission，2015）。然后，一些过程包括额外的步骤来打包和构建结果，以便在政策制定中使用这些结果。例如，IRM 过程强调了可视化的价值（IRM，2018）。

6.2.2 优化地平线扫描过程

在寻求优化地平线扫描过程时，需要考虑几个因素，如信息来源、决策标准、定制通用过程的方法学工具，以及政策影响（关于每个因素的详细讨论，见附件 6-1）。

信息来源——地平线扫描的信息可以来自许多不同的来源。有些来源（如出版物、定量数据和发表的观点）可能更为传统。然而，要达到当前思维的极限，可能需要一些不那么传统的来源，如新闻媒体、社交媒体和预发布服务器。随着主题变得越来越熟悉，收集信息的过程也会越来越自动化。

决策标准和要提出的问题——无论是在对某个主题进行扫描时，还是在审查其潜在的政策影响时，都可以应用一系列标准，如可信度、新颖性、可能性、影响、相关性、认知时间（该主题或其影响广为人知需要多久），以及为开发做准备的时间。研究人员已提出了一些具体的问题来探讨这些标准（Hines et al.，2018）。

定制通用过程的方法学工具——最近的一些出版物描述了地平线扫描的方法学工具。示例包括：使用预先开发的情景来帮助识别重要的微弱信号（Rowe et al.，2017）；将特定地平线扫描工具与政策制定者需求相匹配的更结构化的方法，包括更好的度量标准（Amanatidou et al.，2012）；整合更全面的协作审查流程，以确定决策者和从业者的适当回应（Sutherland et al.，2012）；对用于地平线扫描的不同信息源的价值进行评估的机制（Smith et al.，2010）。

增加的政策影响——已经确定了一些展示和交流地平线扫描结果的良好实践，包括：为地平线扫描和未来工作指定一个特定的赞助商；将结果转化为更容易理解的形式；根据政策利益调整报告；将时间安排与政治时间框架相匹配；选择专家以提高政策的相关性；关注所讨论事件的潜在影响和涉及的时间框架；以合乎逻辑的方式组织结果，无论是根据确定的问题组还是根据相关的政策驱动因素。

6.2.3 从以往的地平线扫描使用中吸取的经验教训

从以往在制定政策时的地平线扫描使用中总结出了一些经验教训。例如，委员会咨询的地平线扫描专家①讨论了：专家意见的使用；偏差的来源和解决方法；评价地平线扫描有效性的选项。

关于专家意见的使用，发言者们注意到，个人的专业知识在其技术分工或经验领域的狭窄范围之外急剧下降，并指出通才和非专家的意见也有特殊的价值。与此相关的是，专家的年龄、出版物数量、技术资格、经验年限、学术团体成员资格以及明显的公正性，并不能解释专家在估算未知数量或预测未来事件方面的能力。然而，许多因素往往会导致更好的判断。例如，在需要快速反馈的领域具有经验的专家，如国际象棋选手、天气预报员、体育运动员、赌徒和重症监护医生；那些不太自信、不太果断、能综合不同来源信息的人也能做出更好的判断。还要指出的是，通过根据专家在测试问题上的表现对专家意见进行加权，可以改进许多领域的风险评估，并且相关的培训可以提高专家估算事件概率的能力。最后，群体评估的效果总是优于个体评估，并且多样化的群体往往产生更准确的判断。

在偏差方面，向委员会发言的专家确定了各种类型的偏差，并提出了减轻其对地平线扫描过程和结果的影响的方法。赌徒谬误（相信过去的事件会过度影响未来的事件）和可用性启发（可能会受到最近的记忆和事件的过度影响）可以通过识别和剖析过程中固有的假设来缓解，无论是在分配的任务中，还是在参与者的角度。确认偏差（搜索、解释、关注和记住确认先入之见的信息的可能性）可以通过让来自不同领域和地点、具有广泛背景和专业知识的参与者参与来缓解。投射偏差（相信偏好随着时间的推移会保持不变）会导致只关注问题或选项的子集。可以通过剖析假设并对其提出质疑，以及扩大过程中涉及的专业知识范围来缓解这种情况。从众效应或"群体思维"增加了无法探索全部选项或问题的可能性，可以通过有意让来自不同背景和领域的专家参与来应对。锚定偏差（过分依赖单一信息的倾向，通常是最先获得的信息）可以通过使用特定问题的支持者和

① 这些专家在2019年6月11日为这项研究举行的网络研讨会上发表了讲话。

反对者，以及按不同顺序进行多轮评分来缓解。最后，显著性偏差（专注于更突出或更具情感影响力的事情的可能性，尤其是当特别大声和技巧高超的发言人在倡导具体问题时）可以通过一贯严格执行的倡导立场的规则，以及使用投票和匿名的反馈来解决。

在评估地平线扫描的有效性时，专家们评论说，已经尝试回顾以往地平线扫描的影响。正如所预期的那样，这些努力表明，一些问题已被及时识别并被认为是有影响的，而其他被识别的问题最终影响很小（Sutherland et al.，2012）。然而，鉴于地平线扫描不是要预测未来，评估预测的"命中率"是一个不合适的度量标准。没有事件并不一定没有影响。识别早期信号并采取有效的政策行动可能会导致明显的无效结果。因此，度量地平线扫描或未来努力的指标可能更有用地集中在探索这些努力是否导致政策制定者考虑更多问题或探索更多选择。或者，通过在促进更好的决策方面，将地平线扫描得出的评估结果与其他工具得出的评估结果进行比较，可以获得有用的见解。

来自其他实体的出版物，如美国国家情报委员会（NIC，2017）、美国林务局（Hines et al.，2018）、英国政府（UK Government Office for Science，2017）和欧盟（European Commission，2015），都记录了审慎思考、关键考虑因素、实施规则，以及通过迭代使用地平线扫描而获得的改进（有关经验教训的详细讨论，见附件6-1）。

6.3　地平线扫描的案例研究

早已开展与本研究相关的一些地平线扫描。这些扫描的内容和开展扫描的团体都可以作为后续发展的重要资源。委员会指出，美国联邦机构进行的地平线扫描活动很少有文字记录。如果相关联邦机构开展这些活动，就有相当大的空间来加强对这些工作的透明报告和经验分享。

本节提供了以往扫描及开展扫描的参与者的示例。回顾的扫描包括与生物经济直接相关的扫描、在美国情报机构内进行的扫描、由在保护生物经济方面发挥直接作用的机构进行的扫描，以及在美国联邦机构内进行的扫描。附件6-1描述了其他地平线扫描的示例，包括将来自不同机构的独立地平线扫描和与生物经济相关领域（如健康、食品安全、环境与保护）的特定对象扫描结合在一起的工作。

6.3.1　与生物经济相关的地平线扫描示例

2017年，一份跨大西洋地平线扫描报告发表，描述了可能对全球社会产生重大影响的生物工程进展。这一过程汇集了地平线扫描、生物安全、植物生物技术、生物信息学、合成生物学、生物经济、生物防御、科学政策、纳米技术、保护与环境科学、工业生物技术和社会科学等领域的专家。这些专家使用了上述地平线扫描过程中描述的过程，确定了 70 个潜在问题，然后将其中的 20 个问题列为优先事项，涉及健康、能源、农业和环境等领域（Wintle et al.，2017）（表 6-1）。

表 6-1　生物工程领域可能在短期、中期和长期内对全球社会产生重大影响的问题

可能在 5 年内产生影响的问题	可能在 5～10 年内产生影响的问题	可能在超过 10 年内产生影响的问题
• 用于生产生物燃料的人工光合作用和碳捕获 • 用于提高农业生产力的增强光合作用 • 合成基因驱动的新方法 • 人类基因组编辑 • 加快国防机构在生物工程领域的研究	• 再生医学：人体部位的 3D 打印和组织工程 • 基于微生物组的治疗药物 • 在植物中生产疫苗和人类治疗药物 • 利用工程化生物体生产非法药物 • 将密码子重新分配作为遗传防火墙 • 用于生物学设计、测试和优化的自动化工具的兴起 • 生物学作为一种信息科学：对全球治理的影响 • 信息安全与生物自动化的交叉 • 《名古屋议定书》对生物工程的影响 • 企业间谍活动和生物犯罪	• 新制造商扰乱医药市场 • 应对新发疾病大流行的平台技术 • 对生物风险的基于分类的描述和管理所面临的挑战 • 生物技术所有权模式的转变 • 确保驱动生物经济所需的关键基础设施的安全

资料来源：Wintle et al.，2017。

　　将这 20 个优先事项根据其可能的影响时间表进行分类。重点关注可能在 5 年内产生影响的 5 个问题，包括基因驱动的新方法（随后得到了主要科学资助者的大力支持）（Wellcome Trust，2017）、人类基因组编辑（2018 年诞生了第一例基因组编辑婴儿）（Cyranoski and Ledford，2018），以及加速的国防机构研究（新的研究项目在生物安全界引发了关于此类研究合理性的争论）（Lentzos and Littlewood，2018）。10 个问题被认为可能在 5～10 年内产生影响，包括网络生物安全、企业间谍活动和生物犯罪（这与本研究的目标直接相关）。最后，确定了可能在未来 10 年产生影响的 5 个问题，包括确保实现生物经济所需的关键基础设施的安全。

6.3.2　美国情报界的地平线扫描示例

　　每届总统任期开始后不久，美国国家情报委员会（NIC）都会发布"一份关于未来 20 年关键趋势和不确定性可能如何影响世界的非机密战略评估，以帮助美国高层领导人思考和规划更长远的发展"（NIC，2017）。关于 NIC 使用的精确方法，公开的细节相对较少，但根据 NIC（2017）的报告，它涉及桌面研究以及向美国政府内部和世界各地的专家咨询，这使得人们能够识别并随后思考关键的假设和趋势。影响评估首先在区域层面进行，然后再汇总以确定全球趋势。研究

结果覆盖不同的时间框架，范围从短期（5 年）到长期（20 年）。分析模拟被用来探索未来的情景，特别是不确定性和趋势如何结合起来改变结果。

所报告的咨询会规模和广度也值得注意：

> 最终，我们对关键趋势和不确定性为期两年的探索让我们访问了超过 35 个国家，与 2500 余人会面，这帮助我们理解当今的趋势和不确定性、精英和非精英人士在未来面对此类情况时可能会做出的选择。访问世界各地的高级官员和战略家使我们了解到主要大国不断演变的战略意图和国家利益。我们与世界各地的数百名自然和社会科学家、思想领袖、宗教人士、工商界代表、外交官、发展专家以及妇女、青年和民间社会组织会面并通信。我们通过社交媒体、西南偏南互动节（South by Southwest Interactive Festival）等活动 、传统研讨会和个人对草稿的评审等方式征集对我们初步分析的反馈意见，以便补充这项研究（NIC，2017）。

然后，这些专家访谈和收到的反馈被整合到基于情景的、以政策为导向的预见方法中。情景工作和回溯工作被用来确定可以帮助实现期望的未来，并避免不期望的未来的选项和政策决策（NIC，2017）。在编制 NIC 报告时使用的特定工具可能对与该研究相关的预测工作（包括净评估和分析模拟）很重要。净评估是指：

> 一种可满足对间接决策支持系统的需求并为国防部的战略规划/管理系统提供重要输入的系统性分析方法。通过一个尽可能客观地评价两个或两个以上的竞争对手的既定过程，分析人员被引导去检查通常被忽视的因素。存在于竞争对手之间以及竞争对手在各种冲突中实现其目标的能力之间的不对称性就是其中一些因素的例子（Konecny，1988）。

净评估"使用广泛可用的数据，并创造可导致决定性优势的战略见解。它在日益危险的国家安全格局中开辟了一条路径"。它通常使用一组特定的工具。"情景规划、战争模拟、趋势分析和考虑判断是净评估研究与分析中最广泛使用的方法"（Bracken，2006）。

分析模拟，包括历史战争模拟和路径分析博弈，已经证明在针对未来冲突的军事规划中是有用的。它们使指挥官能够更好地了解对手，并在事件发生前准备可能的应对措施，从而为未知情况制定计划[①]。

---

① 2019 年 6 月 11 日，委员会的一名与会者在网络研讨会上提出了这一观点。

6.3.3 与护航生物经济有关的机构正在开发的地平线扫描工具示例

2015 年，美国国防部技术情报办公室发布了一份评估报告，评估了数据分析学支持的技术观察及地平线扫描（TW/HS），TW/HS 用于对已知和未知的科学、技术和应用进行识别、表征和预测（Office of Technical Intelligence，2015）。根据该评估报告，"数据支持的 TW/HS 有可能通过扩大分析范围并减少偏差的影响来改进或增强当前的方法，同时增强机构的能力。"该报告包括一个用于将新技术（如数据分析工具）集成到现有工作流中的结构化框架。该框架反映了先前描述的通用地平线扫描过程的组件，包括以下内容（所有描述均来自Office of Technical Intelligence，2015）：

表征决策（参见上文关于决策标准和要提出的问题的讨论）——实施扫描的人需要了解：决策本身；管理他们工作的时间表；最重要的是评估标准。这种了解"将提供关于支持性分析的范围、规模和背景的信息，使分析人员能够及时向决策过程提供有针对性的、可操作的输入，因为该信息具有可操作性。"

选择数据（参见上文关于信息来源的讨论）——这个过程"需要仔细平衡相关性和广度。关键是要识别可能提供与评估标准相关信号的信息来源，并最大限度地提高信噪比。"

选择指标（参见上文关于方法学工具的讨论以及从以往的地平线扫描使用中吸取的经验教训）——"评价标准通常是复杂的人类想法，无法从数据中精确计算出来。例如，分析学无法直接评估一项技术的成熟度，但可以分析引用该技术的活动的数量、活动的增长率，或者确定信息来源是否讨论了原型设计或高级测试，从而为技术就绪水平的评估提供信息。"

实施分析（参见上文关于决策标准和要提出的问题的讨论）——"为了更有效地应用指标，制定所考虑领域的分类法通常很有价值。分类法允许在同一抽象级别上识别领域。"

开发决策支持产品（参见上文关于增加的政策影响的讨论）——"分析人员必须将他们的调查结果的不同部分集成到一个整体中，从而使他们的工作对决策者有用……（这）需要了解什么对决策者有用，如个人指标或综合得分是否最有用，以及如何传达结果才能使其既清晰又最有可能得到有效利用。"

利用知识管理（见上面的讨论）——"为了从成功的 TW/HS 计划转变到TW/HS 项目，必须要确保产品能够以可控的工作量保持最新状态，并跟踪分析的准确性。"

6.3.4 美国联邦机构的地平线扫描示例

2018 年，美国林务局的战略预见小组和休斯敦大学的预见项目发表了一份总结报告，总结了他们的以下工作："开发一个持续的地平线扫描系统，作为对开发环境预见的输入，环境预见是对未来环境挑战和机遇的洞悉，以及运用这种洞察力为可持续的未来做准备的能力"（Hines et al.，2018）。所采用的过程与前面描述的类似。它包括一个初始的框架制定阶段，在这个阶段中，对感兴趣的领域进行了描述（包括确定关键活动、利益相关者和变化的驱动因素），设置了地理和时间框架界限，确定了利益相关者和参与者，并提出了引导性问题。扫描本身采用四步过程：

- 寻找：确定在哪里和如何寻找扫描目标。
- 分析：使用跨级别分析和跨层次分析。
- 制定框架：为组织见解制定框架。
- 应用：在工作过程中使用结果。

扫描中用于确定问题相关性的标准是之前在关于决策标准和要提出的问题的讨论中描述的标准。作者指出了从美国联邦机构内开发地平线扫描过程的努力中获得的一些具体经验教训。这项研究还包括：讨论了未来的计划，用于改进结果的交流，将结果纳入主体组织，将结果与有效行动联系起来，并使过程能够自我维持。

6.3.5　与环境和保护相关的地平线扫描示例

与环境和保护有关的国际地平线扫描工作的一个例子是来自 11 个国家的学术作者在 2016 年进行的一项国际研究，该研究的重点是未来可能对传粉媒介和传粉产生正面或负面影响的问题，并成功确定了 6 个高优先级问题和 9 个次要问题（Brown et al.，2016）。第二个例子是来自 6 个国家的学术作者在 2018 年进行的一项国际研究，该研究确定了"15 个新出现的优先主题，这些主题可能对未来全球生物多样性的保护产生重大的正面或负面影响，但目前在保护界内部的认识较低"（Sutherland et al.，2019）。第二个例子是该小组进行的第十次年度审查，其方法已用于先前描述的生物工程扫描中。

6.4　用于未来思考的其他工具

在实践中，地平线扫描很少单独使用，而是经常与一系列其他工具和技术结合使用。有时，这些工具和技术被合并到一个独立的工作中（例如，德尔菲的整合，一个收集各种专家的意见并有时对结果进行优先排序的咨询过程，以及附件 6-1 中讨论的其他专家审查过程）。或者，地平线扫描可以嵌入到一个更全面的预见过程中，将扫描结果融入评估和理解随之而来的政策挑战的过程中，将这些结果与可能的未来情景联系起来，并确定旨在导向期望结果的具体政策行动。有关此处讨论的其他工具的更多详细信息，请参见附件 6-1。

6.4.1 预测工具

有几项研究对各种预测工具进行了分类。例如，2008 年出版的《技术预见手册》（*Handbook of Technology Foresight*）深入探讨了 19 种定性工具、9 种定量工具和 9 种半定量工具（Popper，2008）（表 6-2）。2014 年，FAO 列出了一份类似的工具清单，对每一种工具进行了说明，列举了其常见用途的例子，以及其独特的优点和不足（FAO，2013）。经济合作与发展组织（OECD）强调了四种特别重要的工具：情景法、德尔菲法、地平线扫描法和趋势影响分析（OECD，未标注日期）。其中许多工具已经被组合到预测框架中。信息栏 6-1 描述了英国政府科学办公室开发的一个示例。

表 6-2 学术研究和政府间组织确定的预见工具

定性预见工具	定量预见工具	半定量预见工具
反推法 [a,b]	基于 Agent 的建模 [b]	交叉影响/结构分析 [a,b]
头脑风暴 [a,b]	基准 [a]	
公民小组 [a,b]	指标 [a]	德尔菲法 [a,b,c]
会议/研讨会 [a,b]	文献计量学 [a]	重点/关键技术 [a,b]
随笔/情景写作 [a]	专利分析（如技术预测）[a,b]	多标准分析 [a,b]
专家小组 [a,b]	时间序列分析（如趋势）[a,b,c]	轮询/投票 [a]
天才预测 [a]		定量情景/交叉影响系统和矩阵 [a,b]
文献评述 [a]		
形态分析 [a,b]		
关联树/逻辑图 [a,b]	计量经济学 [a]	路线图绘制 [a,b]
角色扮演/行动 [a]	仿真模型 [a]	利益相关者分析 [a]
地平线扫描 [a,b,c]	系统动力学 [b]	混合计量经济学、仿真模型和定性方法 [a]
情景研讨会 [a,b,c]		
科学构想 [a]		
模拟博弈 [a,b]		
调查 [a]		
SWOT（优势、劣势、机会和威胁）分析 [a,b]		
微弱信号/通配符 [a]		
基于假设的规划 [b]		

a 《技术预见手册》中确定的（Popper，2008）。
b 联合国粮食及农业组织确定的（FAO，2013）。
c 经合组织确定的（OECD，n.d.a）。
资料来源：FAO，2013；OECD，n.d.a；Popper，2008。

信息栏 6-1　英国政府科学办公室的未来工具包

2017 年，英国政府科学办公室发布了一个"未来工具包"，以帮助标准化整个英国政府的未来思考（GO-Science，2017；详见附件 6-1）。工具包中的一套工具是围绕四种常用于预见的工具来构建的。其中一种工具与本研究中设想的用途密切相关——收集关于未来的情报。除了地平线扫描之外，该工具包还确定了有用的 7 个问题（"收集一系列利益相关者见解的采访技巧"）、议题文件和德尔菲过程（UK Government Office for Science，2017）。然后根据未来过程的预期输出使用其他工具。工具包中包含的两种模式路径符合委员会的职责（第 1 章信息栏 1-1）：确定未来研究和证据的优先级，确定未来行动的机会和威胁并对其进行优先级排序。用于这些路径的其他工具包括驱动因素描述、路线图绘制和 SWOT（优势、劣势、机会和威胁）分析。

6.4.2　超级预测

2010 年，美国高级情报研究计划局（IARPA）发起了一项竞赛，探索众包如何改善预测[1]。在四年的比赛中测试了各种用于做出准确预测的工具和方法。IARPA 发现了一些很有前景的工具，但也得出了以下结论：有些人明显比其他人更擅长预测；有可能学习如何更好地进行预测。这两个结论形成了后来被称为超级预测的基础。超级预测项目将一些人聚集在一起，这些人在旨在提高他们能力的系统中进行预测并利用工具帮助解释结果方面具有良好的记录。该项目结束后，一个成功的超级预测者团队创建了"良好判断（Good Judgment）"计划，该计划为商业实体和公共过程提供超级预测能力及培训[2]。

6.4.3　路线图绘制

路线图绘制"展示了一系列输入（如研究、趋势、政策干预）如何随着时间的推移结合起来，以影响感兴趣的领域的未来政策或战略制定"（UK Government Office for Science，2017）。许多国家和地区都制定了自己的生物经济路线图[3]。

---

[1] 见 IARPA 的 Aggregative Contingent Estimation at https://www.iarpa.gov/index.php/research-programs/ace/baa。
[2] 见 https://goodjudgment.com。
[3] 见 https://gbs2018.com/resources/other-resources。

2019 年，工程生物学研究联盟发表了《工程生物学：下一代生物经济的研究路线图》，该路线图"旨在为研究人员和其他利益相关者（包括政府资助者）提供一系列引人注目的短期和长期技术挑战与机遇。"它涵盖了 4 个技术主题，探索了 5 个应用领域（见信息栏 6-2）。

信息栏 6-2   工程生物学研究路线图中涉及的技术主题和应用领域

技术主题

• 工程 DNA

• 生物分子工程

• 宿主工程

• 数据科学

应用领域

• 工业生物技术

• 健康和医药

• 食品和农业

• 环境生物技术

• 能源

资料来源：EBRC，2019。

6.5 结 论

在委员会关于地平线扫描方法的网络研讨会上，专家们强调了在制定地平线扫描过程时需要考虑的 4 个关键问题。

• 方法：该活动是需要实现情景规划，还是需要确定可能产生政策影响的具体问题，或者两者都需要？
• 范围：所设想的地平线扫描工作是广泛的（例如，描述可能影响生物经济的问题）还是狭窄的（例如，描述特定领域中出现的所有问题）？广泛的范围需要与各种专家进行互动，而狭窄的范围则可以更容易地利用出版资源和桌面研究进行尝试。
• 过程：输入未来思考过程的数据是来自机器可读的来源还是基于专家意见？

- 时间框架：目的是着眼于近期，确定现在正在出现的问题，还是着眼于更远的未来，包括未来 10～20 年的远景？

在讨论了上述问题之后，委员会得出结论，地平线扫描的最佳实践包括下列考虑因素。

结论 6-1：方法：情景规划和确定可能产生政策影响的问题，都将促进生物经济政策的制定。因此，未来的地平线扫描将需要使用至少两种不同的方法相结合。

利用本章讨论的良好实践，可以将仍在进行的地平线扫描整合到具有特定专业领域的不同机构的工作中。鼓励这些机构相互交流经验将有助于尽快建立相关能力。在某些情况下，对重要政策问题的地平线扫描可能已经开始。在这些特定领域的扫描中确定的不同问题可以输入到一个集中的元审查中。这种方法将利用地平线扫描中的良好实践（如本章所述），使用一组通用的标准、评分系统和多轮投票来比较不同的问题。这些正在进行的活动可以构成一份定期报告的基础，类似 NIC 的《全球趋势报告》。

结论 6-2：范围：总的来说，生物经济是广泛的，跨越不同的技术领域、机构工作和群体。目前对美国生物经济的表征还不充分，不足以考虑进行全面的描绘工作。广泛的地平线扫描工作可能有助于进一步描绘生物经济。与此同时，狭义的地平线扫描活动可能有助于回答具体的政策问题。

一次性的地平线扫描可以用于回答具体的问题或深入到具体的问题领域。这样的过程可以采用类似于图 6-2 中所示的地平线扫描示例的方法。它将包括改进德尔菲法的使用，以突出被认为最有可能对政策产生影响的问题，或在政治制度过程中可能被忽略的高度新颖的问题。从一次性地平线扫描和持续评估中都能够获得极大好处的一个问题是，专用于生物经济的卫星账户的创建和维护（详见第 3 章）。这种组合方法特别适合创建卫星账户，因为它服务于政策需要，而且生物经济在不断变化。

结论 6-3：过程：鉴于需要更好地理解生物经济和可能影响生物经济的因素，未来思考过程在短期内可能是由人类驱动的，但随着改进的数据来源和指标变得可及，将有机会实现部分过程的自动化。

虽然这些地平线扫描过程可能是由专家驱动的，但自动数据收集工具正在发展，并可以视情况集成到地平线扫描所使用的方法中。重要的是，要吸收尽可能广泛和多样的专业门知识进来。在资源允许的情况下，元审查过程可能在范围、规模和性质上与 NIC 全球趋势报告类似，旨在直接接触来自世界各地不同社团的思想领袖。

用于评估要输入地平线扫描的潜在问题的标准包括：可信度（例如，来源是否可信？是否在其他地方得到了证实？）；新颖性（这个问题是新的，还是被广泛报道过的？）；可能性（问题实际发生的可能性有多大？）；影响（这个问题会改变未来吗？如果会，改变会有多大？）；相关性（该问题与生物经济的相关性如何？这种关联是直接的还是间接的？）；认知时间[（这个问题广为人知需要多久？这个时间会发生变化（或被改变）吗？]；准备时间（这个问题会在何时产生影响？什么会影响它的影响？需要在何时进行干预？）。

结论 6-4：时间框架：鉴于地平线扫描是作为一种尽早识别微弱信号的工具，值得注意的是，需要将重点放在长期上。通过将地平线扫描整合到更广泛的预见过程中，就有可能确定有助于实现期望的未来情景并避免不期望情景的短期政策选项。这样做的目的并不是要以地平线扫描的较长期时间框架作为借口，避免在此期间加强政策制定的工作，包括本报告中所列出的建议。

上述结论代表了委员会对生物经济的未来思考和地平线扫描机制的要素的看法。利用地平线扫描的结构化预见过程将有助于支持围绕未来生物经济的政策制定。第 8 章考虑建立一个全政府范围的机制来监测和监督美国的生物经济。未来思考和地平线扫描应该是可在这个网络使用的工具。

结论 6-5：为产生预期结果，利用地平线扫描的结构化预见过程需要一位拥护者，该拥护者需要有维持此类活动的资源，有将结果输入到适当的政策制定过程中的影响力，有确保过程及其结果都不会被边缘化的领导层认同。

预见过程建立在旨在识别可能产生政策影响的问题的地平线扫描的基础上，输入到评估和基于情景的过程中，以探索政策选项。如何将地平线扫描整合到更广泛的预见活动中，将取决于当前的最终目的。委员会在地平线扫描方面的任务陈述包括：①确定能够提供对生物经济的洞察的新技术、市场和数据源方面的差距；②识别与保护生物经济相关的机会和威胁并帮助对其进行优先级排序。一个结构化的、灵活的且适应性强的预见过程是确定可能需要的额外策略的关键，以保护这些新技术和数据，并评估其对创新和生物安全的影响。包含这两项任务的这种预见过程的模型可以在纳入英国政府科学办公室的未来工具包（见信息栏 6-1）的其中两条路径中找到：确定未来研究和证据优先级，确定未来行动的机会和威胁并对其进行优先级排序。这些路径经过有效的调整，可以利用美国政府现有的预见资源、方法和其他工具。

结论 6-6：除了识别保护生物经济的机会和威胁并帮助对其进行优先级排序外，预见过程还可以用于识别新技术、市场和数据来源中的缺口。

这一过程的目标需要整合到向参与者提出的具体问题中，包括识别"已知的未知"和以前的"未知的未知"。它将被用于开始制定关于未来生物经济的假设，并形成未来的研究日程。它将利用桌面研究、访谈和研讨会来制定一个不断发展的路线图，展示所确定的问题如何随着时间的推移影响生物经济。这样一个过程需要既有主题专家又有负责相关领域的政策制定者参与（关于这一过程可能涉及的具体内容，见附件 6-1）。

地平线扫描活动将被输入到驱动因素映射中，该映射可用于对驱动因素进行分类，但不能确定其优先级。然后，对这项活动的结果进行 SWOT（优势、劣势、机会和威胁）分析。该分析可能有助于确定：威胁或机会是否会在短期、中期或长期内影响生物经济；对生物经济的潜在结果或影响；是否有可以实施的控制措施；可以直接或间接采取哪些行动来缓解威胁或抓住机会；实施这一行动必须与谁合作。可能的时间框架和影响也可以使用超级预测者来有效地解决。可能的行动、合作伙伴和控制措施可以利用净评估和路径分析博弈进行探索。

附件 6-1　定义地平线扫描

在本报告中，委员会使用了经济合作与发展组织（OECD）提出的术语"地平线扫描"和"未来思考"/"预见"：

- 地平线扫描是"一种通过对潜在威胁和机会进行系统性检查来检测潜在重要发展的早期迹象的技术，重点是新技术及其对当前问题的影响"（OECD，n.d.a）。
- 未来思考是"一种对未来 10 年、20 年或更长时间内社会生活各个领域将发生的重大变化进行有根据的审慎思考的方法……未来思考采用多学科方法来揭开公认观点的面纱并确定创造未来的动力。虽然未来无法可靠地预测，但人们可以预见一系列可能的未来，并询问特定群体和社会最期望的是什么。各种定性、定量、规范和探索性的方法有助于阐明各种可能性，概述政策选项，并评估备选方案"（OECD，未标注日期）。

这些定义的使用与其在其他环境中的使用是一致的。例如，联合国粮食和农业组织（FAO）指出，地平线扫描"通常指扫描或审查各种数据来源的研究方法，而预见通常指更广泛、更具参与性的一组方法"（FAO，2013）。

还有许多定义地平线扫描的尝试（European Commission，2015；IRM，2018；OECD，n.d.a；UK Government Cabinet Office，2013）。这些定义的共同部分包括下列工具：

- 使用标准化、系统化的方法，包括在搜索或过滤过程中使用的一套特定的标准，以确保结果与扫描的既定目标相关（FAO，2013；OECD，n.d.a；UK Government Cabinet Office，2013；UK Government Office for Science，2013）；
- 重点关注新兴趋势，而不是具体事件或发现（例如，关注更高效的基因组工程的趋势，而不是 CRISPR 的具体发现这一实现该趋势的手段），特别是挑战现有假设的趋势（OECD，n.d.a；UK Government Cabinet Office，2013）；

- 利用指定的数据存储库或其他信息来源（OECD，n.d.a；UK Government Cabinet Office，2013）；
- 尝试区分不同类型的信号，无论是常量、变数和常变数，还是微弱（或早期）信号，以及趋势和通配符（OECD，n.d.a；UK Government Cabinet Office，2013）；
- 比标准的选举周期看得更远，通常是中期或长期（UK Government Cabinet Office，2013；UK Government Office for Science，2013）；
- 得出的结论可与具体行动联系起来，或直接纳入决策过程（FAO，2013；OECD，n.d.a；UK Government Cabinet Office，2013；UK Government Office for Science，2013）。

作为一种政策工具的地平线扫描

据风险管理研究所称，地平线扫描被用作一种工具，可以：
- 加深对影响政策或战略领域未来发展的驱动力的理解；
- 找出理解上的差距，并重点关注更好地理解驱动力所需的新研究领域；
- 在一系列利益相关者之间就一些问题和如何解决这些问题达成共识；
- 识别并明确未来可能需要做出的一些艰难的政策选项和权衡；
- 创建一种具有弹性的新战略，因为它能适应不断变化的外部条件；
- 动员利益相关者采取行动（IRM，2018）。

欧盟科研与创新总司概述了开发地平线扫描过程的一系列考虑因素（European Commission，2015）：
- 目的——从提供独立建议作为政策过程的输入，到使现有政策决定合法化；
- 范围——从提供对一个未表征领域的概述，到探索一个预先定义的领域；
- 自动化程度——从自动化过程，到专家驱动的活动；
- 持续时间——从按需活动，到不间断的过程；
- 整合——从作为一项独立活动，到成为更广泛的决策过程的一部分。

欧盟科研与创新总司指出，为每一个考虑因素确定特定地平线扫描过程的需求，可能会影响结果的聚焦程度。每个类别的具体需求也将决定所需的时间和资源（European Commission，2015）。

英国提供了一个政策制定中的地平线扫描的例子，它通过内阁办公室将地平线扫描整合到核心政策制定中。英国的过程考虑了三个政策范围（附图6-1）。地平线 1 涉及今天和明天将感受到的影响，其中"趋势和事件在背景中脱颖而出，它们的影响被清晰地传达给政策制定者。"这些趋势和事件可以通过目前正在采取的行动来应对。地平线 2 由趋势组成，这些趋势的影响将在中短期内显现，并可被纳入战略思考。地平线 3 包括那些在较长期内将变得越来越重要的趋势，为此可能需要一些规划。英国的过程将地平线扫描框架视为一种"着眼于长期（地平线 2 到 3）但不完全专注于长期的工具；许多地平线 3 的发展是一系列因素的长期结果，其中一些因素已经在发挥作用"（UK Government Office for Science，2017）。

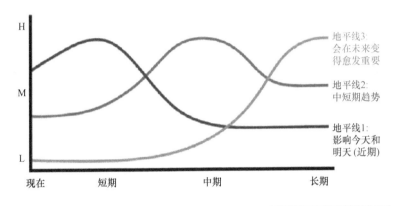

地平线1: 当前需要采取行动的位置
地平线2: 值得战略权衡的显然趋势
地平线3: 现在趋势不太明显，但需要计划

附图 6-1 英国用于未来思考的三地平线模型，代表展望的短期、中期和长期时间尺度。资料来源：UK Government Office for Science，2017。

地平线扫描的良好实践

制定地平线扫描过程时需要考虑的因素包括信息来源、用于探索过程的标准和问题，以及政策影响。

信息来源

地平线扫描的信息可以来自各种各样的来源，并且需要根据单个过程感兴趣的领域进行调整。信息来源可以是传统的，如出版物、定量和定性数据，以及已发表的专家意见，但同样重要的是，要考虑落在"当前思维的边缘"的独特来源，确保一个整体性的视角（Habegger，2009）。因此，来源也可以不那么传统，如新闻媒体、社交媒体和预发布服务器。此外，这个过程可能需要考虑到对生活方式、人们的社会学期望或其他具有潜在影响的指标的洞察。它通常会受益于纳入了关键利益相关者的见解，例如，由专业机构、行业领导者、消费者或相关领域工作人员提供的见解。也可以采用半定量方法对不同资源的效用进行评级（Smith et al.，2010）。

人们正在努力从专家手工汇编信息转向更自动化的模型。例如，新加坡建立了风险评估和地平线扫描实验中心，以开发更好的数据分析、建模和观点共享工具（Chong，2007）。此外，人们还努力适应基于智能体（agent）建模技术的进步，以使对地平线扫描输出的一些分析自动化（Frank，2016）。

用于探索地平线扫描过程的标准和问题

在准备对一个特定的主题进行短时间尺度扫描时，重要的是，该扫描要描述所识别的趋势或发展，解释其与正在探索的政策或战略领域的关系，并详细说明为什么这个趋势或发展被认为是重要的以及它激发了什么想法。这个过程可以包括指向支持性材料和附加信息的链接。

为了确保可比性，一些过程建议那些参与地平线扫描的人员尽量尝试以相似的粒度来界定问题。例如，非常具体的发展可能在一个领域产生深远影响，但在政策制定层面产生影响的可能性要小得多。另一方面，过度泛化可能提供政策相关性，但与政策行动所针对的足够具体的趋势或发展缺乏具体的联系（Wintle et al.，2017）。无论是在对某个主题进行扫描时，还是在审查其潜在的政策影响时，都提出了一些具体的标准，并为探索每个标准提出了具体的问题（见附表 6-1）（Hines et al.，2018）。

附表 6-1　开展地平线扫描时应考虑的标准和问题

标准	问题
可信度	来源可信吗？
	在其他地方得到证实了吗？
新颖性	问题是新的吗？
	还是被广泛报道过的？
	对客户/受众群体来说是新的吗？
可能性	问题发生的可能性有多大，会带来什么影响？
影响	它会改变未来吗？
	如果确实改变了未来，改变会有多大？
相关性	这种改变对客户或领域有多重要？
	关联是直接的还是间接的？

续表

标准	问题
认知时间	此信息广为人知需要多长时间？
	什么时候会出现在主流报纸或杂志上？
	是否有资源可以影响这个问题所暗示的潜在结果？
准备时间	距离这个问题改变未来还有多久？
	现在做什么都为时已晚吗？
	现在采取行动还是时过早吗？

资料来源：Hines et al.，2018。

也有更多的定量方法用于比较标准。例如，可以使用层次分析法对地平线扫描运用中应用的标准进行加权（Mehand et al.，2018；WHO，2017）。

政策影响

在委员会关于地平线扫描的网络研讨会上，发言者指出了为地平线扫描和未来工作指定赞助者的重要性。赞助者需要有维持相关工作的资源，有将结果输入到相关政策制定过程中的能力，并有高层对工作感兴趣，以确保地平线扫描的过程和结论都不会轻易被搁置。发言者还讨论了认真考虑如何最好地利用预见过程的结果来为决策提供信息的重要性，即如何利用未来来为今天的决策提供信息。这一过程可能包括为未来创造一种叙事方式，包括通过不同的讲故事方式。使用反推（从一个理想的未来开始，然后回溯以突出将其与现在联系起来的决定和行动）也很有用[①]。

欧盟强调了人在将地平线扫描结果转化为行动中的重要性。这表明，虽然这个过程的各个部分可能会自动化，但专家的参与可能会产生更多与政策相关的输出。欧盟还强调了了解谁可能因扫描而采取行动以及他们的驱动因素和优先事项是什么的重要性，以及有一个邀请他们参与（或确保他们从一开始就认同）的明确计划的重要性（European Commission，2015）。

风险管理研究所建议开发一个框架来对不同的扫描进行分类，以方便比较和审查。它还强调了突出已识别的事件和趋势的潜在影响的重要性，特别是描述潜在风险和产生影响的时间的重要性，这应有助于终端用户更好地理解采取行动的必要性和速度（IRM，2018）。

英国在其未来工具包中进一步阐述了制定一个扫描分类框架的重要性。它提出了两种可能的方法：一种是根据不同的变化驱动因素（如政治、经济、社会、技术、立法或环境因素）对扫描进行分组；一种是最好根据扫描本身的主题进行

---

① 第三次网络研讨会，2019，http://nas-sites.org/dels/studies/bioeconomy/webinars。

分组。该工具包强调了两种不同的扫描结果呈现格式：一种是较长的叙述性总结，提供概述、广泛的影响和具体政策影响；一种是较短的结构化总结，提供一些关于影响、问题和启示的简单细节（UK Government Office for Science，2017）。

地平线扫描的案例研究

与健康相关的地平线扫描示例

在利用地平线扫描来确定健康领域的新兴技术并对其进行优先级排序方面，已作出许多努力。一些例子是发布的单次地平线扫描的快照，而另一些是正在进行的监测过程，还有一些来跟踪这些工具的使用趋势，例如：

- 澳大利亚和新西兰政府的一个联合项目评估了新兴技术对公共卫生系统的潜在影响（HealthPACT，2011）。
- 一项审查侧重于地平线扫描如何被用于帮助确定澳大利亚私营医疗保健领域的新兴医疗技术是否适合获得公共补贴（O'Malley and Jordan，2009）。
- 加拿大药物与卫生技术局开展了一个地平线扫描过程，以识别和监测可能对医疗服务提供产生重大影响的新兴卫生技术（CADTH，2015）。
- 2012 年的一项审查侧重于英国卫生系统中使用的不同地平线扫描方法（Miles and Saritas，2012）。
- 2016 年的一项对预测工具使用情况的审查识别了新兴的医疗保健技术。该研究确定了 15 项相关工作，并指出几乎所有工作都依赖专家意见，只有 2 项使用了更复杂的过程，如情景开发（Doos et al.，2016）。
- 1999 年的一项审查研究了地平线扫描如何帮助英国国家医疗服务体系识别和评估新技术，并选择最重要的新技术进行进一步支持（Stevens et al.，1999）。
- 2003 年，丹麦和英国联合开展了一项工作，分析地平线扫描系统如何利用互联网系统地识别新的卫生技术（Douw et al.，2003）。

与食品安全相关的地平线扫描示例

联合国粮食及农业组织（FAO）确定了几个已经进行或继续定期进行食品安全地平线扫描的组织（FAO，2013）：

- **加拿大食品检验局**——该政府机构负责保障加拿大的食品安全，并半定期进行预见演练①。

- **克兰菲尔德大学环境风险与未来中心（英国）**——该学术团体成立于2011 年 1 月，定期对预见方法进行研究，过去曾与英国政府签订进行相关地平线扫描的合同②。
- **环境、食品和农村事务部地平线扫描和未来团队（英国）**——"作为全球层面地平线扫描工作的领导者，该团队提供政策建议，识别未来的风险和机会，并举办专题研讨会"③。
- **欧洲食品安全局（欧盟）**——该组织负责欧盟范围内的食品安全问题，并利用预见方法评估新出现的风险④。
- **食品标准局（英国）**——这是负责食品安全和卫生的英国政府机构，它一直在探索预见方法在食品安全领域的应用⑤。
- **农业、渔业和林业部战略预见（澳大利亚）**——该政府组织专注于环境扫描和预见技术以识别未来问题，与当地和国际伙伴合作，其工作内容包括食品安全⑥。

结合单独的地平线扫描示例

英国的"未来工具包"包括关于 7 个不同的政府机构和部门如何利用未来工具的案例研究。每个案例研究都列出了工作的目的、使用的工具、所需的资源、工作的赞助者、具体产出、特定的成功和挑战。其中的 5 个机构（环境署、英格兰林业委员会、卫生与安全局、税收与海关总署以及自然英格兰协会）特别提到了他们开展地平线扫描工作的目的（UK Government Office for Science，2017）。所举示例的目的各不相同，包括：使用地平线扫描来识别新兴的问题及趋势；改善政策制定和风险缓解的证据基础；帮助识别风险和机会；将外部效应整合到商业规划中；为战略提供信息，引发讨论，塑造思维。

从地平线扫描中吸取的经验教训

除了在委员会举办的网络研讨会上总结的经验教训外，还有几个关键参与者从他们过去的地平线扫描使用中总结了经验教训，包括美国国家情报委员会

---

① 见 http://www.inspection.gc.ca/about-the-cfia/strategic-priorities/cfia-s-strategic-priorities/eng/1521141282459/1521141282849。

② 见 https://theriskexchange.wordpress.com。

③ 见 https://webarchive.nationalarchives.gov.uk/20070506093923/http://horizonscanning. defra.gov.uk。

④ 见 http://www.efsa.europa.eu/en/efsajournal/pub/5359。

⑤ 见 http://www.operational-research.gov .uk/recruitment/departments/fsa。

⑥ 见 http://www.agriculture.gov .au/animal/health/strategy。

（NIC，2017）、美国林务局（Hines et al.，2018）、英国政府（Carney，2018）和欧盟（European Commission，2015）。

美国国家情报委员会《全球趋势报告》

纳入美国国家情报委员会最新版本的《全球趋势报告》中的方法学改进包括（NIC，2017）：

- 尽可能多地邀请来自不同国家和不同背景的专家参与；
- 首先探索地区趋势，然后将其汇总形成全球趋势；
- 避免将结论与具体日期联系起来，而是关注与政策制定相关的时间框架：短期（5 年），关注下一届美国政府面临的问题；长期（20 年），支持美国的战略规划；
- 更加重视可能影响未来事件的、难以测量的社会和文化因素；
- 更多地使用分析模拟，"聘请专家团队来代表关键的国际行为者，以探索世界各地区、国际秩序、安全环境和全球经济的未来轨迹"；
- 整合"所有地区和主题领域中的潜在不连续性，对可能代表现状的重大改变的不连续类型进行评估。"

美国林务局

同样在美国，在林务局建立地平线扫描系统的努力引发了一些关键思考，具体包括（Hines et al.，2018）：

- 背景信息与地平线扫描——一般来说，由于地平线扫描关注的是未来可能发生的事情，因此扫描中使用的信息应该是新的（来自过去几年内）。较早的信息来源作为背景信息可能仍然有用，但不被视为新兴趋势的一部分。
- 对我来说是新信息与对世界来说是新信息——有些信息可能看起来很新，但对精通该领域的人来说却很熟悉。这一观察结果强调了在所扫描的问题上包括主题专家的重要性。
- 如何对志愿者进行"指导"——让进行扫描的人员从同一地方开始并（尽可能）使用互补的方法是很重要的。定期与那些进行扫描的人员进行互动对于加强向他们提供的指导也很重要，就像以积极的、建设性的方式（而不是批评参与者）处理反馈一样。
- 关注外部问题——政策制定者和决策者往往对自己领域内出现的新问题非常熟悉。地平线扫描的参与者可以通过观察核心领域（在本例中是生物经济领域）之外也可能产生影响的事件或趋势来增加特定的价值。

- 保持联系——无论所识别的趋势或事件是否来自核心领域，都必须阐明其对核心领域的影响。这可以通过专门指定进行扫描的人员负责阐明对核心领域的影响来实现。
- 延伸到未来——重要的是，要鼓励那些进行扫描的人进一步思考未来。一种方法是要求他们将扫描"标记"到附图 6-1 中之前确定的三个地平线之一。
- 标记规则——随着扫描数量的增长，追踪扫描内容、各扫描之间的关系以及正在调查的问题变得更加困难。向扫描添加标签、关键字或关系指示符以促进其持续使用非常重要。
- 当前问题——如上所述，熟悉某个领域的人（不管是技术专家还是政策制定者）通常都了解当前正在出现的问题。通常，这些问题都没有被很好地阐述或记录。如果在过程的早期开展工作来描述当前新出现的问题，并将此信息提供给所有参与地平线扫描过程的人员，则将大大提高扫描的效用，并增加邀请来自其他领域的通才或专家的价值。

英国政府

根据英国政府对地平线扫描的使用，已经确定了 10 条关键规则。其中的一些规则已在本附件和第 6 章的正文中进行了讨论，例如：①地平线扫描不是预测未来，而是挑战假设和增加选项；②对于地平线扫描是什么和所使用的术语缺乏共识；③关注所确定的趋势或事件的影响并明确地探讨其启示是很重要的。这里还强调了其他一些规则，比如以下问题的重要性：

- 提出未提出过的问题（或试图探索未知的未知），而不是专注于已知的事情或特定的理想结果；
- 有一个该过程的拥护者或忠实委托者——一个希望获得结果并愿意整合结果和根据结果采取行动的人；
- 让通才（或至少是来自委托领域之外的参与者）参与进来，并理解他们在识别未提出过的问题或尚未显现的影响方面的价值，以及在展示工作结果方面的价值。

欧盟

同样，欧盟已经确定了一些关键的考虑因素，包括（European Commission，2015）：

- 地平线扫描有明确的组织结构（或机构支持），例如，对协作和用户佣金的安排；

- 制定一个利用扫描结果的具体实施计划，或将扫描整合到一个更全面的预见过程中；
- 在战略上重要的领域中进行连续的地平线扫描过程，同时开展旨在回答明确的问题的独立计划；
- 利用专家评审来帮助将信息转化为可操作的知识；
- 根据扫描的最终目标调整所使用的方法和涉及的人员，认识到理解新政策环境的过程将不同于思考新兴趋势和新事件的影响的过程；
- 让地平线扫描的最终使用者/委托者（如政策制定者）参与规划阶段，如最初的意义建构活动；
- 为确保最后的最终使用者可以访问扫描的结果，可能需要在适当的阶段对其进行"转化"。

用于未来思考的其他工具

超级预测

正如第 6 章的正文所简要讨论的那样，在 2010 年，美国情报高级研究计划局（IARPA）创建了一个项目来探索众包如何改善预测[1]：

> 一般来说，预测是利用个人和小组的专家判断来进行的。情报界以外的实证研究表明，通过对许多独立判断进行数学汇总，基于判断的预测的准确性不断提高。ACE 项目的目标是，通过开发能够对许多情报分析人员的判断进行激发、加权和组合的先进技术，大幅提高对各种事件类型的预测的准确性、精确度和及时性。

类似的项目随后专注于开发"创新的解决方案和方法，用于将众包预测和其他数据整合到对全球问题的准确、及时的预测中。"[2]还设立了一些项目，旨在"开发和测试能够通过结合许多专家的判断[3]，对重大科学技术里程碑产生准确预测的方法"；以及"开发能够利用已出版的科学、技术和专利文献中的信息来帮助系统地、持续地、全面地评估技术涌现的自动化方法。"[4]

IARPA 在为期四年的一系列锦标赛中测试了用于聚合众包预测的工具，其中

---

[1] 见 IARPA, Aggregative Contingent Estimation: https://www.iarpa.gov/index.php/research-programs/ace/baa。

[2] 见 IARPA, Geopolitical Forecasting Challenge: https://www.iarpa.gov/challenges/gfchallenge.html。

[3] 见 IARPA, Forecasting Science & Technology: https://www.iarpa.gov/index.php/research-programs/forest。

[4] 见 IARPA, Foresight and Understanding from Scientific Exposition: https://www.iarpa.gov/index.php/research-programs/fuse。

参赛者要对广泛的地缘政治和经济主题做出最准确的预测，这些主题包括金融市场的表现、希腊退出欧元区的风险等（Tetlock et al.，2017）。

随后，一个成功的团队确定了一些关键发现（Tetlock et al.，2017）：

- "用于从群体中提取智慧的一些方法比其他方法更好。民意调查预测通过汇总个人的预测产生概率预测……相比之下，市场预测依赖于预测者的买卖合同，而合同的最终价值取决于未来事件的结果"。
- "在所有锦标赛年份中，获胜的算法都是一个对数概率加权平均方程，该方程将中位数概率判断极值……作为输入中位数的观点多样性的函数。"
- "一些预测者出人意料地始终表现优于其他人。"
- "尽管国际政治和经济环境对学习并不友好，但学习（进而改进）是可能的。"

最后两项发现构成了超级预测的基础（Tetlock and Gardner，2015）。这个过程将那些在能够做出更准确的预测方面有着良好记录的个人聚集在团队中，这些人在专门工具和算法的支持下能够进一步提高他们的准确性。

对超级预测者在锦标赛期间的表现进行的全面评估表明，他们在做出预测方面明显比其他参与者更准确，而且"对时间和信息的严格限制并没有削弱超级预测者的优势"。他们也能更好地区分信号和噪声，是比赛中学习速度最快的人。这些研究表明，虽然某些特定类型的人更有可能成为超级预测者，但某些技能和组织安排可以提高做出准确预测的能力。因此，"超级预测者部分是被发现的，部分是被创造出来的。"Mellers 等（2015）提出了"对超级预测者表现的四个相互强化的解释：①认知能力和风格；②特定任务技能；③动力和投入；④丰富的环境。"

第一批超级预测者是在 IARPA 预测锦标赛中确定的。通过"良好判断公开（Good Judgment Open）"，继续努力识别和招募更多的个人[①]。自锦标赛以来，这种方法已通过"良好判断"发展成为一种商业服务，与政府、金融领域、民间社团和非政府组织合作，提供预测、培训服务以及工具和技术[②]。

英国政府科学办公室的未来工具包

2017 年，英国政府科学办公室（GO-Science）发布了一个未来工具包，"政策专家可以利用它在政策和战略过程中嵌入长期战略思维"。该工具包的目的是

---

① 见 https://www.gjopen.com。
② 见 https://goodjudgment.com。

要"实用的而不是理论上的，……基于 GO-Science 自身运营未来工作的经验，并与经常在各种不同的背景下使用这些工具的其他政府部门和未来从业者合作开发"（UK Government Office for Science，2017）。工具包中的工具是围绕四种常见的预见用途而设计的：

- 收集关于未来的情报；
- 探索变化的动力学；
- 描述未来可能的样子；
- 制定并测试政策和战略。

由于分配给委员会的任务是"为地平线扫描机制开发思路，以识别有潜力推动生物经济未来发展的新技术、市场和数据来源"，因此我们的重点是使用预见工具来收集有关未来的生物经济情报。

该工具包描述了四种与收集未来情报相关的工具（UK Government Office for Science，2017）：

- **地平线扫描**——如本章所述。
- **7 个问题**——这是"一种收集一系列内部和外部利益相关者的战略见解的访谈技巧"。它可以用来识别对未来的冲突性或挑战性的观点，提取有关政策领域潜在问题的深层信息，并激发个人的思考，为未来研讨会做准备。这是一个相当快速的过程，每次访谈大约花 1 小时来进行，再花 1 小时来整理成文。
- **议题文件**——该文件"引用了 7 个问题访谈，以说明围绕政策和战略议程的战略问题和选择"。它可以用来从接受 7 个问题访谈的受访者中捕获关于未来的成功是什么样的、为取得成功需要做些什么方面的不同观点。这是另一个快速的过程，每次访谈大约需要 30 分钟来处理 7 个问题。
- **德尔菲过程**——这是"一个咨询过程，用于从广泛的主题专家群体中收集关于未来的意见并对具有战略重要性的问题进行优先级排序"。它可以用来收集一组专家的意见，完善对未来的思考，并突出政策设计需要解决的潜在权衡和选择。这是一个较耗时的过程，可能需要几周时间。

然后，工具包中的工具被以不同的方式进行组合，以满足不同的需求，如一系列路径所述（UK Government Office for Science，2017）：

- 路径 1：在界定一个政策领域的范围或对其进行定义时，探讨潜在问题或原因；
- 路径 2：确定新政策领域的愿景；
- 路径 3：在时间限制下测试现有政策领域的政策选项；
- 路径 4：测试新政策领域的政策选项；
- 路径 5：探索和沟通情况的复杂性；

- 路径 6：确定未来研究和证据的优先级顺序；
- 路径 7：确定未来行动的机会和威胁并对其进行优先级排序。

鉴于本研究的重点和委员会的任务陈述，路径 6 和路径 7 特别有意义。这些路径使用了其他工具，包括（UK Government Office for Science，2017）：

- **驱动因素描述**——用于"识别塑造未来的驱动因素，识别哪些驱动因素对政策领域或战略努力的未来最重要，并区分驱动因素的行动导致的确定结果与不确定结果。"这是另一种快速工具，通常需要 1～2 小时，取决于它是以小组形式还是以研讨会形式完成的。
- **路线图绘制**——展示了一系列输入（如研究、趋势、政策干预等）如何随着时间的推移组合在一起从而影响政策或战略领域的未来发展。它可以用来"构建一个项目中的不同元素以及它们如何随着时间的推移而组合在一起的整体图景"，并"加深对不同元素之间的联系和关系的理解"。这个工具不需要很长时间，初始版本可以在大约 1.5 小时内汇总完成。它可以在预见项目的整个生命周期中被重新审视和改进。
- **SWOT 分析**——考察"优势、劣势、机会和威胁。优势和劣势是在制定政策或战略时需要考虑的内部因素。机会和威胁是需要考虑的外部因素"。该分析可以确定需要做什么来抓住和利用机会、需要做什么来缓解威胁，以及内部的优先事项和挑战。一个简单的 SWOT 分析可以在 1 小时内完成。

路径 6"确定未来研究和证据的优先级顺序"，从地平线扫描开始，然后将结果输入到 7 个问题、议题文件、驱动因素描述、路线图绘制中。路径 7"确定未来行动的机会和威胁并对其优先级进行排序"，也从地平线扫描开始，但将结果输入到驱动因素描述和 SWOT 分析中。

参 考 文 献

Amanatidou, E., M. Butter, V. Carabias, T. Könnölä, M. Leis, O. Saritas, P. Schaper-Rinkel, and V. van Rij. 2012. On concepts and methods in horizon scanning: Lessons from initiating policy dialogues on emerging issues. *Science and Public Policy* 39(2):208–221. doi: 10.1093/scipol/scs017.

Bracken, P. 2006. Net assessment: A practical guide. *Parameters* 36(1):90–100. https://www.comw.org/qdr/fulltext/06bracken.pdf (accessed September 4, 2019).

Brown, I. T., A. Smale, A. Verma, and S. Momandwall. 2005. Medical technology horizon scanning. *Australasian Physical & Engineering Sciences in Medicine* 28(3). https://link.springer.com/article/10.1007/BF03178717 (accessed September 4, 2019).

Brown, M. J., L. V. Dicks, R. J. Paxton, K. C. Baldock, A. B. Barron, M. P. Chauzat, B. M. Freitas, D. Goulson, S. Jepsen, C. Kremen, J. Li, P. Neumann, D. E. Pattemore, S. G. Potts, O. Schweiger, C. L. Seymour, and J. C. Stout. 2016. A horizon scan of future threats and opportunities for pollinators and pollination. *PeerJ* 4:e2249. doi: 10.7717/peerj.2249.

CADTH (Canadian Agency for Drugs and Technologies in Health). 2015. *Horizon scanning process.* https://www.cadth.ca/sites/default/files/externalprocesses_horizonscanning program.pdf (accessed September 4, 2019).

Carney, J. 2018. The ten commandments of horizon scanning. *Futures, foresight and horizon scanning.* https://foresightprojects.blog.gov.uk/2018/03/08/the-ten-commandments-of-horizon-scanning (accessed September 4, 2019).

Chong, T. K., J. K. Y. Hann, J. T. T. Hua, W. R. Fah, S. A. Lim, and C. C. Seng. 2007. *Risk Assessment and Horizon Scanning Experimentation Centre.* https://www.dsta.gov.sg/docs/default-source/dsta-about/risk-assessment-and-horizon-scanning-experimentation-centre.pdf?sfvrsn=2 (accessed September 4, 2019).

Cyranoski, D., and H. Ledford. 2018. *Genome-edited baby claim provokes international outcry.* https://www.nature.com/articles/d41586-018-07545-0 (accessed September 4, 2019).

Doos, L., C. Packer, D. Ward, S. Simpson, and A. Stevens. 2016. Past speculations of the future: A review of the methods used for forecasting emerging health technologies. *BMJ Open* 6(3):e010479. doi: 10.1136/bmjopen-2015-010479.

Douw, K., H. Vondeling, D. Eskildsen, and S. Simpson. 2003. Use of the Internet in scanning the horizon for new and emerging health technologies: A survey of agencies involved in horizon scanning. *Journal of Medical Internet Research* 5(1):e6. doi: 10.2196/jmir.5.1.e6.

EBRC (Engineering Biology Research Consortium). 2019. *Engineering biology: A research roadmap for the next generation bioeconomy.* https://roadmap.ebrc.org (accessed October 15, 2019).

European Commission. 2015. *Models of horizon scanning: How to integrate horizon scanning into European research and innovation policies.* http://publications.europa.eu/resource/cellar/88ea0daa-0c3c-11e6-ba9a-01aa75ed71a1.0001.01/DOC_1 (accessed September 4, 2019).

European Environmental Agency. 2011. *Annex 6—Netherlands country case study.* https://www.eea.europa.eu/publications/blossom/annex-6-2014-netherlands-country (accessed October 15, 2019).

FAO (Food and Agriculture Organization of the United Nations). 2013. *Horizon scanning and foresight: An overview of approaches and possible applications in food safety.* http://www.fao.org/3/a-i4061e.pdf (accessed September 4, 2019).

Frank, A. B. 2016. Toward computational net assessment. *Journal of Defense Modeling and Simulation: Applications, Methodology, Technology* 14(1):79–94. doi: 10.1177/1548512916681672.

Habegger, B. 2009. *Horizon scanning in government concept, country experiences, and models for Switzerland.* Zurich, Switzerland: Center for Security Studies ETH Zurich. https://works.bepress.com/beathabegger/16 (accessed September 4, 2019).

HealthPACT (Health Policy Advisory Committee on Technology). 2011. *Welcome to the Australia and New Zealand Horizon Scanning Network (ANZHSN).* http://www.horizonscanning.gov.au (accessed October 15, 2019).

Hines, A., D. N. Bengston, M. J. Dockry, and A. Cowart. 2018. Setting up a horizon scanning system: A U.S. federal agency example. *World Futures Review* 10(2):136–151. https://www.fs.fed.us/nrs/pubs/jrnl/2018/nrs_2018_hines-a_001.pdf (accessed September 4, 2019).

Horton, A. 1999. A simple guide to successful foresight. *Foresight* 1(1):5–9.

IRM (Institute for Risk Management). 2018. *Horizon scanning: A practitioner's guide.* https://www.theirm.org/media/4047721/Horizon-scanning_final2.pdf (accessed September 4, 2019).

Konecny, A. D. 1988. *Net assessment: An examination of the process.* Thesis. Naval Postgraduate School, Monterey, California. https://apps.dtic.mil/dtic/tr/fulltext/u2/a205104.pdf (accessed October 15, 2019).

Lentzos, F., and J. Littlewood. 2018. DARPA's Prepare program: Preparing for what? *Bulletin of the Atomic Scientists.* https://thebulletin.org/2018/07/darpas-prepare-program-preparing-for-what (accessed September 4, 2019).

Mehand, M. S., P. Millett, F. Al-Shorbaji, C. Roth, M. P. Kieny, and B. Murgue. 2018. World Health Organization methodology to prioritize emerging infectious diseases in need of research and development. *Emerging Infectious Diseases* 24(9). https://wwwnc.cdc.gov/eid/article/24/9/17-1427_article (accessed September 4, 2019).

Mellers, B., E. Stone, T. Murray, A. Minster, N. Rohrbaugh, M. Bishop, E. Chen, J. Baker, Y. Hou, M. Horowitz, L. Ungar, and P. Tetlock. 2015. Identifying and cultivating super-forecasters as a method of improving probabilistic predictions. *Perspectives on Psychological Science* 10(3):267–281. doi: 10.1177/1745691615577794.

Miles, I., and O. Saritas. 2012. The depth of the horizon: Searching, scanning and widening horizons. *Foresight* 14(6):530–545. doi:10.1108/14636681211284953.

NIC (National Intelligence Council). 2017. Methodological note. In *Global trends: Paradox of progress*. https://www.dni.gov/index.php/global-trends/methodological-note (accessed September 4, 2019).

OECD (Organisation for Economic Co-operation and Development). n.d.a. *Overview of methodologies, futures thinking in brief, future schooling*. https://www.oecd.org/site/schoolingfortomorrowknowledgebase/futuresthinking/overviewofmethodologies.htm (accessed September 4, 2019).

OECD. n.d.b. *Futures thinking in brief, future schooling*. https://www.oecd.org/site/schoolingfortomorrowknowledgebase/futuresthinking/futuresthinkinginbrief.htm (accessed September 4, 2019).

Office of Technical Intelligence. 2015. *Technical assessment: Data enabled technology watch and horizon scanning*. https://apps.dtic.mil/dtic/tr/fulltext/u2/1010211.pdf (accessed September 4, 2019).

O'Malley, S. P., and E. Jordan. 2009. Horizon scanning of new and emerging medical technology in Australia: Its relevance to Medical Services Advisory Committee health technology assessments and public funding. *International Journal of Technology Assessment in Health Care* 25(3):374–382. doi: 10.1017/S0266462309990031.

Popper, R. 2008. Foresight methodology. In *The handbook of technology foresight: Concepts and practice*, edited by L. Georghio, J. Cassingena Harper, M. Keenan, I. Miles, and R. Popper. Cheltenham, UK: Edward Elgar.

Rowe, E., G. Wright, and J. Derbyshire. 2017. Enhancing horizon scanning by utilizing pre-developed scenarios: Analysis of current practice and specification of a process improvement to aid the identification of important "weak signals." *Technological Forecasting and Social Change* 125:224–235. https://www.sciencedirect.com/science/article/pii/S0040162517300707 (accessed September 14, 2019).

Schultz, W. L. 2006. The cultural contradictions of managing change: Using horizon scanning in an evidence-based policy context. *Foresight* 8(4):3–12.

Smith, J., A. Cook, and C. Packer. 2010. Evaluation criteria to assess the value of identification sources for horizon scanning. *International Journal of Technology Assessment in Health Care* 26(3):348–353. doi: 10.1017/S026646231000036X.

Stevens, A., R. Milne, R. Lilford, and J. Gabbay. 1999. Keeping pace with new technologies: Systems needed to identify and evaluate them. *British Medical Journal* 319(7220):1291. doi: 10.1136/bmj.319.7220.1291.

Sutherland, W. J., H. Ilary, A. Llison, R. Osalind, A. Veling, I. P. Bainbridge, L. Bnnun, D. J. Bullock, A. Clements, H. Q. P. Crick, D. W. Gibbons , S. Smith, M. R. W. Rands, P. Rose, J. P. W. Scharlemann, and M. S. Warren. 2012. Enhancing the value of horizon scanning through collaborative review. *Oryx* 45(3):368–374. https://doi.org/10.1017/S0030605311001724 (accessed September 4, 2019).

Sutherland, W. J., S. Broad, S. H. M Butchart, S. J. Clarke, A. M. Collins, L.V. Dicks, H. Doran, N. Esmail, E. Fleishman, N. Frost, K. J. Gaston, D. W. Gibbons, A. C. Hughes, Z. Jiang, R. Kelman, B. LeAnstey, X. le Roux, F. A. Lickorish, K. A. Monk, D. Mortimer, J. W. Pearce-Higgins, L. S. Peck, N. Pettorelli, J. Pretty, C. L. Seymour, M. D. Spalding, J. Wentworth, and N. Ockendon. 2019. A horizon scan of emerging issues for global conservation in 2019. *Trends in Ecology & Evolution* 34(1):83–94.

Tetlock, P. E., and D. Gardner. 2015. *Superforecasting: The art and science of prediction*. New York: Crown.

Tetlock, P. E., B. A. Mellers, and J. P. Scoblic. 2017. Bringing probability judgments into policy debates via forecasting tournaments. *Science* 355(6324):481–483. doi: 10.1126/science.aal3147.

UK (United Kingdom) Government Cabinet Office. 2013. *Review of cross-government horizon scanning.* https://www.gov.uk/government/publications/review-of-cross-government-horizon-scanning (accessed September 4, 2019).

UK Government Office for Science. 2013. *Horizon Scanning Programme: A new approach for policy making.* https://www.gov.uk/government/news/horizon-scanning-programme-a-new-approach-for-policy-making (accessed September 4, 2019).

UK Government Office for Science. 2017. *The futures toolkit: Tools for futures thinking and foresight across U.K. government.* https://assets.publishing.service.gov.uk/government/uploads/system/uploads/attachment_data/file/674209/futures-toolkit-edition-1.pdf (accessed September 4, 2019).

Wellcome Trust. 2017. *Report from the December 2017 gene drive sponsors and supporters' forum.* https://wellcome.ac.uk/sites/default/files/gene-drive-forum-notes-dec17.pdf (accessed October 15, 2019).

WHO (World Health Organization). 2017. *Methodology for prioritizing severe emerging diseases for research and development.* https://www.who.int/blueprint/priority-diseases/RDBlueprint-PrioritizationTool.pdf (accessed September 4, 2019).

Wintle, B. C., C. R. Boehm, C. Rhodes, J. C. Molloy, P. Millett, L. Adam, R. Breitling, R. Carlson, R. Casagrande, M. Dando, R. Doubleday, E. Drexler, B. Edwards, T. Ellis, N. G. Evans, R. Hammond, J. Haseloff, L. Kahl, T. Kuiken, B. R. Lichman, C. A. Matthewman, J. A. Napier, S. S. ÓhÉigeartaigh, N. J. Patron, E. Perello, P. Shapira, J. Tait, E. Takano, and W. J. Sutherland 2017. A transatlantic perspective on 20 emerging issues in biological engineering. *eLIFE*, November 14. https://elifesciences.org/articles/30247 (accessed September 4, 2019).

第 3 部分　了解与美国生物经济有关的风险

本报告的前两部分描述了生物经济的组成部分、生物经济运行所在的生态系统，并阐明了其经济重要性。这种全面的审查使委员会能够确定与生物经济有关的风险和应对这些风险的潜在政策选项。本部分讨论直接回应了委员会任务陈述的内容和委托开展这项研究的一个主要推动因素。

第 7 章回顾了委员会确定的与美国生物经济有关的风险。这些风险分为两大类：与未能推动美国生物经济有关的风险（因可能阻止生物经济蓬勃发展的行动或不作为而产生的风险）；因未能保护美国生物经济而产生的风险（生物经济面临的风险以及生物经济被破坏或滥用带来的风险）。讨论还阐述了可用于缓解已确定的风险的政策工具，并考虑了这些措施的影响。

虽然无法想象失去美国生物经济的情形，但如果美国生物经济没有发挥其潜力，它原本可能带来的好处就会丧失。这些好处可能包括更安全的改良食品、先进材料、清洁能源、药品和健康改善、更清洁和更低碳排放的环境、就业机会和经济增长。所有这些好处要么被放弃，要么需要从海外的经济竞争对手那里进口。在后一种情况下，美国消费者可能仍然受益，但美国生产商将失去"先发优势"和在相关技术领域的领先地位。第 7 章阐述了与生物经济的某些方面有关的风险，但没有进行明确量化或深入分析；这些风险代表了美国因没有认识到（或者没有首先认识到）本报告其他部分已经讨论过的可以从生物经济中获取的各种好处而付出的代价。

本章为在本报告最后一部分委员会提出总体结论和建议奠定了基础。

7 与生物经济有关的经济和国家安全风险

主要研究结果摘要

- 未能在国内推动美国生物经济，有可能削弱美国在全球生物经济中的科学领导地位。已确定的风险包括：

  ——研发投资不足；

  ——不对称的研究限制；

  ——从业人员不足；

  ——无效或低效的知识产权环境和监管环境。

- 未能保护美国生物经济免受可能会伤害或滥用它的故意行为的影响，这些行为可能会阻碍美国生物经济的持续发展，并可能会助长对整个社会造成危害。已确定的风险包括：

  ——国际数据访问受限；

  ——使用生物经济数据集损害个人隐私或国家安全；

  ——与生物经济相关的网络风险；

  ——通过盗窃和渗透进行的经济攻击；

  ——国家对商业活动的不当介入；

  ——贸易壁垒；

  ——关键基础设施的漏洞；

  ——传统生物安全的漏洞。

- 对公司来说，生物经济相关技术的专利权资格存在着异常高的法律不确定性。

- 生物经济对软件、网络和计算机硬件工具的依赖日益增长，这使其容易受到与其他行业面临的风险类似的基本网络安全风险的影响。特别是，生物经济利益相关者面临着网络入侵、通过网络的数据丢失或操纵，以及知识产权盗窃方面的高风险，因为这个群体尚未充分了解这些风险和潜在的不利生物后果。

> ——改善网络威胁信息的共享可能帮助生物经济的成员减少网络入
> 侵、操纵或破坏的风险，就像其他领域一样；
> ——类似于其他领域的开发人员，活跃于生物经济领域的软件开发
> 人员往往不具备开发安全源代码的培训或知识。

如第 3 章所述，生物经济在美国经济中所占的份额十分重要，而且越来越大。委员会认为，随着生物技术在药物生产和医护服务提供、农业、能源生产、特种化学品和材料制造，以及其他商品和服务生产方面取得更大的进展，尤其是在生物生产过程取代了常规化学过程的情况下，生物经济的重要性将继续增长。生物经济对国防也很重要，不仅在狭义的对抗生物武器方面，而且在更广泛的国防需求方面（DiEuliis，2018），包括：军事医学（NRC，2004）；传感器、电子、计算、材料、后勤、士兵健康和效能（Armstrong et al.，2010；NRC，2001；Tucker，2019）；能源（NRC，2012）。在这些与国防相关的应用中，生物技术是一种完全的两用性技术[①]，这意味着军事和商业应用有相同的科学和技术基础，因此很难区分该技术的经济安全和国家安全方面。新生物技术的不断出现和发展加剧了这种不确定性，现在也并不完全清楚这些技术对经济或国家安全的最终应用和意义。即使可以明确确定特定技术对经济或国家安全的影响，这两个领域也是相互关联的，因为一个国家的经济活力影响其支持国防和国家的其他需求的能力。此外，一个无法支持经济上至关重要的行业领域的国家，可能容易受到来自外国供应商的胁迫或垄断定价的影响。鉴于经济和国家安全问题的模糊性，本章的大部分讨论并没有区分经济风险与国家安全风险。

本章的第一节论述了未能充分提供生物经济蓬勃发展所需的属性、资源和环境，即未能推动生物经济发展，对美国生物经济的健康和竞争力的潜在危害。第二部分论述了未能保护生物经济免受可能损害生物经济的故意行为（如窃取知识产权或数据集）的影响，从而给非法获取信息的接受者带来竞争优势。本章还阐述了未能避免与生物经济被破坏或滥用有关的损害，包括开发生物武器战剂等传统生物安全风险，以及攻击者劫持生物经济内的实体，从而对人类、农业和环境构成威胁或更广泛地威胁美国的国家安全和经济安全的手段。必须注意的是，委员会并没有对本章中确定的风险进行优先级排序，而且虽然委员会在概述对生物经济的风险时尽可能全面，但不应把本章视为提供了一份全面的清单。此外，正如第三部分的引言

[①]"两用"一词有两个相关但截然不同的含义。对于出口管制，它是指为商业市场生产的物品，这些物品也可用于军事系统，因此受到国家安全出口管制。对于科学研究，这个术语也指可能被滥用从而造成危害的合法科学发展。生物技术在这两个方面都是两用性的，认识到有些军事用途不涉及国际《生物武器公约》所禁止的生物武器的开发和生产。

所述，尽管本章讨论了与生物经济某些方面的失败相关的风险——这可能使美国容易受到来自外国供应商的胁迫或垄断定价的影响，但没有对这些风险进行量化或深入分析。在后一种情况下，美国消费者可能仍然受益，但美国生产商将失去"先发优势"和在相关技术领域的领先地位。本章以结论结尾。

7.1 未能推动美国生物经济

与未能推动生物经济相关的风险包括美国政府研发（R&D）投资不足、不对称的研究限制、从业人员不足、无效或低效的知识产权环境和监管环境。

7.1.1 美国政府研发投资不足

正如第 3 章、第 4 章和第 5 章所探讨的，美国政府历史上在生命科学、计算与信息科学以及工程学领域强大而持续的投资推动了如今的世界领先的生物经济的发展。为了保持这一世界领先地位，美国需要维持其在基础研究以及支持性和赋能性技术开发方面的投资。如果美国在研发方面的投资不足，委员会确定了以下所述的潜在风险。

7.1.1.1 科学领先地位的丧失

对基础研究的支持不足（无论是来自美国政府还是来自主要的非政府资助者）都将削弱美国取得突破性科学成果的能力，也会损害可以直接应用于经济的增量学习的类型。从长远来看，研究支持不足会削弱美国培养和招募世界上最优秀的科研人才（包括国内人才）的能力，特别是在与其他在生物经济上投入巨资的国家竞争时（如第 4 章中讨论）。具体来说，美国科学领先地位的丧失可能产生以下后果：

- 推动创新和经济回报的重大发展可能会越来越多地发生在美国以外。
- 寻求与世界顶尖研究人员合作机会的学生和研究人员可能会离开美国或者不太可能来到美国，从而使美国无法享有他们的专业知识。
- 美国境内的初创企业、以通过研发实现的科学进步为基础组建的公司，以及由与有影响力的学术研究团体合作的研究人员、学生和技术人员组成的公司，不太可能蓬勃发展。虽然在公开文献中发表的研究结果可在世界任何地方获得，但旧金山湾和波士顿地区等地出现的生物技术创新集群表明，在主要研究机构附近和其他生物技术公司附近成立生物技术公司是有价值的（Audretsch and Feldman，1996；Bailey and Montalbano，2017；Feldman and Massard，2002；NASEM，2017b）。接近科学领军人物很重要，隐性知识的快速转移及从同行和竞争对手那里学习也很重要。

- 美国研究人员和机构可能无法参与建立反映美国价值观的全球规范、实践和道德标准。

7.1.1.2 赋能工具、技术和标准的开发不足

从历史上看，基础研究的投资会带来新的应用，尤其是当研究导致开发了一种能够在相关应用中激发更大创新的工具或技术时更是如此，例如，DNA 测序、DNA 合成、基因编辑工具、高性能计算和数据共享平台等赋能技术的情况。持续资助和支持能够扩展并改进这些工具或产生新的赋能技术的研究，对于保持科学领先地位至关重要；然而，确定应该资助哪些研究是一项长期的挑战。在合成生物学界，一个致力于推进生物学工程的非营利性公私合作组织——工程生物学研究联盟（EBRC），已制定了一份技术路线图，以确定未来 20 年竞争前研究的优先领域（EBRC，2019）。美国政府项目可以利用这一路线图和其他类似的路线图来重点投资将加速整个行业的大部分领域的竞争前研究课题。EBRC 路线图重点关注四个技术领域：工程 DNA、生物分子工程、宿主工程和数据科学，凸显了这些领域中的技术发展在推动食品和农业、健康和医药、能源、工业生物技术和环境生物技术等多个应用领域取得快速发展方面的潜力。

值得注意的是，如第 5 章所述，数据共享能力极大地加速了各种科学发现及其下游应用。对这些工作的支持不足可能会限制美国生物经济研究人员对其所依赖的数据的获取，并可能阻碍未来更有效地共享和合并大型数据集的努力（Toga and Dinov，2015）。

除了支持基础科学研究之外，美国政府的投资和美国国家标准与技术研究所等机构支持测量技术和标准的开发，这些技术和标准可能由任何一家私营公司开发都无利可图，但可以通过提高许多美国公司的生产力而使美国生物经济整体受益。例如，开发和采用一套具有可重现特性的标准生物组件有可能实现互操作性、更长更复杂的供应链，以及生产更复杂的产品（Galdzicki et al.，2011）。旨在登记和提供标准组件的注册中心及数据库的数量正在增长[①]。对这些基础技术的关注和投资不足，特别是面对来自政府的、为这些领域提供资金的其他国家的竞争时，将导致美国生物经济的竞争力下降。

7.1.2 不对称的研究限制

对美国生物经济研究实验室而非海外学术竞争对手施加的限制，不论是通过限制或阻止美国研究人员开展某些特定类型的研究、限制获取特定的材料或样

---

① iGEM 标准生物部件注册（http://parts.igem.org/main_page）；合成生物学开放语言（http://sbolstandard. org 和 https://doi.org/10.1016/j.synbio.2018.04.002）；参见 Feuvre and Scrutton，2018。

本，还是通过刺激高产的研究人员离开美国到监管环境相对宽松的国家，都会造成美国的竞争劣势。

例如，人类胚胎干细胞（hESC）目前正被用于许多临床研究，包括那些专注于视网膜黄斑变性、糖尿病、心脏修复和诱导 T 细胞介导的免疫的研究。在英国，1990 年的《人类受精与胚胎学法案》和 2001 年的《人类生殖克隆法案》允许破坏胚胎以获得用于研究和治疗严重疾病的人胚胎干细胞（Dhar and Ho，2009）。因此，英国目前在开发适合再生疗法的临床级细胞系方面处于全球领先地位。相比之下，美国的监管环境不仅比英国，而且比日本和新加坡等国更严格（Dhar and Ho，2009）。美国在 1995 年彻底禁止为研究目的而破坏人类胚胎后，2009 年放宽了限制，允许产生新的人类胚胎细胞系，并有一些涉及捐赠者同意的伦理条款①。在美国国立卫生研究院（NIH）hESC 注册中心产生了 100 多个细胞系，这些细胞系携带与单基因疾病（如囊性纤维化和亨廷顿病）相关的特定基因突变，但由于伦理问题、涉及的疾病数量有限及监管环境等原因，这些细胞系并未被广泛用于研究（Ilic and Ogilvie，2017）。对研究文献的分析表明，美国在全球 hESC 研究中所占的份额正在下降。

如第 1 章所述，诱导多能干细胞（iPSC）可以从成人体细胞中获得，并可能最终消除对 hESC 在药物发现作为疾病模型和在细胞疗法中用于治愈疾病的需要。然而，由于诱导多能干细胞来源于成人体细胞，因此这种细胞系在细胞供体的生命周期中获得了可能影响其临床应用的基因突变和表观遗传修饰。因此，对于未来使用诱导多能干细胞进行细胞治疗的可能性，hESC 仍然是"黄金标准"（Ilic and Ogilvie，2017），目前的大多数临床试验都基于 hESC 衍生的细胞产品（Guhr et al.，2018）。除了在美国进行试验的公司外，巴西、中国、法国、韩国和英国的公司也处于这一领域的临床转化的前沿。

监管方面的研究限制的其他例子包括，限制用于研究目的的动物的用途和类型的规定，以及与使用特定病原体有关的限制。

7.1.3　从业人员不足

如果拥有适当技能的从业人员数量或质量不足以满足需求，可能会阻碍美国生物经济的增长。熟练的从业人员队伍不仅是为美国生物经济公司提供最好的人才所必需的，而且，高质量的技术从业人员队伍可以激励外国生物经济公司在美国建立研究和生产设施。

长期以来，美国 K-12 教育体系吸引和培养学生在大学和研究生阶段学习科学、技术、工程和数学（STEM）学科的能力一直备受关注。许多研究对此提出

---

① 见 https://doi.org/10.1038/ncb0710-627。

了改进建议，包括增强向少数族裔服务机构的拓展，为本科生参与研究设计新机制，以及参加国际基因工程机器（iGEM）竞赛等项目（信息栏 7-1）[①]。

信息栏 7-1　扩大人才库，推进生物技术治理模式：国际基因工程机器（iGEM）竞赛

围绕生物技术（生物经济）的进步建立一个新产业需要越来越多的具备必要技能的人才。人才发展需要关注技术能力以外的东西。生物经济是建立在大量支持、管理并将想法转化为产品的个人之上的。iGEM 竞赛是作为获取未来从业人员的渠道而建立的[a]。在 2004 年创始时，竞赛只有美国的队伍参加。第二年，加入了来自英国和瑞士的队伍。在不到 5 年的时间里，美国在参赛队中所占的份额已经下降到略多于 1/3（34%），而其中 1/4（25%）来自欧洲，略多于 1/7（14%）来自加拿大，大约 1/15（7%）来自中国。

由于认识到科学和工程事业的国际性，iGEM 包括了来自每个有人居住的大洲的参与者。2018 年，来自 40 多个国家、300 多支队伍的 6000 多名参与者参加了比赛。在这 300 多支队伍中，不到 1/4（23%）来自美国，近 1/3（32%）来自中国，近 1/4（23%）来自欧洲。这些队伍在广泛的领域内从事感兴趣的和与他们相关的项目，包括诊断、能源、环境、食品和营养、基础进步、信息处理、制造业、新应用、治疗学和软件等。

各支队伍为奖牌（展示合成生物学领域的技术卓越性）和奖金（给在特定领域的杰出工作）展开竞争。他们获得奖励的技术技能包括，为他们的系统建模、开发未来具有最大用途的基因组件，以及测量和描述他们的系统等。他们还进行非技术领域的竞争，如方案设计、工作展示、海报制作、工作记录，以及创业精神。参与者运用这些技术和非技术技能以及他们的努力，在团队中进行创造和工作，资助、组织和实施一项计划，并将其"推销"给同龄人和合成生物学界，他们从中获得的关键技能将在他们以后的整个职业生涯中继续发挥重要作用。

iGEM 建立了一个治理框架，以确保工作安全、可靠和负责任，旨在灌输

[①] NASEM 的许多报告都呼吁人们关注加强美国 STEM 从业人员队伍的必要性，包括：《在风暴前夕崛起》（NAS et al.，2007）；《在风暴前夕崛起，再论：迅速接近第 5 类》（NAS et al.，2010）；《STEM 学生的本科研究经历：成功、挑战和机遇》（NASEM，2017d）；《面向 21 世纪的 STEM 研究生教育》（NASEM，2018b）；《本科 STEM 教育监测指标》（NASEM，2018c）；《少数族裔服务机构：美国在加强 STEM 从业人员队伍方面还未充分利用的资源》（NASEM，2019）。

某些价值、行为和文化规范，而不是监管这个群体的行为。自 2003 年成立以来，iGEM 特别关注参与者的技术工作如何影响世界，以及世界如何影响技术工作，iGEM 用"人类实践"一词来表达这个理念[b]。各支队伍将这种思想融入他们的技术工作中，并围绕那些受其工作影响的人或与其工作有利害关系的人的需求和观点来设计他们的项目，从而获得奖励。他们也可能因未能充分清除其工作的影响而受到制裁。

　　该竞赛还拥有一个强大的安全监管框架。这种全面且适应性强的系统确保各支队伍符合国际最佳实践，并遵守相关的国家规则和法规（Millett et al., 2019）。各支队伍因在生物安全方面的卓越表现而获得奖励。他们被要求评估工作对自己、同事、群体和环境的风险，然后被要求规划（并采取）措施来缓解这些风险。当队伍从计划阶段进入实验阶段时，以及当他们在实验室完成工作并开始研究如何传达他们的发现时，外部专家会这些工作进行审查。一个由来自世界各地的不同专家组成的委员会将与被确定需要额外支持的队伍合作。未能达到 iGEM 的标准的队伍可能会（并且已经）被制裁。

---

[a] 见 https://igem.org。

[b] 见 https://igem.org/Human_Practices。

美国的高校可以通过继续吸引海外的高质量理工科学生和学者，来提高其技术毕业生、研究人员和教育工作者的数量和质量。外国学生在美国高校招生人数中占很大比例，尤其是 STEM 学科，而外国出生的雇员也构成了美国 STEM 从业人员队伍的重要组成部分[①]。国内和国际因素都可能使美国继续吸引科学家和工程师到美国的能力复杂化。

　　在国际上，随着美国以外其他国家生物经济的发展，学生留在其祖国的机会也在增加。世界上最好的理工科学生和学者除了到美国之外，关于去哪里学习和做研究有了越来越多的选择。正如联邦调查局（FBI）助理局长爱德华·威廉·普里斯塔普（Edward William Priestap）于 2018 年 6 月在参议院司法委员会小组委员会作证时所述，"任何希望成为并保持世界顶尖的研究机构，都必须吸引并留住世界一流的人才，无论他们来自何处"（DOJ，2018b，p.5）。他还提请注意以下风险："某些外国行为者，特别是外国对手，试图通过非法或不合规的方式获取美国

---

　　① 在生物、农业和环境科学领域，2015 年，外国出生的科学家和工程师占有学士学位的从业人员的 15.4%；占有硕士学位的从业人员的 27.3%；占有博士学位的从业人员的 46.9%。请注意，"外国出生"是比最初持（临时）学生或学者签证来到美国的个人更广泛的类别；它包括以任何身份移民到美国并获得永久居留权或公民身份的外国公民（NSB and NSF，2018）。

的学术研究和信息，以推进其科学、经济和军事发展目标。"他还指出，"通过他们的榨取性活动，他们降低了美国的竞争力，剥夺了受害方的收入和因工作获得的声誉"（DOJ，2018b，p.2）。关于这一关切的更详细讨论可在本章后面部分找到。

在美国，通过实施签证控制（限制外国公民的临时访问和永久移民）限制外国学者和学生进入美国。对访客的审查程度取决于他们的原籍国是否给美国带来国家安全问题等，包括是否有意图非法获取美国技术等。因此，签证控制使美国政府能够拒绝被认为支持敌对国家行动的个人进入美国。然而，对外国公民实行限制性签证政策也可能会阻碍外国学生和学者更广泛地参与到美国生物经济研究界和从业人员队伍中来，无论是由于这些限制本身，还是由于人们认为美国对这种接触怀有敌意。例如，2019 年 6 月 3 日，中国教育部发布 2019 年第 1 号留学预警，预警指出，一段时间以来，中方部分赴美留学人员的签证受到限制，出现签证审查周期延长、有效期缩短以及拒签率上升的情况，对中方留学人员正常赴美学习或在美顺利完成学业造成影响。第二天，文化和旅游部发布赴美旅游安全提醒。（Zheng，2019a，b）。同月，麻省理工学院（MIT）校长拉斐尔•赖夫（Rafael Reif）警告，反对因对学术间谍活动的担忧（尽管它们可能是有充分根据的）而营造一种"毫无根据的恐惧和怀疑的有毒氛围"，这将传达这样一个信息，即美国"不再试图成为吸引世界上最努力和最有创造力的个人的磁铁"（Reif，2019）。

与最近针对外国学生和学者进行安全审查的政策变化无关的是，《美国移民法》规定，除非申请人能够证明他们与其祖国的联系足以迫使他们在美国停留后返回祖国，否则学生或学者签证的申请将被拒绝。换句话说，正如战略与国际研究中心在一份白皮书中所指出的那样，尽管外国学生和学者留在美国可能会做出贡献，但"他们能进入美国的唯一途径是证明他们打算在其他地方做出这些贡献"（CSIS，2005，p.14）。因此，可能很难依靠外国技术专长来填补美国生物经济从业人员队伍的缺口。

7.1.4 无效或低效的知识产权环境

对于可授予专利权的不确定性可能对追求专利保护的人和希望将生物技术创新付诸实践的人都会产生负面影响，从而对美国生物经济产生不稳定效应。由于最高法院最近的裁决缩小了被认为符合专利权资格的范围（下文将讨论），因此公司在获得和捍卫生物创新专利方面遇到了更多困难。由于专利权资格是风险投资家和私募股权投资者的一个重要考虑因素，因此专利权资格的不确定性越大，投资者投资生物技术公司的可能性就越小（Taylor，即将发表）。

根据《美国专利法》，专利客体资格有两个标准，一个是法定标准，另一个是司法标准。要使一项要求保护的发明具有专利客体资格，它必须属于《美国法典》第 35 卷第 101 条（35 U.S.C. § 101）中定义为"任何新的有用的过程、机器、制造或物质组成"的四个法定类别之一。要求保护的发明不得属于通过一系列法院判决产生的司法例外之一，即抽象概念、自然法则和自然现象（包括自然的产品）（见《专利审查程序手册》§2106.04）。

近年来，美国最高法院的一些裁决阐述了对专利客体资格的司法例外情况，包括：2012 年 Mayo Collaborative Services 公司诉普罗米修斯实验室案（566 U.S. 88；Mayo）；2013 年分子病理学协会诉 Myriad Genetics 公司案（569 U.S. 576；Myriad）；2014 年 Alice 公司诉 CLS 国际银行案（573 U.S. 208；Alice）。在 Myriad 案中，法院认为：

> 天然存在的 DNA 片段是自然的产物，不能仅仅因为它被分离出来就可以获得专利权资格。但 cDNA[法院描述为"互补 DNA（cDNA），其包含与天然 DNA 片段中相同的蛋白质编码信息，但省略了 DNA 片段中不编码蛋白质的部分"]符合专利权资格，因为它不是天然存在的（569 U.S.，p. 2）。

在 Mayo 案中，法院裁定："普罗米修斯实验室的专利是提出了自然规律，即血液中某些代谢物的浓度与证明某个剂量的硫嘌呤药物无效或造成伤害的可能性之间的关系，"因此不符合专利权资格（566 U.S. at p. 8）。在 Alice 案中，法院通过专利权资格的两步测试维持了 Mayo 裁决：①"确定有争议的权利要求是否针对不符合专利权资格的概念"（573 U.S.，p.2）；②如果答案是肯定的，那么再"寻找一个创造性的概念，即一个元素或元素的组合，其足以确保该专利在实践中远远不止是一个基于不合格概念本身的专利"（573 U.S. at p.7）。

为了回应美国最高法院做出的这些和其他裁决，美国专利商标局（USPTO）不断更新其评估专利客体资格的标准（Bahr，2016；2018a，b；USPTO，2014；2015）。2017 年，USPTO 发布了一份关于专利客体资格的正式报告，总结了判例法、界定专利客体资格的国际方法，以及公众对专利客体资格的看法（USPTO，2017）。关于专利客体资格的最新指南于 2019 年发布（USPTO，2019a，b）。

USPTO 根据最高法院的这些裁决对审查做法进行了更改，这对生物技术专利产生了重大影响。自 Myriad 判决以来，专利审查员一直在缩小涉及核苷酸序列的未决专利权利要求的范围，不仅针对涉及人类基因组 DNA 的专利申请，也针对涉及农产品的专利申请（Jefferson et al.，2015）。鉴于众多专利申请依据 Myriad 案裁决被驳回，专利申请人并没有围绕 Myriad 案的法律原则起草专利申请；相反，约有一半（47.6%）的专利申请人正在放弃他们的权利要求，约有一半（47.9%）的专利申请人正在修改他们的权利要求以避免被驳回（Aboy et al.，2017）。值得注意的是，除了涉及分离的基因组 DNA 的专利申请之外，Myriad

案的裁决对生物技术的专利申请产生了更广泛的影响。在 Myriad 案裁决发布后的 5 年时间内，技术中心 1600（Technology Center 1600）（为生物技术和有机化学专利申请提供审查的技术中心）的 6785 项专利申请遭到了基于 Myriad 案裁决的驳回，其中 85% 涉及的产品不是天然存在的 DNA（Aboy et al.，2018）。

Mayo 案的判决也对生物技术专利申请产生了重大影响。对在技术单位 1634（负责大量生物技术发明的技术单位）提交的专利申请进行分析发现，因不符合 35 U.S.C. §101 中的可申请专利条件而被驳回的申请从 10.5%（Mayo 案前）增加到 55.5%（Mayo 案后）（Aboy et al.，2019）。关注个性化药物的专利申请的驳回率甚至更高，因不符合 35 U.S.C. § 101 而被驳回的申请从 15.9%（Mayo 案前）增加到 86.4%（Mayo 案后）（Chao and Mapes，2016）。在技术中心 1600 提交的更广泛的专利申请中，在 Mayo 案裁决后的 6 年内，足足有 4650 份（49.3%）收到基于 Mayo 案驳回的申请被放弃（Aboy，2019）。此外，Mayo 案大幅增加了起诉生物技术专利申请的时间和成本。在技术中心 1600 能够不因 Mayo 案裁决而被拒绝的专利申请子集中，45.8% 必须提交一次或多次继续审查请求，30.3% 必须提交两次或两次以上此类请求（Aboy et al.，2019）。

这些判决还影响了在法庭上受到质疑的已获授权的美国专利。例如，在 Ariosa Diagnostics 诉 Sequenom（788 F.3d 1371 [Fed.Cir.2015]，Ariosa）一案中，联邦巡回法院维持了地方法院的裁决，即相关专利的权利要求不是针对符合专利权资格的客体，因此根据 35 U.S.C. § 101 认定无效。Ariosa 的争议专利涉及检测母体血浆中的无细胞胎儿 DNA，以鉴定胎儿的特征和异常，这是一项取代侵入性产前技术的发明。法院使用两部分§ 101 测试，做出裁决：①权利要求"是针对不符合专利权资格的概念"，因为"方法以自然现象开始和结束"（即无细胞胎儿 DNA）；②要求保护的方法不会"将要求保护的自然发生的现象'转化'为该现象的符合专利权资格的申请"。法院并不反对"在之前被当作废料丢弃的母体血浆或血清中检测无细胞胎儿 DNA 是对科学的积极而有价值的贡献"，但裁决为"即使是这样有价值的贡献也可能缺乏可取得专利权的客体。"

这些裁决表明，在起诉专利申请和维护生物技术领域已授予专利的有效性方面，都存在着异常高的法律不确定性。虽然有可能克服根据 35 U.S.C. §101 作出的驳回，但这样做需要时间和金钱。因此，相对于规模较大的成熟公司而言，预算较小、获得专利专业知识的机会有限的初创公司面临的风险更大。

尽管迄今收集到的经验数据并没有提供确凿证据证明应修改§ 101，但已经提出了改革《美国专利法》的第 101 条和其他条款的立法草案①。该立法提案旨

---

① 参议员 Tillis、Coons、Collins、Johnson 和 Stivers 的"改革《美国专利法》第 101 条的法律草案"，2019 年 5 月 22 日发布，详见 https://www.tillis.senate.gov/services/files/ E8ED2188-DC15-4876-8F51-A03CF4A63E26。

在将专利权资格建立在发明的实用性之上，这里的发明被定义为"通过人为干预在任何技术领域提供特定实用用途的任何发明或发现"。从本质上说，该立法提案将废除最高法院的两部分§101测试；消除专利权资格的司法例外；在第101、102、103和112条的调查之间严格划清界限。美国参议院知识产权小组委员会举行了一系列公开听证会，听取了美国联邦巡回法院前首席法官、发明人、行业高管、法学教授、美国专利商标局前局长以及美国公民自由联盟等团体的证词。在这些听证会的过程中，对于该立法提案和美国专利法的其他改革是否有助于或损害生命科学和生物技术的创新，显然缺乏共识。值得注意的是，由80多位久负盛名、备受尊敬的美国科学家（包括多位诺贝尔奖获得者和美国国家科学奖章获得者）签署了一封信，敦促国会"在颁布任何相关法律之前，应彻底研究国家对专利权资格的要求以及该提案草案对我国科学和工业的潜在影响。"①

授予专利权的宪法目的是促进科学和实用技术的进步（《美国宪法》第一条第8节第8条）。最终，专利制度需要在授予专有权方面取得平衡，该专有权既要鼓励创新，同时又不妨碍使用所有人都应该可以使用的科学和生物技术的基本工具。

7.1.5　无效或低效的监管环境

过度设计或设计不当的法规会限制创新者的选择，或向他们施加可能会增加成本或不确定性的要求，从而阻碍创新。另一方面，如果法规被视为能够保护公共健康、公共安全和环境，它们就可以加强公众对新技术的信任，从而获得更广泛的公众认可，并成为创新的驱动力。如果监管规定了被监管产品必须达到的高性能标准，那么它们还可以推动满足该标准所需的创新。机动车辆燃油经济性标准就是一个例子，它刺激了提高燃油效率方面的创新②。

然而，监管环境的不确定性比监管本身更有可能拖累创新。如果创新者知道期望的是什么，他们就可以考虑监管要求以及新产品设计必须满足的其他要求，如客户的成本和性能目标。但是，如果监管环境是不确定的，创新者可能不知道应该采取哪种方法，并且可能不愿意在可能会被以后的监管变化所阻碍的领域投入过多的研发资金。监管环境的不确定性也会阻碍创新，因为它鼓励开发人员模仿已经在监管体系中规划出一条路径的产品，而不是追求可能有未知路径且监管延迟时间较长的创新产品。2016年《生物技术产品监管体系现代化国家战略》③旨在通过阐明当前监管机构的作用和职责，来减少监管不确定性，2019年《关于农业生物技术产品监管框架现代化的行政命令》④代表了进一步简化监管流程

---

① 见 https://www.patenteligibility.com。
② 见 https://www.transportation.gov/mission/sustainability/corporate-average-fuel-economy-cafe-standards。
③ 见 https://obamawhitehouse.archives.gov/sites/default/files/microsites/ostp/biotech_national_strategy_final.pdf。
④ 见 https://www.whitehouse.gov/presidential-actions/executive-order-modernizing-regulatory-framework-agricultural-biotechnology-products。

的最新尝试。为了为减少不确定性的工作提供信息，NASEM 的报告《为未来生物技术产品做准备》（NASEM，2017a）等研究可以向监管系统发出提前预警，告知可能不适合现有监管范式的创新。监管系统必须继续跟踪其监管领域的创新进展，并确保其已制定风险评估程序并获得了必要的资源，以便能够在不过度限制该领域的情况下制定和实施任何必要的监管。

7.1.6 缺乏公众信任或与公众价值观冲突

美国生物经济面临的另一种性质截然不同的风险来自于社会因素。近几十年来，直接由民间团体或通过市场表达的社会认可，已成为决定哪些技术进入实践以及哪些产品能在市场上生存的强有力因素。如果美国生物经济的产品和服务不能赢得公众的信任和认可，或者面临反对，那么它的充分发展就会受到损害。不认可或反对可能是由于广泛的担忧，其中一些在本章中讨论，另外一些已在其他场合阐明。这些担忧包括：

- 在农业中使用基因工程或生产生物燃料作物对安全、环境或土地利用的影响；
- 基因工程生物体释放或可能释放到环境中的后果；
- 对政府监管机构缺乏信心；
- 生物技术衍生医疗疗法的价格；
- 在生产者和消费者之间或不同规模的生产者之间的经济利益分配；
- 从遗传信息中产生经济价值的人与对最初获得遗传信息的样本拥有主权的人之间的经济利益分配；
- 修改人类 DNA 的伦理和适宜性；
- 工程化其他生物体的伦理和适宜性；
- 生物技术在人类生殖方面的应用，包括修改后代的 DNA；
- 在互联网上传播可能危及公共健康的错误信息（信息栏 7-2）；
- 因未经授权泄露个人基因信息而侵犯个人隐私；
- 因泄露某人亲属基因信息而侵犯个人隐私；
- 任何特定生物技术活动可能产生的风险由该活动的受益者承担的程度；
- 有意造成伤害的人可能会使用生物技术。

其中一些担忧可以通过基于科学的评估来解决，这些评估能够帮助确定和传达相对于社会所面临的一系列其他风险（包括不采取行动的风险），拟议方法的风险如何。此类评估可用于为缓解风险的监管办法提供信息。然而，引用对另一份报告进行总结的 NASEM 报告的说法，"纯粹的风险技术评估得出的分析可能会准确地回答了错误的问题，对决策者几乎没有用处。"（NASEM，2016b；

NRC，1996）。此外，定量评估甚至可能无法解决潜在的伦理或社会问题或价值冲突，而这些问题可能对公众认可至关重要，并可能通过各种参与战略加以解决（NASEM，2016a）。对于这些问题显然没有正确或错误的答案，而是基于个人经验和价值观的一系列观点。

信息栏 7-2　在美国关于疫苗的错误信息

公众舆论越来越受到社交媒体、博客圈以及传统信息源的影响。可靠科学是公共话语的重要输入，但它绝不是社会决策的唯一决定因素。不幸的是，在许多科学主题上，互联网提供的错误信息和虚假信息与可靠信息一样多。生物经济提供了许多例子，在这些例子中，关于什么是事实的不同看法导致技术受到了质疑。

例如，在美国，长期以来被接受并显然有益的、使用疫苗抗击传染病的做法，现在正受到质疑（IOM，2012）。网络传播的错误信息和虚假信息在这种混乱局面中起了重要作用（Broniatowski et al.，2018）。结果，儿童的健康和公共健康受到威胁。虽然低收入国家的人口无法获得疫苗，但一些高收入国家受到的关于疫苗安全性错误信息的影响更大。

委员会认识到，公众认可对生物经济的发展及其潜在利益的确至关重要。然而，公众认可不能在整个生物经济层面上得到解决。生物经济开发的每一种产品、服务或技术创新，就像通过其他类型活动产生的产品、服务和创新一样，将由公众根据其自身的优点，通过取决于所涉及的特定应用的机制和公众参与方式进行评判。

7.2　未能保护生物经济或未能避免生物经济介导的危害

除了由于美国未能积极促进和支持生物经济而对美国生物经济造成的损害外，生物经济还容易因他人的不公平或非法行为而受到损害，如窃取知识产权，这可能会损害其竞争力。此外，生物经济中的实体被破坏或滥用，可能会通过意外或蓄意生产危险生物体并将其释放到环境中，或颠覆表面上有益的服务而造成损害。随着生物经济提供的商品和服务越来越广泛地融入社会和整体经济中，对手可能会通过中断或侵蚀生物经济运行而造成损害。通过向生物产物中隐蔽掺假等方式，可能产生危险的生物学后果。鉴于生物经济生产的治疗药物和疫苗等商品及服务对国家安全、公共健康和公共安全至关重要，中断或拒绝这些商品和服务也可能导致社会危害。必须保护健康的生物经济，使其不受自身风险的影响，也不因其被破坏或滥用而造成更大的社会危害。本节将详细讨论这些风险和危害。

7.2.1 国际数据访问受限

数据是生物经济的关键输入之一，特别是考虑到信息科学、数据分析和机器学习作为生命科学研究过程组成部分的重要性与日俱增（见第 5 章）。生成、验证和使用数据的能力可能成为生物技术公司竞争优势的重要来源。如果外国的数据集被拒绝提供给整个美国生物经济行业，而外国实体可以访问美国的数据集，那么这种互惠性的缺乏将使美国生物经济处于竞争劣势。如果作为在国外开展业务的代价或公司被外国实体收购之后，美国公司被迫向外国公司公布关键的生物经济数据集，情况也是如此。

7.2.1.1 对国家遗传信息来源的不对称获取

美国政府已经启动并支持创建与生物经济相关的丰富信息数据库，如包含基因组和其他"组学"数据、遥感数据、研究出版物及其相关原始数据、专利数据和人口普查数据的数据库。为了最大限度地利用政府资助的研发成果，美国政府的"开放科学"计划寻求确保政府维护的或通过政府资助的研究开发的数据的公共可用性（受制于个人隐私保护）（Van Noorden，2013）。然而，这种方法不一定会被其他国家效仿，有些国家可能已经积累了类似的数据库，但没有在国际上提供这些数据库。此外，国外一些公司能够提供极低成本的 DNA 测序，这使它们能与美国医疗服务供应商竞争 DNA 测序合同，对临床样本进行 DNA 测序。如果这些公司保留（或开发并保留）来自美国样本的 DNA 序列信息，他们就会积累来自美国的遗传信息数据集，而他国的遗传数据或样本的出口有严格的规定，美国公司将无法获取对等数据集。

关于不对称数据获取的担忧在生物医学领域得到了最好的体现。为了进一步了解疾病，各类研究机构正在开展越来越多的工作，对大部分人类群体的基因组进行测序。例如，美国国家癌症研究所的癌症基因组图谱计划（Cancer Genome Atlas Research Network，2013）；"我们所有人研究项目"和其他的国家层面工作（Stark et al.，2019）；23andMe、ColoGuard 和 Ancestry.com 等私营公司的工作。私营部门正在积累一些最大的数据集。2017 年，23andMe 消费者数据库通过获取该公司 40 万名消费者的医疗记录来识别与抑郁症相关的 15 个基因位点（Hyde et al.，2016）。这些成就证明了拥有大型聚合基因组数据集以及将这些数据转化为未来产品的分析能力的前景和价值。

然而，一些国家已经颁布政策，禁止出口其公民的基因信息。例如，2007年，俄罗斯禁止出口包括头发、组织和血液在内的所有人类生物材料，据称是因为政府担心西方国家正在开发基因生物武器（Vlassov，2007）。自 2017 年以来，俄罗斯限制但不完全禁止人体组织出口（Bavasi et al.，2017）。中国不允许外国研究人员进行涉及人类遗传资源（人类样本中的遗传物质或遗传信息）的研究，除非他们与中国合作伙伴合作，并且研究必须事先获得人类遗传资源管理办公室的批准（Bavasi et al.，2017，p. 2）。2016 年，欧盟颁布了《通用数据保护规定》，该规定将健康相关数据扩展到包括基因组和生物特征数据这类"敏感个人数据"。这项新规定要求更详细的知情同意，才能将个人数据用于次要目的，除非数据已匿名。关于跨国共享，该规定要求数据的接收方必须遵守该规定所概述的数据保护标准（Shabani and Borry，2018）。巴西采用了类似的框架，要求对敏感个人数据采取额外的安全措施，该框架还具有域外效力（Monteiro，2018）。美国尚未在国家层面制定类似政策，因此遵循着一系列指导方针和规则（Majumder，2018）。鉴于与不同法规相关的数据共享的复杂性，正在积极制定跨国数据共享计划以确保持续访问也就不足为奇了（Fiume et al.，2019）。

这些规定对研究的影响还有待确定。从公共健康的角度来看，禁止从一个国家出口遗传信息将使国际科学家无法对该国居民特有的遗传性疾病进行研究，从而损害该国公民的利益。然而，从经济的角度来看，情况要复杂得多。数据保护要求的差异以及在国际舞台上共享数据的能力，引发了人们对不公平竞争环境的担忧。如果外国研究人员和公司能够访问其本国的生物数据集以及相应的美国生物经济数据，那么与只能访问本国生物经济数据的美国研究人员和公司相比，更大的数据总量将使他们在识别遗传疾病机制方面具有明显的优势。虽然对全球药物开发而言，美国人口的民族和种族多样性可能意味着美国的数据比人口更均一的国家的数据更有价值（就每位患者而言）（Gryphon Scientific and Rhodium Group，2019），但这种不对称仍然导致了不公平的竞争环境。此外，如果其他国家对基因组和临床数据集的使用方式有更宽松的规定，则可能会加剧数据访问的不对称性。

这些不对称可以让那些拥有更广泛数据集的外国公司先于美国同行开发出治疗方案，从而使他们能够首先为这些疗法申请专利并推向市场。另一方面，严格从公共健康的角度来看，如果这些疗法能够获得美国食品药品监督管理局（FDA）的批准，这种结果可能被视为对美国有利，与等待美国公司（数据来源较少）相比，美国公民将从更早获得治疗中受益。然而，从长远看，如果美国制造商不断被剥夺开发自己产品的能力，从而失去利润和市场份额，则可能会出现经济和国家安全问题。如果美国公司亏损到无法继续经营下去的地步，美国的医疗保健系统将发现其必须依赖外国制药商生产这些产品，这可能会使美国容易受到垄断定价甚至胁迫的影响。美国政府还拥有一些数据库，这些数据库并不完全向公众开放，但研究人员在得到适当授权后，可以访问编辑过的形式。这些数据库包括政府为其提供或资助其医疗服务的个人的医疗记录，还包括在排除可识别个人或实体特有的信息的情况下向公众提供的普查信息。

这些数据库对美国和其他国家的生物经济的价值、这些数据库易被访问或利用的脆弱性，以及一个国家的数据开放政策可能对其自身生物经济的相对地位产生的影响，都值得进一步审查。

7.2.1.2 《生物多样性公约名古屋议定书》对基因组数据这种"遗传资源"的限制

《联合国生物多样性公约》（CBD）已经开始讨论"数字序列信息"与公约目标的相关性[1]。这一举动反映了传播关于生物实体的知识或信息的机制正在变化，这种传播传统上依赖于物理标本的交换，但现在可以通过生成和分发这些标本的各种数字表示来实现。讨论最广泛的数字表示是生物体的基因序列。然而，遗传资源数字序列信息特设技术专家组的成果 2 阐明了"占位符"这一术语下可考虑的范围[2]，其中包括以下内容（清单摘自 CBD/SBSTTA/22/2 附件）：

(1) 核酸序列读取及相关数据；

(2) 关于序列组装、序列注释和遗传图谱绘制的信息。这些信息可能描述整个基因组、单个基因或其片段、DNA 条形码、细胞器基因组或单核苷酸多态性；

(3) 基因表达信息；

(4) 关于大分子和细胞代谢物的数据；

(5) 关于生态关系和环境非生物因素的信息；

(6) 功能，如行为数据；

(7) 结构，包括形态学数据和表型；

(8) 有关分类学的信息；

(9) 使用方式。

鉴于上述信息存在于各种公共和私营数据库中，公平获取这些信息以及公平分配从这些信息中获得的经济价值的问题是当前关于数字序列信息（DSI）的获取和利益分享讨论的核心。Lai 等（2019）简要概述了这种获取方式对于合成生物学这一不断增长的领域的意义。他们得出的结论是，有关 DSI 的政策"可能对国际上合成生物学研究和开发产生重大影响。例如，在遗传信息方面实施积极的

---

[1] 见 https://www.cbd.int/abs/dsi-gr.shtml。

[2] 见 https://www.cbd.int/doc/c/704c/70ac/010ad8a5e69380925c38b1a4/sbstta-22-02-en.pdf。

获取和利益分享（ABS）政策可能会抑制政府资助研究的全球商业化或者推动避免 ABS 的'迂回'措施的产生，这两种情况都不是理想的情况"。Hiemstra 等（2019）从荷兰的角度，就调节数字序列信息对多个生物学和生态学领域创新的影响为利益相关者提供了输入。他们考察动植物育种、生物学研究、人类健康、微生物的使用和生物技术等领域。其中一个例子是酶在食品工业中的广泛应用，这是由全球范围内衍生的不同序列引起的。作者认为，试图对这些序列的起源或重新分布进行追踪是一项不可能克服的挑战，而强制执行这些工作将对生物技术初创企业产生不利影响，并抑制创新。他们得出的结论是："对数字序列信息（DSI）的 ABS 安排将导致不可预见的行政负担，从而导致巨大的成本、研究的延迟以及科学进步和创新的放缓。"有趣的是，他们发现荷兰的利益相关者认为"在国际讨论中，个体遗传资源或 DSI 的价值名过其实或被高估了。这可能导致对利益分享水平的不切实际的期望。"与这一观察结果相一致的是，一项独立研究发现，乳酸菌（全世界所有培养乳制品生产的基础）的使用将受到《生物多样性公约》某些实施机制的不利挑战（Flach et al.，2019）。他们提出了两个值得注意的问题：一个是目前实行或设想的许多机制涉及双边协议，这些协定即使不相互冲突，也会成为沉重的负担；另一个是根据在全球范围内分销本身含有微生物的此类产品（如酸奶）的现有做法，这些协议为他们带来了通常是经过分离、遗传改良并可以在新产品中重复使用的生物样本。

7.2.2 使用生物经济数据集损害个人隐私或国家安全

与生物经济数据集相关的两个风险涉及对个人隐私或国家安全的损害：利用遗传脆弱性和群体的基因靶向。

7.2.2.1 遗传脆弱性的利用

全人类的基因组数据（例如 23andMe 和 Ancestry.com 等公司收集的数据）正在构建关于基因、遗传和亚种群的更广泛的信息数据集。最近的一项研究探讨了人类基因组数据、与生物技术制造最相关的数据和人类临床健康元数据特有的网络安全风险（DiEuliis，2018）。这些领域中出现的新情况是一系列连续的潜在危害之一，从侵犯个人隐私到个人人身伤害，再到国家安全问题（取决于哪个个人或群体处于危险之中）。

已被证明的事实是，甚至可以通过部分 DNA 识别出个人（Dankar et al.，2018；Erlich et al.，2018），并可通过收集兄弟姐妹或近亲的 DNA 信息进行进一步识别（Cohen，2018；Kaiser，2018）。这一发现对个人隐私和安全有影响。个人可能成为基于遗传知识的歧视或操纵的目标，个人的生物学脆弱性可能成为身体伤害的靶标。

通过分析这些数据集可能揭示的个人知识不仅涉及疾病的各个方面,还涉及人的属性和行为,因为基因组研究正在揭示复杂行为的基础和操纵这些行为的潜在方法。这一领域被称为"社会基因组学"(Comfort,2018;Robinson et al.,2005),它代表了另一类可用于推进制造伤害的意图的数据。关于个人对疾病或表型行为的基因型偏好的信息可能会被用于在社会环境中造成伤害,或促进对个人的歧视或敲诈。可能有一些已知的方法可以利用特定的基因脆弱性来伤害个人。因此,电子病历、健康保险档案或其他临床数据库(这些数据可能被存放在其中)是值得保护的重要资源。在过去几年里,通过对大型医疗保险公司的健康信息技术基础设施进行直接网络攻击,可能造成全面的数据窃取(Ellis,2018;Ronquillo et al.,2018)。

当这些潜在危害为对手提供了获取有关关键国家决策者或安全人员(如军人或警察)的个人信息的手段,甚至是对他们施加影响的机制时,就成为国家安全问题。也许永远不可能把一个基因特征与一个特定的决定联系起来;尽管如此,国家领导人以某些方式行事的倾向可能受到其基因构成的影响,这很可能会引起敌对情报机构的兴趣。即使目前对基因与行为的关联还没有了解得很清楚,但随着更多研究的开展以及更多数据的收集和分析,这些关联也将会更加明确(Braudt,2018)。

即使受关注的个人从未提供过用于上传到商业遗传数据库或谱系数据库中的遗传样本,在追求个性化医学(根据患者的个体特征,包括基因组成,进行医疗定制)的过程中,基因组信息也越来越多地被从医学样本中提取出来。迅速下降的全基因组测序成本(目前每个基因组的成本约为 1000 美元,而且正在迅速下降)加速了这一趋势[①]。而且,一旦任何这样的基因组在数据库中可用,它将永远与这个人的亲属和后代相关联,尽管随着关系越来越远,这种关联会逐渐减弱。

可以利用植物或动物基因组数据进行类似的靶向,因为精准农业利用了相当于精准医学的个性化基因组技术。这些领域的进步与精准医学领域的进步同样重要,也是可利用的靶标。

7.2.2.2 群体的基因靶向

关于获取基因数据库所带来的国家安全风险的讨论越来越多地涉及对"基因武器"是否可行的质疑[②]。此类武器将赋予攻击特定个人或群体的能力,其依据是这些目标所共有但在其他任何人身上非常罕见或不存在的独特基因特征。任何

[①] 见 https://www.genome.gov/about-genomics/fact-sheets/DNA-Sequencing-Costs-Data。
[②] 任何这种基于生物剂的武器都将违反《生物和毒素武器公约》。讨论"基因武器"并不意味着它们在法律上是可以接受的,或者甚至在技术上是可行的。

基因武器都需要达到以下三项标准：①能在预期目标个人或群体的基因组中找到特有基因序列；②其他任何人都没有相应的特有序列；③存在一种生物学机制，比如一种由病毒递送的 DNA 构件，这种机制可以满足当且仅当这些特有的基因序列存在时，在体内激活这种机制才能使其变得高度致病。关于上述第一项标准，法医遗传学的科学知识表明，个体可以通过其 DNA 进行唯一的识别。精准医学在根据遗传特征为个体或群体定制医疗方面展示了前景，基因检测服务能够将人们归类为有共同的父系或母系祖先的"单倍群"，这些清楚地表明，具有某些共同遗传特征的人类群组正越来越多地被识别出来。这些分组是否与攻击者可能试图靶向的标准（种族、民族、社会、政治、国家或意识形态）相关尚不确定。剩下的两项标准还需要克服一些的额外挑战。例如，即使已识别出的基因特征在某些群体中比在其他群体中更常见，它们也可能无法形成精确的区别，因此可能会识别出比预期更大的群体。最后，建立一种能够识别基因特征并触发致病过程的生物学机制将面临更多的技术挑战。

总之，开发一种能够优先靶向特定人群的基因武器会带来许多技术上的困难。另一方面，有关人类基因组的信息正在迅速增长，不断开发出的新生物技术正在降低控制各种生物过程的障碍。与本章后面讨论的其他生物安全问题一样，这一研究领域需要进行持续监测。

7.2.2.3 侵犯个人隐私、被执法部门利用以及基因歧视的可能性

近年来，直接面向消费者（DTC）的基因检测试剂盒的普及率和可获得性大幅上升，截至 2018 年 4 月，已有数百种此类 DTC 服务可用，估计有 1500 万人参与使用（Erlich，2018；Martin，2018）。虽然基因检测提供了丰富的信息，但人们仍然担心遗传信息的隐私性。虽然 23andMe 等一些更受欢迎的服务对其隐私政策非常明确（Martin，2018），但大多数此类服务并非如此。一项对 30 家不同 DTC 基因检测公司隐私政策的研究发现，大多数公司"在数据的保密性、隐私性和二次使用方面，并不始终符合国际透明度准则"（Laestadius et al.，2017）。

此外，将基因数据与发布到 GEDmatch 等数据库的个人信息相关联也存在风险。虽然这些公共第三方服务通常通过匹配从 DTC 公司获得的基因信息来识别远亲，但这种使用并不排除将这些信息用于其他目的的能力。一项研究表明，在美国，有 60%的欧洲血统的人可以与 GEDmatch 数据库中至少一个被认为是近亲的人关联在一起。最近，执法部门一直在利用第三方遗传信息网站来识别罪犯，主要是在悬案中（Saey，2018）。执法部门利用在犯罪现场收集的基因证据，可以找到与犯罪分子有密切基因关系的亲属，从而制定嫌疑人名单。然后，这些嫌疑人可以通过直接基因检测进行确认（Saey，2018）。这些案件中最著名的是对

加利福尼亚州杀手的确认，该杀手在 1974 年至 1986 年期间作案，但在 2018 年应用遗传谱系学确认后被逮捕（Jouvenal，2018）。为了应对执法方面缺乏隐私性的问题，GEDmatch 于 2019 年 5 月通过了一项新的隐私政策，要求其用户选择让执法部门使用他们的基因信息（Aldhous，2019）。

美国国防部为所有现役和预备役人员保留了一个 DNA 参考样本库，但需要法院命令才能公开，并且仅用于"调查或起诉没有其他可合理获取的 DNA 来源的重罪或任何性犯罪。"[①]

2019 年 9 月，美国司法部通过了一项临时政策，规定了执法部门使用此类基因分析的要求。其中一项要求是，调查机构必须对其使用的遗传谱系服务表明自己是执法机构，并且只使用已明确通知用户执法机构可以使用其服务来调查犯罪或识别人类遗骸的遗传谱系数据库。该临时政策还规定了如何利用这种做法为未侦破的犯罪提供线索（DOJ，2019；DOJ Office of Public Affairs，2019）。

与基因组测序增多有关的另一个结果是潜在的基因歧视。正如前一节关于群体的基因靶向的讨论所述，基因歧视可以基于一组基因组内的基因特征，也可以基于个体基因特征。

基因检测还导致个人因对某些性状或疾病的遗传倾向而遭到歧视。2008 年，美国国会通过了《反遗传信息歧视法》（GINA），禁止雇主和医疗保险公司基于遗传信息进行歧视，从而缓解了这一问题，但该法未能涵盖许多其他可能存在歧视的关键领域，例如，少于 15 名员工的雇主提供的人寿保险或医疗保健计划。一些州通过了自己的政策来弥补这些差距。例如，加州颁布了综合性的 CalGINA 法案，涵盖了多种情况下的歧视，包括人寿保险和残疾保险[②]。

个体基因歧视的一个例子是来自加州帕洛阿尔托的一个名叫科尔曼·查德曼（Colman Chadman）的孩子，他有囊性纤维化（CF）的遗传标记，但没有患病。Chadman 当时就读的学校还有另外两名 CF 患儿，但由于多个 CF 患儿在同一所学校可能会传播疾病，Chadman 被学校开除（另外两名儿童是兄弟，因此被允许一起上学）。他的家人随后以 Chadman 仅具有 CF 的遗传标记而没有该疾病为由起诉基因歧视（Zhang，2016）。随着遗传信息变得更加可靠，揭示出更多关于个体的信息，它可以为基因歧视开辟新的途径。

另一个风险是，如果《反遗传信息歧视法》（GINA）被废除或削弱，可能会发生社会不稳定。随着人类基因组信息的经济价值和预测能力的提高，某些行业将能够为可以获得并在决策中使用人类基因组信息提出越来越强大的经济理由。

---

① 《美国法典》第 10 篇第 1565a 条："为鉴定人类遗骸而保留的 DNA 样本：用于执法目的。"
② 见 https://www.genome.gov/about-genomics/policy-issues/Genetic-Discrimination。

7.2.3 与生物经济相关的网络风险

随着对大型聚合数据集的日益依赖，新兴的生物经济正处于信息科学和生物技术科学的交叉点。生物学的数字化（更确切地说，就是将 DNA 的核苷酸编码转换成机器可读的格式）正在改变所有的生命科学。现在可以对 DNA 序列建立数据库，对其进行挖掘，并用于芯片实验或设计。要将数字信息完全外推用于有意义的生物系统或工程生物体的创建，需要的不仅仅是以机器可读的格式来表示。从数据库中记录的核苷酸数据序列到有形的生物学预测形式和功能，这种飞跃被称为"抽象"（Ochs et al.，2016），并且只有通过更深入了解基因组序列如何支持功能和表型以及使用一组复杂的计算工具、算法和生物信息学程序，才能实现抽象。抽象将使未来的生物工程师在计算机界面上，简单地为生物蛋白/酶，甚至整个微生物或植物细胞键入所需的表型特征，就可以将这些设计作为输出来接收，而不需直接知道负责这些表型的基因序列。生物体越复杂，所需的计算和数据存储能力就越大。

第二个重要的进步是自动化，它越来越多地驱动着生物制造平台，机器现在可以完成很多以前只能由人工处理完成的工作。此外，监测和/或控制生物学及生理过程的自动化设备每天 24 小时运行，在高度并行的实验组中产生大量数据，这些数据可以通过云计算网络进行共享和存储，并且正如上面所提到的，此类设备的运行需要先进的计算软件、算法和生物信息学。此外，在监测和控制与生物经济相关的商业生产过程期间，会产生越来越多的数据，对于这些商业企业来说，将这些数据作为质量管理体系的一部分加以安全保护是至关重要的（Mantle et al.，2019）。

生物经济中的资源是有价值的，既有商业原因，也因为一旦有恶意方篡改、访问或以其他方式操纵数据，会对生命、国家安全、健康和财产造成风险。在过去的 20 年中，大多数恶意黑客行为都是以目标为导向的，以经济或国家利益为主要动机。如表 7-1 所示，生物经济公司是这两种动机的主要目标。许多复杂的网络安全攻击可能来自外国情报机构直接攻击，或受到外国情报机构支持。与普通的犯罪黑客相比，这些机构可以利用更多的技术技能和资源。这些技能和资源包括一位前国家安全局官员所说的"三个 B：盗窃（burglary）、贿赂（bribery）和敲诈（blackmail）"（Smith and Marchesini，2007）。请注意，这些攻击可能专门针对腐败或受胁迫的员工，即有权访问计算机系统的人员和在许多防火墙内部的人员。

生物经济对软件、网络和计算机硬件工具的日益依赖，产生了其他任何领域都同样存在的网络漏洞，这可以被视为根本的网络安全风险。与其他行业和领域一样，这里的网络安全通常涉及黑客，以及破坏或其他可能导致中断、侵犯隐私或窃取知识产权的网络控制。这些类型的活动会对生物经济产生不利影响，进而对美国经济产生重大影响。白宫最近的一份报告估计，恶意网络活动给美国经济造成的损失（通过窃取 IP 和个人身份信息、拒绝服务攻击、数据和设备破坏以及勒索软件攻击）在 2016 年高达 1090 亿美元（Council of Economic Advisors，2018）。

对网络入侵可能导致的安全漏洞的理解，最近引发了关于"网络生物安全"的讨论（Murch et al., 2018；Peccoud et al., 2018）。网络生物安全被描述为"将不同的群体聚集在一起，以识别和解决生命科学、信息系统、生物安全和网络安全界面上的复杂安全漏洞生态系统"（Richardson et al., 2019）。生物技术设施使用的生物信息学数据集、其他输入工具或数据，以及工业过程控制系统可能容易被篡改，这可能导致设施或产品被破坏，并随后对人、植物、动物或环境造成伤害（Peccoud et al., 2018）。同样，环境或健康相关传感器或数据的损坏也可能导致医疗服务或环境修复被不当应用。例如，防止对生物安全防护系统实施的可能导致某些危险病原体的环境或职业释放的破坏是此类设施的安全计划必不可少的组成部分（CDC and USDA, 2017a），但是对于具有类似风险的生物经济的其他组成部分，可能尚未进行这些考虑因素的评估。鉴于防护实验室的安全计划考虑了网络入侵和内部威胁（CDC and USDA, 2017b），它们可能为其他生物经济组成部分的信息系统安全控制提供了一个有用的模型。

表 7-1　网络安全与生物经济：部分新闻和事件时间表

日期	事件
2019 年 7 月 9 日	研究团队发现 GE 医疗设备中存在漏洞
2019 年 7 月 1 日	桑迪亚国家实验室发现基因组分析软件中存在漏洞
2019 年 6 月 27 日	美国食品药品监督管理局警告胰岛素泵存在网络安全风险
2019 年 6 月 26 日	路透社报道针对先正达（Syngenta）的基于云计算的攻击
2019 年 6 月 21 日	Dominion National 报告数据泄露
2019 年 6 月 14 日	ZDNet 报告伊朗黑客针对 DNA 测序仪应用进行攻击
2019 年 5 月 10 日	美国医疗收集局数据泄露
2019 年 4 月 30 日	Charles River Lab 通知客户数据泄露
2019 年 4 月 26 日	Inmediata Health Group 通知患者数据泄露
2019 年 4 月 25 日	医生管理服务机构披露勒索软件攻击
2019 年 4 月 4 日	拜耳报告计算机系统遭到入侵
2019 年 3 月 22 日	Navicent Health 宣布数据泄露
2019 年 3 月 21 日	俄勒冈州人类服务部宣布数据泄露
2019 年 3 月 7 日	斯波坎市的哥伦比亚外科专家宣布遭到勒索软件攻击
2019 年 2 月 22 日	康涅狄格大学健康中心通知患者数据泄露

续表

日期	事件
2019 年 2 月 22 日	加州大学研究人员揭示"声侧通道攻击"
2019 年 2 月 20 日	华盛顿大学医学院宣布在线公开患者信息
2019 年 12 月 5 日	伊朗国民被控与针对的亚特兰大的 SamSam 勒索软件攻击有关
2018 年 11 月 28 日	美国司法部就 SamSam 勒索软件攻击开启对伊朗籍涉案人的起诉
2018 年 11 月 27 日	Atrium 披露未经授权的数据库访问
2018 年 11 月 16 日	主教健康服务机构通知个人数据泄露
2018 年 10 月 25 日	Bankers Life 宣布数据泄露
2018 年 9 月 11 日	Health Management Concepts 披露勒索软件攻击
2018 年 8 月 16 日	奥古斯塔大学通知患者鱼叉式网络钓鱼事件
2018 年 7 月 30 日	UnityPoint Health 通知患者数据泄露
2018 年 7 月 19 日	美国实验室公司遭受 SamSam 勒索软件攻击
2018 年 7 月 10 日	MedEvolve 披露数据泄露
2018 年 6 月 14 日	Med Associates 披露数据泄露
2018 年 4 月 17 日	Sangamo Therapeutics 提交 SEC 报告详述泄露的电子邮件
2018 年 3 月 22 日	亚特兰大官员宣布 SamSam 勒索软件攻击
2018 年 1 月 18 日	Allscripts 报告 SamSam 勒索软件攻击
2018 年 1 月 5 日	俄克拉荷马州立大学健康科学中心披露数据泄露
2017 年 8 月 10 日	研究人员揭示将恶意软件编码为合成 DNA 的技术
2017 年 6 月 27 日	默克公司遭受 NotPetya 勒索软件攻击
2017 年 5 月 12 日	英国国家健康局遭到 WannaCry Ransomware 勒索软件攻击
2017 年 1 月 5 日	印第安纳州癌症非营利组织宣布遭到网络攻击
2016 年 10 月 13 日	Peachtree Orthopedics 遭受数据泄露
2016 年 8 月 25 日	MedSec 网络安全研究人员报告起搏器存在漏洞
2016 年 3 月 29 日	安全研究人员发现医疗配药系统存在漏洞
2016 年 3 月 23 日	Verizon 详述对水处理厂的网络攻击
2016 年 2 月 11 日	好莱坞长老会医疗中心遭到勒索软件攻击
2015 年 7 月 17 日	UCLA 健康系统披露数据泄露
2015 年 2 月 5 日	Anthem 披露客户数据泄露

注：日期为事件首次报告时间。GE=通用电气；SEC=美国证券交易委员会；UCLA=加州大学洛杉矶分校。

资料来源：该信息是作为卡内基国际和平基金会进行的一项研究的早期草稿提供给委员会的，该研究由 Katherine Charlet（委员会成员）、Natalie Thompson 和 Frances Reuland 进行。请参阅 https://carnegieendowment.org/programs/technology/biotechnology/timeline（2019 年 12 月 1 日查阅）。

云计算和云存储的增长将带来新的挑战。一方面，云系统通常本质上更安全，因为它们由专业人员管理。另一方面，如果要维护安全性，这些云系统的用户需要正确配置自己的部分，特别是访问控制。无法预测哪个方面将占主导地位，特别是当组织试图共享其云存储的某些部分时。

虽然在整个生物经济中，关于信息系统的使用没有单一的模式，但可以确定几个重要的共同特征：

- 生物经济依赖于大型数据库，这些数据库通常包含商业敏感信息或个人敏感信息。
- 生物经济的一些组成部分依赖于开源软件包，其质量、鲁棒性和维护程度通常无法确知。
- 生物经济依赖互联网通讯来交换数据（如公开可用的基因组数据）。通常采用专有系统来确保商业产品和过程的安全性及对适用法规的遵从性。

这些特征都不是生物经济所特有的，但它们在生物经济中的特殊表现是值得注意的。例如，虽然许多商业数据集涉及地址和信用卡号码等个人信息，但生物经济中的数据集（以及通过互联网交换的数据）可能包括人类和其他生物体的完整基因序列。可以说，当在生物经济的背景下理解时，上述特征在本质上是不同的，因为基因信息从字面上把我们定义为人类，并使我们能够在生命组成部分的层次上进行操纵。生物经济使隐私风险和人身伤害风险重叠。如前所述，了解一个人的基因组成可以揭示某些疾病倾向等脆弱性，而这种信息反过来又可用于伤害一个人或一群人。在今天的生物经济中，大公司意识到传统的网络问题，并利用信息技术基础设施来抵御常见威胁。然而，他们可能不太了解特定的有害生物学结果及其后遗症的可能性。较小的公司或生物科技初创公司可能不会将自己视为网络攻击目标，或者即使他们这么认为，也可能没有足够的资源来充分应对这些风险。与大型组织相比，小公司和初创企业通常更容易受到网络入侵。即使他们有熟练的信息技术部门，但这些组织通常既没有预算也没有将安全重点放到抵御攻击者上，而且它们在这一领域也没有多少实际经验（Hiscox，2018）。他们可能不会采用最先进的防御技术，如多因素身份验证，而且没有接受过有关这些问题的适当教育的用户更有可能遭到网络钓鱼攻击之类的攻击。此外，大多数应用程序的程序员几乎没有受过如何编写安全代码的教育（如果有这样的教育的话），这甚至为低端攻击者打开了大门。

解决网络问题也取决于缓解措施的商业可用性。如果需要专门针对生物技术领域定制的工具，网络安全专业人员就需要提高认识，他们目前与生物特定问题的互动很少。因此，并非所有解决网络问题的责任都在于生物技术产业和生命科学研究领域；许多以网络为重点的项目缺乏对生命科学或生物技术产业研究可能面临的特殊挑战的认识。

7.2.3.1 与网络物理系统相关的风险

在生物经济领域，除了基本的网络安全之外，还必须考虑一些更新颖的风险维度，尤其包括（有意或无意）导致有害或危险生物后果的网络入侵。其中一些安全漏洞之前已经描述过（Peccoud et al.，2018）。一些生物经济软件以及相关系统与普通企业软件的一个不同之处在于，其中一些软件控制的是物理设备，如DNA合成仪或生物安全防护实验室中的建筑服务设备。网络物理系统带来了巨大的安全风险，因为它们的漏洞可能会对现实世界产生影响；在这种情况下，这些影响可能包括合成错误的、甚至危险的生物材料，或干扰生物实验室的防护系统。

确保网络物理系统安全的挑战尤其严峻，因为所涉及的控制计算机有时在运行过时的、不受支持的操作系统。简而言之，受控设备（硬件）的寿命通常比它们所依赖的操作系统（软件）的寿命长得多。只要设备的物理功能足以完成手头的任务，并且满足任何认证要求，它们通常都可以继续使用。在生物经济中用于研究目的的许多设备都是如此，因为它们通常相当昂贵或难以更换；因此，当在这些设备上运行的操作系统或软件已经过时时，通常不会选择将设备抛弃。在商业环境中，出于安全考虑的软件或设备更新经常受到监管而不是成本的阻碍（Williams and Woodward，2015）。在最近对生物技术和网络安全领域的国际领导者进行的一项调查中，超过90%的受访者表示，没有足够的时间和资源来应对生物设备和设施的网络风险（Millett et al.，2019）。然而，如果行业管理发生转变，把强调安全性和设备生命周期内适当的安全更新作为认证要求的内容，那么就可以取得进展。对现有设备更新这种认证要求是不太可能的，或者至少是困难的，但有了前置时间、合理的要求和经过深思熟虑的指导，设备制造商将会遵守新的安全要求。这是有成本的，但是如果嵌入式设备制造商必须将安全性作为其产品的一个长期属性进行规划，那么他们就会以提供具有成本效益的终身安全性的方式来设计它们。

7.2.3.2 与数据集相关的风险

生物经济软件的另一个独特之处在于，其中一些软件是在非常庞大、非常敏感的数据集上运行的。其中一些数据集可能包含个人基因组或医疗数据，在这种情况下，它们会带来严重的个人隐私风险；还有一些数据集可能包含专有的DNA序列或其他用于生产将在市场上竞争的产品的数据。在这些数据库上执行的各种操作越来越多，包括机器学习和其他人工智能技术的使用，这将能够把蛋白质的氨基酸序列与其三维结构联系起来，或识别生物合成材料的生产途径并优化其生产，特别是在与其他数据来源（如医疗记录）联合使用的情况下，"确定基因特征与对特定治疗的反应之间的关系"，或"通过在已明确了功能性和非功能性药物的数据集上训练分类器"来识别新药（Oliveira，2019）。这些数据的使用对生物经济至关重要，但它们需要大量的保护。这一领域的风险因素是窃取基因组、医学或其他生物技术数据，这些数据可被用于推动竞争对手的工作、甚至是对手的生物经济。在这种情况下，结果可能不是对隐私或个人造成直接损害；相反，损害可能是由于随后对数据的不当使用而造成的。这种危害可能包括通过不适当地积累更大、更全面的生物技术数据集来超越美国的竞争力，从而使美国处于潜在的经济劣势，或迫使美国在其自身生物经济之外获得所需的产品（如本章前面所述）。

数据集的完整性也是一个严重的问题。为了保护它们，可以对它们进行数字签名，尽管在用于此目的的适当公钥基础设施方面可能存在一些难题。数字签名充其量只能证明某一方相信某些内容是真实的；但它并没有说明当事一方相信这一点。数字签名的数据集是自认证的，因此，这种数据集可以由其他各方或通过点对点机制（如 BitTorrent）安全地重新分发。

7.2.3.3 由于依赖开源软件而造成的漏洞

生物经济的很大一部分运行在开源软件上，这些软件通常来自大学的研究项目。事实上，美国能源部（DOE）的系统生物学知识库（KBase）[1]为网络注册用户提供了一个有数百个开源软件的集中式资源库，开发人员可以为其贡献新工具（Arkin et al.，2018）。研究人员分享"叙述手法"可以加快新用户分析数据的速度，同时，通过使用有助于确保工作流程兼容性的软件开发工具包生成了新工具。研究人员在注册账户后，在这个免费且有价值的社区资源中进行芯片实验和分析（Arkin et al.，2018）。由于该站点经过了广泛的管理，KBase 本身可能不会受到与开源软件相关的一些漏洞的影响。虽然开源软件没有先天的问题（事实上，它对社区来说是一种宝贵资源），但软件行业已经认识到，简单地将代码开源对保证其质量、鲁棒性和安全性几乎没有任何助益。

一些大型产品或系统中包含的开源组件无法更新，往往意味着安全漏洞将在上游软件包中被修补之后很长时间仍然存在。考虑到一些开源软件包的流行程度，许多使用这些软件包的系统可能会遇到共同的故障（NASEM，2017c）。此外，代码库的安全性与其整体质量密切相关：系统入侵的高百分比是由于错误代码造成的。

软件生态系统中的供应链攻击是生物经济的另一个风险。开源软件的出处往往不清楚，没有审计轨迹能够显示谁做了哪些更改、何时以及为什么。此外，可能没有跟踪或修复错误的系统方法[2]。这些程序上的空白为向软件中故意植入漏洞提供了可能性：恶意者可以在生物经济软件包中植入恶意软件，前提是该软件

---

① 见 https://kbase.us/what-is-kbase。
② 我们注意到这不是开源软件固有的问题。许多软件包，如 Apache web 服务器和 Firefox web 浏览器，确实使用了最先进的软件工程实践。

有朝一日会被生物经济公司使用。尽管专有软件不会有这种任何人都可以自由地将缺陷设计到软件中的风险，但它也会造成供应链风险，尤其是内部人员失误带来的风险（Black et al.，2016）。

7.2.3.4 生物经济中的网络安全保护与防御

以上讨论描述了生物经济中与数字化和网络安全相关的风险。幸运的是，大多数可以预料到的攻击并不像由情报机构发起或支持的攻击那样复杂，可以通过许多公司经常使用的、标准的、现成的网络安全防御工具来应对。例如，一个最佳安全实践是确保所有网络连接都是加密的。这项措施与其说是为了保密性，不如说是为了作为标准加密连接的一部分的连接身份验证。同样，由于针对用户证书的网络钓鱼是一种普遍存在的攻击方式，因此另一种最佳实践是确保所有登录（特别是电子邮件）都通过多因素身份验证受到保护。也就是说，更复杂的攻击者确实存在，而且必须对其做好应对计划；然而，即使是单一民族国家也倾向于首先尝试更简单的攻击。

生物经济领域信息共享的利益相关者可能会发现，开发和维持能够共享网络威胁信息的合作结构非常有用。许多基础设施领域已经发展出在领域成员之间共享网络威胁信息的能力。这种信息共享很有价值，因为它有助于识别潜在的网络威胁，并分享防范这些威胁的最佳实践。包括外国情报机构在内的网络威胁行为者，有时会发起广泛的行动，不只针对一家公司，而是针对整个行业。因此，强大的信息共享有助于传播信息，使公司能够更快地采取缓解行动来应对这些行动。

在某些关键基础设施领域，信息共享与分析中心（ISAC）是促进信息共享的关键实体①。这些组织为企业提供了一个中心场所，用于发布网络威胁指标，接收政府机构的警告，促进培训，并充当该领域的网络安全资源。

最近，美国国土安全部鼓励建立信息共享与分析组织（ISAO）。ISAO 与 ISAC 的相似之处在于，它们提供了一个共享网络威胁信息的论坛，但由于它们不与特定的关键基础设施领域保持一致，因此它们可以在方法和成员资格上更加灵活。例如，即使来自不同领域的公司也可以组成一个区域性 ISAO。

整个生物经济领域的公司都将从参与网络威胁信息共享组织中受益。然而，在目前的结构中，并没有对生物经济公司广泛适用的"适合条件"。由于 ISAC 与特定的关键基础设施领域联系在一起，因此没有一个 ISAC 明显与生物经济相一致，尽管有些 ISAC 会与部分生物经济利益相关者重叠，如国家健康与研究教

---

① 关键基础设施是那些被认为至关重要的资产、系统和网络，"它们丧失能力或被破坏将对安全、国家经济安全、国家公共健康或安全，或其他任何组合产生破坏性影响"（见美国国土安全部网站 https://www.dhs.gov/cisa/ criticalinfrastructure-sectors）。

育网络 ISAC[①]。ISAC 对新成员进行审查，以确保他们将保护其他成员共享的敏感信息，这意味着，生物经济的某些成员（如初创企业或其他没有太长经营历史的公司）可能比其他成员更难参与 ISAC。

生物经济也有独特的信息共享需求，现有结构可能无法满足这些需求。例如，如果只有关注健康的生物经济成员彼此共享威胁信息，则可能很难识别和理解涉及医疗保健以外实体的（假想的）敌对者跨领域行动，目的是窃取与生物经济有关的知识产权或数据。虽然生物经济利益相关者可以组成一个 ISAO，但建立这样一个结构需要启动经费。

改进的软件工程　一般来说，在软件开发和软件质量方面，更多地关注标准软件工程技术（单元测试、回归测试套件、代码审查等）将得到更可靠、更安全的代码。从生物学（而非计算机科学）进入该领域的计算生物学家往往缺乏相关培训。此外，还应该采用一些安全工作特有的实践，包括使用专门的工具来寻找可能不安全的构造。

要求每个研究生的研究项目都符合这样的标准是不现实的。事实上，这样的标准甚至在计算机科学系中都不常见，更不用说生物系了。尽管如此，如果将核心的开源生物经济软件（大量公司使用的主要程序）纳入一个更正式的制度（比如存储库），那将是有用的。也就是说，某些版本将被获取、审核，并置于正式的更改控制之下，正规的测试方案和更改仅限于授权人员。这个过程不需要也不应该改变软件的开源性质，任何人都可以自由下载并根据需要修改它；不过，即使是某些用户或公司对软件包做出的更改，也需要经过审核和测试过程。

这样的存储库可以由类似 ISAC 的实体或其他特殊用途的联盟来运行。请注意，不太可能仅限于 ISAC 或联盟成员才能访问存储库中的"官方"源代码；许多开源软件包使用 GNU 公共许可证，该许可证禁止对重新发布进行限制。

改进的数据集共享　在保护安全性和/或隐私性至关重要的大型数据集的挑战方面，一种可能的方法是使用多种高级加密技术。密码学中有一个子领域称为安全多方计算，或简称为多方计算（MPC），用 MPC 对加密数据执行操作。执行计算的一方不能读取数据，但解密后的最终答案将是正确的。数学上已经证明，任何计算都可以这样做，尽管这个证明对实现来说并不有用；生成的程序比使用未加密数据的简单计算要慢很多个数量级。取而代之的方法是为每一类问题寻求特殊用途的解决方案。这种方法虽然在某种理论意义上并不令人满意，但事

---

　①第 21 号总统政策指令，"关键基础设施安全和恢复力"（White House Office of the Press Secretary, 2013），确定了 16 个关键领域：化学品；商业设施；通讯；关键制造；水坝；国防工业基地；应急服务；能源；金融服务；粮食和农业；政府设施；医疗保健和公共卫生；信息技术；核反应堆、核材料和核废物；运输系统；水和废水处理系统。

实证明是相当成功的。加密搜索（从加密数据库中挑选出正确的记录）通常只需要本机数据库查询所需时间的几倍[①]。考虑到现在计算机的速度，这种放缓是可以接受的。

还有一些研究是关于隐私保护的机器学习，该技术可以将识别的信息从数据库中删除，同时使它们对研究有用（Al-Rubaie and Chang，2018）。这项技术还可能化解与一些国家在公民数据出口问题上的紧张关系，至少在那些反对的根本原因是隐私原则而不是保护主义的国家是这样。然而，保护隐私的机器学习确实有局限性，其局限性与其说是在算法本身，不如说是在数据库匿名化过程中：保护隐私的努力可能会掩盖获得足够结果所必需的关键细节（Fredrikson et al.，2014）。在大规模应用之前，这一领域还需要进一步的研究。此外，还有许多期望的操作没有 MPC 算法存在。

7.2.4 经济攻击：盗窃和渗透

7.2.4.1 盗窃或挪用商业秘密

窃取商业机密对生物技术公司构成巨大风险。由于在专利中披露信息会带来风险（信息栏 7-3），许多生物技术公司决定将其知识产权资产作为商业秘密加以保护。例如，美国生物技术公司 Genentech 公司起诉他国公司的案例表明，商业秘密可能被受信任的员工窃取，以促进其他方的利益，包括美国以外的公司。在该案中，该公司的几名前雇员被指控窃取商业秘密。起诉书称，数百份包含机密信息的文件从 Genentech 的安全文档存储系统中被下载，包括：该公司专有的、FDA 批准的分析方法；配方技术；质量验收标准；建立并维护安全、无菌生产设施和设备的生产规程与程序。

信息栏 7-3 在专利保护和贸易保密性之间做出选择

在制定知识产权（IP）战略时，生物技术公司必须决定最适合保护其创新的手段是专利还是商业秘密。由于专利权和商业秘密对公开披露的要求有很大的不同，而且二者对于指定的创新是相互排斥的，因此必须仔细考虑并在专利保护和商业秘密之间做出选择。专利制度的交换条件是，公司必须披露有关发明的信息才能获得专利。专利权为公司提供一项发明的一

---

① 有关加密搜索技术的摘要，请参见 http://esl.cs.brown.edu/blog/howto-search-on-encrypted-data-intro-duction-part-1。

段有限的排他期（一般从申请日起 20 年），以换取向公众披露有关该发明的信息。重要的是要记住，专利权提供了一种消极的权利：他们不授予公司实施其发明的许可，但授予公司阻止其他公司实践该发明的能力，即使有其他公司合法地自行提出了该发明。相比之下，只要采取适当的预防措施来避免泄露，商业秘密就可以无限期地保存下去。但商业秘密并不保证排他性，因为其他合法地自行提出相同或类似发明的公司可以自由实践他们的发明。

虽然专利制度通常要求披露发明，但美国的独特之处在于，它还要求申请人披露其实践所请求保护的发明的"最佳模式"。具体来说，35 U.S.C. § 112（a）规定："说明书应当以充分、清楚、简洁、准确的方式，对发明及其制造和使用方式和过程进行书面描述，以使任何熟悉该发明所属领域或最接近领域的技术人员能够制造和使用该发明，并应当说明发明人或联合发明人所设想的实施该发明的最佳模式。"

味之素（Ajinomoto）公司诉国际贸易委员会案（No. 18-1590 [Fed. Cir. 2019]；Ajinomoto）提供了一个例子，说明为使用工程菌株制造的产品寻求专利保护时需要披露的信息。在味之素案中，美国专利 5827698 号和 6040160 号所主张的权利要求因不符合最佳模式要求而被视为无效。这两项专利都是针对利用基因工程修饰的大肠杆菌生产 L-赖氨酸的改进方法。尽管这两项专利确实披露了用于实践所要求保护的发明的某些大肠杆菌菌株，但这些专利被视为无效，因为发明者违反了最佳模式要求，没有披露其首选宿主菌株，该菌株包含用于在培养中产生赖氨酸的其他未要求保护的基因突变。联邦巡回法院认为，"根据最佳模式要求，发明人不能要求保护一种赖氨酸脱羧酶基因中含有突变的细菌的培养，而同时却不向公众公开他们用于实践该培养的唯一一种细菌的特性。"

正如味之素案所表明的，在试图将发明的某些方面保持为商业秘密的同时，不可能获得发明专利。尽管《美国发明法案》后来修改了该法律，使美国专利不再因不符合最佳模式要求而失效，但美国专利法仍然要求披露最佳模式。此外，"最佳模式"的披露对于获得具有意义范围的专利仍然是必要，例如，当关于"最佳模式"的细节对区别该发明与现有技术是必要的时。

在专利申请中披露信息的行为本身就会使公司处于风险之中，尤其是在专利最终未获批准的情况下。除非该公司要求不公开，并证明该发明尚未且不会成为其他国家专利申请的主题（35 U.S.C.§122），否则专利申请将在提交18个月后成为公开记录。这意味着竞争对手可以访问专利申请中包含的信息（公司通常会监视竞争对手提交的专利申请）。如果该专利最终未被授予，一家公司可能会因披露有关其发明的信息而失去一些竞争优势，却没有获得该发明的独占权。

与需要披露首选宿主菌株的专利保护不同，商业秘密保护使公司能够拒绝对其首选宿主菌株的获取，以作为维持竞争优势的一种手段。然而，值得注意的是，尽管美国总检察长提起的商业秘密起诉数量相对较少（2018年只有17例，其中4例与生物科学有关），但商业秘密案件的实际数量要高得多，绝大部分商业秘密案件都是由商业秘密所有者而非美国司法部提起的民事诉讼。据一家美国的律师事务所称，每年大约有1500起商业秘密案件，其中许多涉及生物科学公司（Hodgson，2019）。此外，生物技术公司因将有价值的商业秘密泄露给竞争对手而遭受的损害可能是深远的；与规模更大、更成熟的公司相比，对可能更依赖商业秘密作为保护有价值知识产权的策略的初创公司来说，情况尤其如此（Levine and Sichelman，2018）。

除了窃取机密文件外，专有种子或菌株也可能被窃取并传递给其他公司。

7.2.4.2 通过学术不端行为非法转让知识和技术

美国政府最近开始关注美国研究机构的外国学生和学者采取的不当行为。在国会作证时，联邦调查局助理局长表示，美国的学术环境"为外国间谍活动提供了有价值、脆弱和可行的目标"，一些外国访问者利用这种环境，窃取了"未发表的数据、实验室设计、项目申请书、实验过程、研究样本、计划蓝图以及先进的软件和硬件"（DOJ，2018b，p. 3）。他还警告说，访问者可以利用这些机构的开放环境，使他们能够发现人才并收集见解[①]。他说，尤其令人担忧的是这些外国学者被他们本国情报机构所用的问题，这些机构不一定会派遣具有特定目标的学者，而是在他们回国访问或完成学业后，设法利用他们。

美国国立卫生研究院致信1万多家研究机构，警告称，"一些外国实体已经开展了系统的项目……以利用国立卫生研究院支持的研究活动所具有的信任、公

---

① Priestap指出，除了进行非法技术转让外，外国访问者利用进入美国机构的机会，还可以引入宣传平台、开展培训、代表外国情报机构招募人员，并阻碍言论自由。

平和卓越的悠久传统。"①这封信强调了三个值得关注的领域：转移知识产权；分享项目申请书中的机密信息；无法揭露从其他组织（包括外国政府）获得的资源。信中称这些领域不仅限于生物医学研究，长期以来国防和能源研究也提出了这三个领域的问题。这封信还要求研究机构向联邦调查局驻外办事处索取有关这些风险的简报。与此同时，NIH 还私下接触了有具体问题的受资助机构；例如，NIH 向贝勒医学院发送了一份关于四名教员的通知。该机构没有采取措施解雇这些教员，而是审查了其政策，并与教员合作，帮助他们充分披露和描述他们与外国的合作情况（Ackerman，2019）。截至 2019 年 6 月，NIH 已向 61 家机构通报了明显违反对外关系规定的情况，并将 16 起案件提交美国卫生与公众服务部监察长（Mervis，2019c）。

美国官员的指控包括可被视为不当研究行为的表现或违反学术规范或承诺的几个相关问题：违反关于要求披露外国财务冲突和从属关系的联邦拨款条款及条件；未经授权传播已分发用于保密同行评审的项目申请书；盗窃未发表的研究信息（例如，从同行评议的研究手稿或通过非正式讨论获得的信息）②。

同样，在同行评议中违反保密原则也明显违反了学术惯例。项目申请书包含了科学家对如何最好地研究一个问题的独特见解。它们会被分发给同一领域的专家进行审查，这些专家能够理解这项工作的重要性和拟议方法的可行性，并以保密方式进行审查，以防止这些见解被披露或可能被竞争对手应用。无论是谁，违反保密原则都是违背了学术诚信，但是当这种违规行为使科学家或竞争国家的经济利益受益时，就具有额外的安全和经济意义了。此外，一些机构（如 NIH）要求评审人证明他们不会披露资助信息，因此，在这些情况下的违规行为可能会产生法律后果③。

从专营（通常是公司的）研究机构窃取或未经授权披露非公开信息或知识产权，在概念上同样是明确的。这些机构通过其研究工作谋求竞争优势，而研究结果或方法的披露使竞争对手能够从相同的信息中获益，而不必付出任何相关成本。然而，在学术环境中，非公开信息的披露（如发表前的科学结果）则更为复杂。大多数学术研究的最终目标是全面、公开发表，不仅是研究结果，而且包括用于获得结果的方法，其详细程度足以让任何受过适当培训并拥有适当设备的研究人员能够复制（并因此验证）这些结果。大学和其他基础研究机构的存在是为了产生和分享信息，同时在此过程中培训下一代研究人员。所有从学术机构毕业的人，或离开一个实验室或去谋求另一份工作的人，都期望能把

---

① 美国国立卫生研究院院长 Francis Collins 于 2018 年 8 月 20 日的来信，请参阅 https://www.sciencemag.org/sites/default/files/NIH%20Foreign%20Influence%20Letter%20to%20Grantees% 2008-20-18. –pdf。
② 描述负责任研究规范的两篇文献是 NAS 等（2009）和 InterAcademy Partnership（2016）。
③ 见 https://grants.nih.gov/policy/research_integrity/confidentiality_peer_review.htm# Prohibitions。

他们在以前的岗位上获得的专业知识带到新的岗位上。因此，尽管他们都有义务保护未发表的或机密的信息，并尊重知识产权，但认为来到美国大学的外国研究人员不会带着任何知识和技术离开美国的想法是不合理的。此外，外国研究人员往往是美国资助的科学团队的成员，并为他们项目的成功贡献了智力资本。事实证明，开放性、参与性和学术自由不仅能极大地推动美国的科学进步，而且在推动美国的创新方面极为有效，如果研究在更严格的条件下进行，这种创新可能会被扼杀。

尽管大多数未发表的研究信息最终会被披露，但过早披露可能会让潜在的竞争对手抢先一步，从而损害原创实验室的利益。此外，某些与研究过程相关的信息可能永远不会公开发表。同样，违反尊重此类信息保密性的学术义务将损害美国的研究，特别是如果像有些美国官员所指控的那样，这种行为是竞争国家的协调、系统性努力（DOJ，2018b；FBI，n.d.）。如果已知任何个人违反了这些规范或被合理怀疑可能违反了这些规范，那么就可以采取行动来减轻这种威胁，通过撤销该个人的学术任命，或者拒绝发放适当的签证，或者将从该研究环境中开除。当一个国家可能被怀疑在其国民中放任此类活动，但又不清楚具体的违犯方可能是谁时，纠正行动就要困难得多。仅仅基于国籍就对研究人员采取全面行动或进行审查，有可能降低美国研究体系所基于的开放性，并可能产生麻省理工学院校长 Reif（2019）所警示的"怀疑文化"。

有关外国人才招聘计划的政策要找到适当平衡仍面临着挑战。美国能源部（DOE）于 2019 年 6 月颁布了一项指令，禁止能源部雇员或承包商（包括接受能源部拨款的外部研究人员）参加被能源部指定为"高风险国家"的任何国家的人才招聘计划，这是美国政府针对参与外国人才招募计划的研究人员的首次公开行动（DOE，2019）。能源部副部长保罗·达巴尔（Paul Dabbar）说，"如果你为能源部工作，拿纳税人的钱，我们不希望你同时为他国工作"（Mervis，2019a）。

NIH 的立场似乎略有不同。NIH 院外项目主任 Lauer 说，"人才计划不是（对美国的）一种威胁……我们关注的不是具体行为，而是没有进行公开"（Mervis，2019b）。目前尚不清楚能源部和 NIH 的政策之间的明显差异是否仅是每个政策的描述方式不同，代表了仍待统一的机构观点差异，还是源于两个机构的使命及安全文化的差异。

本委员会无法评估与外国参与的所有风险，因为这里提到的这些案例的细节不都是公开的。此外，如果仔细研究，某些可能属于"学术间谍活动"范畴的不当行为类型，似乎是开放性的固有结果，而其他类型则可能需要谨慎平衡的政策措施来解决。

正如本章前面所述，委员会确实希望承认，对美国研究机构的外国参与者的限制，即使被认为是必要的，也是要付出代价的。此外，由这种限制行动所产生的认知可能会造成严重的后果，特别是如果不能把所有潜在的解释性证据都弄清楚的话。因此，即使一些直接的伤害可以归因于不适当的学术参与（如这里所描述的），但政策对策的后果可能对美国生物经济造成的损害比它们打算解决的问题的损害要大。在国会关于开放对美国教育和研究的重要性的证词中，前麻省理工学院院长查尔斯·维斯特（Charles Vest）（2013）表示，他相信"漏桶定理"：在研究和技术方面，"不断装满我们的水桶比痴迷于塞住泄漏要重要得多。"

在任何情况下，仅基于安全视角而不纳入科学和经济视角制定的任何此类政策，都有可能是片面的，就像完全不考虑安全性而制定的政策那样。鉴于科学、经济和安全利益都处于危险之中，平衡的政策过程将涉及这三个方面。

7.2.5 国家介入商业活动

根据经《2018 年外国投资风险审查现代化法案》修正的《1988 年埃克松-弗洛里奥（Exon-Florio）修正案》，当外国实体对美国公司或房地产的投资可能会损害美国的国家安全时（例如，将与国家安全相关的技术、数据或能力置于外国控制之下），总统有权阻止这些投资[①]。在实践中，内阁级的美国外国投资委员会（CFIUS）将试图与交易各方合作，以缓解对国家安全的任何风险。然而，如果拟议交易的各方无法就委员会满意的缓解措施达成协议，委员会可建议总统全面阻止交易（如果此类交易未经审查和批准，总统也能撤销交易）。最近，美国外国投资委员会获得了更大的权限，不仅可以审查涉及外国所有权的交易，还可以审查可能让外国人获得某些美国企业所拥有的非公开技术信息的其他投资，以及任何其他"旨在规避美国外国投资委员会的交易、转让、协议或安排"[②]。对外国投资的控制可能会阻止特定公司获得某些外国投资来源，从而给它们施加经济压力，但从长远来看，这种控制可能通过减缓或防止外国竞争对手可以利用的信息或技术的流失，使美国公司受益。

7.2.6 贸易壁垒

美国生物经济与美国经济的其他方面一样，依赖于公平进入国内和国际市

---

① 在美国财政部网站上，见 "1950 年国防生产法案第 721 条，50 USC App. 2170（经 2007 年《外国投资和国家安全法案》修正）"，https://www.treasury.gov/resource-center/international/foreign-investment/Documents/Section-721-Amend.pdf；《2018 年外国投资审查现代化法案摘要》，https://www.treasury.gov/resource-center/international/Documents/Summary-of-FIRRMA.pdf。

② 见 https://www.treasury.gov/resource-center/international/Documents/Summary-of- FIRRMA.pdf。

场，以传播产品和服务。因此，贸易实践中的不对称（例如，对外国产品的监管批准程序和强制技术转让行为）有可能阻碍或损害美国的生物经济。

7.2.6.1 不对称的监管实践

贸易伙伴之间的不对称监管实践有可能影响美国公司进入外国市场的能力。在生物经济方面，农业生物技术和制药领域尤其如此。如果某一特定产品的适用法规在全球主要市场之间不协调，那么一个国家的创新将难以充分或及时地进入全球生物经济。当不同国家或贸易集团采取不同的监管方法，例如，美国主要基于产品的监管体系而欧盟更基于过程的体系，问题不仅在于产品在不同的司法管辖区的不同时间会获得不同的监管批准，而且在一个司法管辖区受监管的产品可能在另一个管辖区完全不受监管。

美国通常希望在一个基于风险和科学的框架下监管通过生物技术改良的新作物，该框架根据产品造成的风险来处理产品，而不受产品产生过程的影响。欧盟则采取了一种预防措施，转基因作物必须进行非转基因作物不需要的风险分析。2003 年，美国向世界贸易组织（WTO）提出申诉，称欧盟事实上暂停批准转基因作物进口违反了 WTO 协议（Chereau，2014）。2006 年，WTO 裁定，这种暂停以及几个欧盟国家的转基因生物（GMO）审批程序是非法的。2013 年，欧盟综合法院裁定，欧盟必须解决一项长期悬而未决的转基因玉米进口授权（Law Library of Congress，2014）。然而，一些欧洲国家继续反对这一裁决。

美国认为欧盟的转基因审批政策与基于风险的农业监管方法不一致，并认为 WTO 的裁决认定这些政策构成了不必要的贸易壁垒。美国认为，这些政策不仅拒绝美国公司进入欧盟市场，而且也剥夺了美国公司进入（欧盟以外）其他国家市场的机会，因为这些国家担心他们将无法向欧盟出口由此产生的作物。

农业领域内的另一个例子与基因编辑牲畜的更宽松的管理环境有关，不过影响截然不同。2008 年，美国食品药品监督管理局（FDA）发布了指导意见，声明将根据《联邦食品、药物和化妆品法案》监管转基因动物。FDA 考虑使用用于产生基因修饰的重组 DNA 来代表"新动物药物"，因此需要"接受与抗生素或止痛药等兽药一样的政府审查和批准"（Miller and Cohrssen，2018）。该指南和随后的标识要求导致了对转基因三文鱼进行了为期 11 年的监管审查和标识决策过程（Clayton，2019）。结果，其他致力于其他食用动物物种基因编辑（如无角牛、耐热牛、奶中含有抗菌蛋白的山羊、抗病猪）的美国公司和研究人员决定将其研究和生产转移到阿根廷、澳大利亚、巴西和加拿大（Ledford，2019）。简而言之，缓慢而不确定的监管过程的影响正导致一些美国公司迁往海外，从而有可能把美国抛在后面。

7.2.7 作为关键基础设施组成部分的生物经济

在美国，关键的基础设施包括金融部门、电网、交通系统、能源系统、通信系统等①。在生物经济日益融入这些关键基础设施的背景下，关键生物经济设施或服务的能力丧失或故障也可能威胁到安全、公众健康或公共安全。例如，用于公共卫生的疫苗的生产可被视为关键卫生保健和公共卫生基础设施的一部分。食品、燃料和药品都可以被认为对国家的健康与稳定至关重要。因此，如果它们是在自动化和数字生物技术平台上生产的，就需要识别它们在网络和其他方面存在的漏洞并专门予以解决。

然而，关键设施的能力丧失并不一定由自然灾害或物理或网络攻击引发。对于依赖仅在海外可获得的原料的生物经济设施来说，如果这些原料的供应链被中断（无论是由于外国决定停运还是由于国际运输网络故障），任何生物经济设施的运作都将被中断②。此外，如果供应国确保产品完整性的制度不健全，则对进口产品的依赖将使美国面临潜在的假冒或掺假产品来源。为防止这种中断，需要为关键原料开发多个安全的供应源、储存原料，或围绕这些依赖性进行筹划安排。

7.2.8 传统生物安全风险

当今生物经济的工具正在赋予新的能力，从而引发人们对传统生物威胁的担忧，主要包括那些被认为最危险、最致命或过去被用作武器的病原体。这些生物剂被列在安全清单上（如联邦管制生物剂清单），以防止它们在未经授权的情况下被获取、占有和使用③。冷战时期的生物武器制造者希望改变病原体，使其更致命、更容易传播，或能够逃避诊断和治疗，但达成这些目标需要大量的投资、专业知识和时间的投入，并面临知识和技术障碍。然而，有了今天的工具，可以通过基于已知基因组序列的"从头"合成来促进危险致病生物体的获取，并且DNA 可以从世界各地越来越多的基因合成公司获得。例如，脊髓灰质炎病毒（Cello et al.，2002）、1918 年流感病毒（Tumpey et al.，2005）和马痘病毒（Noyce

---

① 第 21 号总统政策指令，"关键基础设施安全和恢复力"（White House Office of the Press Secretary, 2013），确定了 16 个关键领域：化学品；商业设施；通讯；关键制造；水坝；国防工业基地；应急服务；能源；金融服务；粮食和农业；政府设施；医疗保健和公共卫生；信息技术；核反应堆、核材料和核废物；运输系统；水和废水处理系统。

② 请注意，本讨论中的"供应链"指的是生产生物经济的一些产出所必需的材料和组件被整合到最终产品或用于提供服务的路线。这一含义与关于网络安全的章节中所讨论的"供应链攻击"中使用的短语不同，后者指的是在组件系统中设计缺陷，并期望这些组件能够被整合到更复杂的系统中，然后利用这些缺陷进行渗透。

③ 《联邦管制生物剂计划》规定了某些被认为对公众、动物或植物健康或安全构成严重威胁的生物病原体的持有、运输和使用。该计划及其监管的生物剂见 www.selectagents.gov。

et al.，2018）等病毒的重建。高效基因组编辑工具 CRISPR 等的进展说明了可编程工具可以改写遗传密码，从而以过去武器计划所期望的方式改变病原体。另一种可能性是创造新型生物武器，这种武器目前不在任何安全控制清单上，而且难以预防、检测和治疗。NASEM 2018 年的一项研究强调了合成生物学最令人担忧的可能伤害人类的能力（NASEM，2018a）。

尽管操纵病原微生物在技术上仍然具有挑战性，但今天的生物技术工具可以降低技术门槛（DiEuliis，2019）。强大的生物经济也将追求操纵生物体的能力，这与驱动生物武器计划的能力相同，尽管目的不同、针对的生命体不同。知识库的扩展以及生物经济产品的专用工具（如生物学开源运动）是否也能用于类似的病原体操纵，还有待观察（Cohn，2005）。据推测，这些能力将需要定制的生物信息学，这种生物信息学如果广泛可用（即不作为公司内部的知识产权加以保护），也可能适用于制造或修饰有害的病原体。

重要的是要注意，尽管扩大病原体培养规模、稳定储存病原体并将其投放到目标人群是生物武器开发最具挑战性的方面，但其中一些能够扩大可以生产高价值产品或本身可用作产品的生物体的生产规模的能力，是生物经济真正追求的、有意义的目标。随着工业界不断解决化学品制造方面的挑战，生物武器和化学武器之间的重叠也越来越多。重要的是，对人类的生物威胁只是风险的一个组成部分；对动植物、农业、环境和材料的威胁也值得关注。虽然这些潜在的生物威胁推动因素不能也不应该被最小化，但强大的公共卫生和动物卫生基础设施仍将作为强有力的主要防御措施。

美国的某些出口管制措施是应对某些生物安全问题的一种手段。出于国家安全或外交政策的目的，美国政府要求，向某些目的地出口某些商品、技术和信息必须获得许可证，以防止它们落入对手手中。此外，在美国境内向外国人传播受管制的技术信息被视为向该个人所在国家的出口，也可能需要出口许可证。基础研究（广义上定义为拟公开发表的研究）不受出口管制，但此类管制可能适用于受专利保护或原本不公开的信息。

出口管制可能具有阻止海外实体获得可能使其与美国公司竞争的技术的效果。然而，值得注意的是，这些控制措施可能以牺牲竞争力为代价来保护国家安全，因为美国公司可能被禁止向某些外国客户销售产品，并且外国制造商也可能有动机避免使用美国部件，以防止触发美国实施出口管制。

几乎所有受出口管制的与生物经济有关的物项都遵从《出口管理条例》（EAR），该条例对所谓的"两用"物项实行出口管制，如前所述，这些也是可用于军事或恐怖主义目的的商业物项[①]。美国商务部下属的工业和安全局负责管理

---

① "两用性"一词也指为合法目的而进行的研究可能被误用导致伤害，但这一定义与出口管制无关。

《出口管理条例》，其中包括描述受两用性管制物项的《商业管制清单》①。由于如果其他出口国不管制相同的物品，一国对商品的管制效果就可能会被削弱，因此需要各国共同努力，协调并统一他们的出口管制制度。与化学和生物武器有关的物项的管制是通过澳大利亚集团进行非正式协调的（即在没有条约等正式机制的情况下）。澳大利亚集团成员定期开会，审议对受控物项清单的修改。美国也有单方面管控物项的能力。

根据 2019 年《国防授权法案》的一项条款，国会要求美国商务部对"对美国国家安全至关重要"的新兴和基础技术建立出口管制。这一过程的目的是考虑这些技术在外国的发展状况、此类管制措施可能对这些技术在美国的发展产生影响，以及管制措施在遏制这些技术扩散方面的潜在效力②。2018 年 11 月 19 日，美国商务部在《联邦公报》上发布了《拟议规则制定的预先通知》（ANPRM），就如何识别和评估新兴技术以更新出口管制清单征求公众意见③。ANPRM 特别询问是否应考虑对生物技术进行管制，并重申该部门并不寻求将出口管制扩大到目前不受其约束的领域，如基础研究领域。

ANPRM 的许多受访者警告说，即使有资格这样做，但不精确地针对特定技术制定管制措施将损害美国开发新兴技术的能力。一个学术组织联盟警告说，"过于宽泛或模糊的控制将导致不必要的监管，这将扼杀科学进步和阻碍研究。④"生物技术创新组织提醒该部门"要极其谨慎，以避免对美国国内新型生物技术的研发、美国国际竞争力和经济增长造成意外损害。"该组织指出，生物技术产业本质上是一个全球生态系统，利用全球临床研究合作关系⑤。美国商务部收到了 247 份对其置评请求的回复，截至本文撰写时，尚未对这些恢复做出回应。

7.2.9 来自全球气候变化的风险

全球气候变化将对生物经济产生重大影响，尽管生物经济为目前依赖化石燃料的产品（如石油基塑料）提供了一条生物基生产途径，从而提供了一种有助于抵消温室气体排放的手段。食品和饲料作物、木质纤维素生物能源作物，以及为

---

① 由美国国务院运行的单独的出口管制系统负责管理武器系统和军事专用技术的出口。这个作为《国际武器贩运条例》进行管理的系统与生物经济关系不大。

② 《2018 年国防授权法案》，P. L. 115-232，§1758（a）（1）。

③ 美国商务部，2018 年。基础技术将在后续的 ANPRM 中阐述。

④ 美国对外关系委员会、美国大学协会、美国公立与赠地大学协会、美国教育委员会和美国医学院协会致美国商务部的信函，2019 年 1 月 10 日，全文载于 https://www.regulations.gov/document?D= BIS-2018-0024-0140。

⑤ 生物技术创新组织致美国商务部的信函，2019 年 1 月 10 日，全文载于 https://www.regulations.gov/document?D=BIS-2018-0024-0137。

获得作为发酵加工原料的植物衍生糖而种植的作物，都容易受到温度和水分应力的影响，也很容易受到从它们当前栖息地迁移过来的昆虫和病原体的影响。美国政府对气候变化对于农业影响的预测指出，导致美国农业生产率下降的最大因素将是中西部生长季的气温升高（USGCRP，2018）。要阻止气候变化导致的农业生产率下降，需要在三个方面进行改进——质量、产量，以及一个不损害该系统利益的、优化的可持续系统。此外，尽管某些作物（如谷物和生物质高粱）可能能够抵御气候变化引起的应力（如干旱），但对于大多数物种而言，要缓解这种应力，需要从自然发生的多样性中识别出更具适应性的基因型，对作物进行工程改造以提高抗逆性，或将作物种植转移到能够复现其当前种植气候的地区（这对地理和土地使用有明显影响）。

尽管全球气候变化是一个现实威胁，已经明确影响到以生物经济为基础的农业生产，但通过对充满活力的生物经济进行长期的战略上的支持，这种威胁可以得到部分缓解，正如本报告的建议中所讨论的。

7.3 结　　论

本章回顾了委员会确定的可能对美国生物经济产生不利影响的风险。在可能的情况下，委员会讨论了一些可用于缓解这些风险的政策工具。重要的是要认识到，一些已确定的政策行动有造成意想不到的后果或结果的可能性。这种可能性可以通过（但不限于）对外国研究人员或监管系统的担忧得到最好的说明。在审议过程中，委员会得出了一些与美国生物经济面临的风险有关的结论。

结论 7-1：基础研究受到的限制，无论是由于缺乏支持、实施限制性研究法规，还是由于无法培养和吸引有技能的从业人员，都可能削弱美国产生突破性科学成果和开发赋能技术的能力。

结论 7-2：数据的获取对生物经济研究体系至关重要，与数据共享（国内或国际）、利益共享或潜在恶意使用数据有关的问题都需要仔细考虑解决方案。

结论 7-3：生物经济面临着其他行业也面临的许多传统网络安全风险。造成潜在漏洞的生物经济共同特征包括对开源软件的依赖、可能敏感的大型数据集和通过互联网进行的通信（例如，通过运行可能过时软件的联网设备）。

结论 7-4：对外国研究人员的担忧、解决这些担忧的潜在政策行动，以及由这些行动产生的认知，如果不了解科学界的意见，可能会对生物经济产生负面影响。鉴于科学、经济和安全利益都处于危险之中，一个平衡的政策过程将同时涉及这三个方面。

结论 7-5：要了解当前和拟议的专利权资格要求对美国生物经济的可持续性和增长的影响，还需要更多的信息。具体来说，需要更多关于专利权资格要求对初创企业和大型成熟公司在美国获得专利保护的能力的影响程度的信息，以及更多关于这些公司是否或多或少地倾向于或成功地在国际上获得专利保护的信息。

结论 7-6：在生物经济产品监管、数据共享协议和实践以及行业并购（包括相关技术转让和潜在的国家介入）方面存在的国际不对称现象，对美国生物经济构成了风险。

本章中有关风险和潜在政策对策的讨论着重强调了一方面在保护美国研究体系与保护生物经济产品安全性之间找到适当平衡而另一方面不过度阻碍生物经济的创新和增长的重要性。下一章将进一步讨论这一问题，其中提出了委员会的总体结论和建议。

参 考 文 献

Aboy, M., J. Liddicoat, K. Liddell, M. Jordan, and C. Crespo. 2017. After *Myriad*, what makes a gene patent claim "markedly different" from nature? *Nature Biotechnology* 35(9):820–825.

Aboy, M., C. Crespo, K. Liddell, J. Liddicoat, and M. Jordan. 2018. Was the *Myriad* decision a "surgical strike" on isolated DNA patents, or does it have wider impacts? *Nature Biotechnology* 36(12):1146–1149.

Aboy, C., K. Liddell, T. Minssen, and J. Liddicoat. 2019. *Mayo*'s impact on patent applications related to biotechnology, diagnostics and personalized medicine. *Nature Biotechnology* 37(5):513–518.

Ackerman, T. 2019. MD Anderson ousts 3 scientists over concerns about Chinese conflicts of interest. *Houston Chronicle*, April 20. https://www.houstonchronicle.com/news/houston-texas/houston/article/MD-Anderson-fires-3-scientists-over-concerns-13780570.php (accessed September 5, 2019).

Al-Rubaie, M., and J. Chang. 2018. *Privacy preserving machine learning: Threats and solutions.* http://www.eng.usf.edu/~chang5/papers/19/SP_mohammad_19.pdf (accessed October 19, 2019).

Aldhous, P. 2019. This genealogy database helped solve dozens of crimes. But its new privacy rules will restrict access by cops. *BuzzFeedNews*, May 19. https://www.buzzfeed-news.com/article/peteraldhous/this-genealogy-database-helped-solve-dozens-of-crimes-but (accessed October 16, 2019).

Arkin, A. P., R. W Cottingham, C. S Henry, N. L. Harris, R. L. Stevens, S. Maslov, P. Dehal, D.Ware, F. Perez, S. Canon, et al. 2018. KBase: The United States Department of Energy systems biology knowledgebase. *Nature Biotechnology* 36:566–569.

Armstrong, R. E., M. D. Drapeau, C. A. Loeb, J. J. Valdes, eds. 2010. *Bio-inspired innovation and national security.* Washington, DC: National Defense University.

Audretsch, D. B., and M. P. Feldman. 1996. Innovative clusters and the industry life cycle. *Review of Industrial Organization* 11(2):253–273.

Bahr, R. W. 2016. *Formulating a subject matter eligibility rejection and evaluating the applicant's response to a subject matter eligibility rejection.* Alexandria, VA: U.S. Patent and Trademark Office. https://www.uspto.gov/sites/default/files/documents/ieg-may-2016-memo.pdf (accessed October 19, 2019).

Bahr, R. W. 2018a. *Changes in examination procedure pertaining to subject matter eligibility, recent subject matter eligibility decision (Berkheimer v. HP, Inc.).* Alexandria, VA: U.S. Patent and Trademark Office. https://www.uspto.gov/sites/default/files/documents/memo-berkheimer-20180419.PDF (accessed October 19, 2019).

Bahr, R. W. 2018b. *Recent subject matter eligibility decision: Vanda Pharmaceuticals Inc. v. West-Ward Pharmaceuticals.* Alexandria, VA: U.S. Patent and Trademark Office. https://www.uspto.gov/sites/default/files/documents/memo-vanda-20180607.PDF (accessed October 19, 2019).

Bailey, M. N., and N. Montalbano. 2017. *Clusters and innovation districts: Lessons from the United States experience.* Washington, DC: Brookings Institution. https://www.brookings.edu/wp-content/uploads/2017/12/es_20171208_bailyclustersand innovation.pdf (accessed September 5, 2019).

Bavasi, H., L. Thornton, D. Peloquin, and M. Barnes. 2017. Using biospecimens collected abroad in future research: Key considerations. *Medical Research Law & Policy Report.* U.S. Bureau of National Affairs. https://www.ropesgray.com/~/media/Files/articles/2017/April/Bloomberg%20BNA%20Biospecimens%20Abroad%20for%20Research%20Article%204-19-17.ashx (accessed May 23, 2019).

Black, P. E., L. Badger, B. Guttman, and E. Fong. 2016. *Dramatically reducing software vulnerabilities: Report to the White House Office of Science and Technology Policy.* NISTIR 8151. https://nvlpubs.nist.gov/nistpubs/ir/2016/NIST.IR.8151.pdf (accessed September 5, 2019).

Braudt, D. B. 2018. Sociogenomics in the 21st century: An introduction to the history and potential of genetically-informed social science. *Sociology Compass* 12(10):e12626. doi: 10.1111/soc4.12626.

Broniatowski, D. A., A. M. Jamison, S. Qi, L. AlKulaib, T. Chen, A. Benton, S. C. Quinn, and M. Dredze. 2018. Weaponized health communication: Twitter bots and Russian trolls amplify the vaccine debate. *American Journal of Public Health* 108(10):1378–1384. doi: 10.2105/AJPH.2018.304567.

Brown, M., and P. Singh. 2018. *China's technology transfer strategy.* https://admin.govexec.com/media/diux_chinatechnologytransferstudy_jan_2018_(1).pdf (accessed October 16, 2019).

Cancer Genome Atlas Research Network. 2013. The cancer genome atlas pan-cancer analysis project. *Nature Genetics* 45:1113. doi: 10.1038/ng.2764.

CDC and USDA (U.S. Centers for Disease Control and Prevention and U.S. Department of Agriculture). 2017a. *Information systems security controls guidance.* https://www.selectagents.gov/resources/Information_Systems_Guidance.pdf (accessed September 5, 2019).

CDC and USDA. 2017b. *Security plan guidance.* https://www.selectagents.gov/resources/Security_Plan_Guidance.pdf (accessed September 5, 2019).

Cello, J., A. V. Paul, and E. Wimmer. 2002. Chemical synthesis of poliovirus cDNA: Generation of infectious virus in the absence of natural template. *Science* 297(5583):1016–1018.

Chao, B., and A. Mapes. 2016. An early look at *Mayo's* impact on personalized medicine. *Patently-O Patent Law Journal* 10:10–14.

Chereau, C. J. 2014. Biotechnology: Can the transatlantic trade and investment partnership reconcile EU and U.S. differences on GMOs? *International Journal of Trade and Global Markets* 7(4):316–338.

Clayton, C. 2019. AquaBounty salmon no longer swimming up regulatory stream. *Ag Policy Blog,* July 11. https://www.dtnpf.com/agriculture/web/ag/blogs/ag-policy-blog/blog-post/2019/07/11/aquabounty-salmon-longer-swimming-2 (accessed October 19, 2019).

Cohen, J. 2018. A chat with the geneticist who predicted how the police may have tracked down the Golden State Killer. *Science News,* April 29. https://www.sciencemag.org/news/2018/04/chat-geneticist-who-predicted-how-police-may-have-tracked-down-golden-state-killer (accessed October 16, 2019).

Cohn, D. 2005. Open-source biology evolves. *Wired,* January 17. https://www.wired.com/2005/01/open-source-biology-evolves (accessed September 5, 2019).

Comfort, N. 2018. Sociogenomics is opening a new door to eugenics. *MIT Technology Review*, October 23. https://www.technologyreview.com/s/612275/sociogenomics-is-opening-a-new-door-to-eugenics (accessed October 16, 2019).

Council of Economic Advisors. 2018. *The cost of malicious cyber activity to the U.S. economy.* https://www.whitehouse.gov/wp-content/uploads/2018/03/The-Cost-of-Malicious-Cyber-Activity-to-the-U.S.-Economy.pdf (accessed August 9, 2019).

CSIS (Center for Strategic and International Studies). 2005. Security controls on the access of foreign scientists and engineers to the United States. https://www.csis.org/analysis/security-controls-access-foreign-scientists-and-engineers-united-states (accessed June 9, 2019).

Dankar, F. K., A. Ptitsyn, and S. K. Dankar. 2018. The development of large-scale de-identified biomedical databases in the age of genomics—principles and challenges. *Human Genomics* 12(1):19. doi: 10.1186/s40246-018-0147-5.

Dhar, D., and J. H.-E. Ho. 2009. Stem cell research policies around the world. *Yale Journal of Biology and Medicine* 82(3):113–115.

DiEuliis, D. 2018. Biotechnology for the battlefield: In need of a strategy. *War on the rocks*, November 27. https://warontherocks.com/2018/11/biotechnology-for-the-battlefield-in-need-of-a-strategy (accessed July 2, 2019).

DiEuliis, D. 2019. Key national security questions for the future of synthetic biology. *Fletcher Forum of World Affairs* 43(1):1.

DOE (U.S. Department of Energy). 2019. *Department of Energy foreign government talent recruitment programs.* DOE Order O 486.1. https://www.energy.gov/sites/prod/files/2019/06/f63/DOE%20O%20486.1.pdf (accessed June 18, 2019).

DOJ (U.S. Department of Justice). 2018a. *Chinese scientist sentenced to prison in theft of engineered rice.* https://www.justice.gov/opa/pr/chinese-scientist-sentenced-prison-theft-engineered-rice (accessed September 6, 2019).

DOJ. 2018b. *Statement of E. W. Priestap, Assistant Director, Counterintelligence Division, Federal Bureau of Investigation, before the Committee on the Judiciary, Subcommittee on Border Security and Immigration, U.S. Senate, at a hearing "Student Visa Integrity: Protecting Educational Opportunity and National Security,"* June 6. https://www.judiciary.senate.gov/imo/media/doc/06-06-18%20Priestap%20Testimony.pdf (accessed October 16, 2019).

DOJ. 2019. *Interim policy: Forensic genetic genealogical DNA analysis and searching.* https://www.justice.gov/olp/page/file/1204386/download (accessed October 16, 2019).

DOJ Office of Public Affairs. 2019. *Department of Justice announces interim policy on emerging method to generate leads for unsolved violent crimes.* Press release 19-1017. https://www.justice.gov/opa/pr/department-justice-announces-interim-policy-emerging-method-generate-leads-unsolved-violent (accessed October 16, 2019).

EBRC (Engineering Biology Research Consortium). 2019. *Engineering biology: A research roadmap for the next-generation bioeconomy.* https://roadmap.ebrc.org (accessed July 3, 2019).

Ellis, S. 2018. U.S. biopharma firms hit by cyber attacks from China. *Bioworld.* http://www.bioworld.com/content/us-biopharma-firms-hit-cyber-attacks-china-0 (accessed November 9, 2019).

Erlich, Y., T. Shor, I. Pe'er, and S. Carmi. 2018. Identity inference of genomic data using long-range familial searches. *Science* 362(6415):690–694.

FBI (Federal Bureau of Investigation). n.d. *China: The risk to academia.* https://www.research.psu.edu/sites/default/files/FBI_Risks_To_Academia.pdf (accessed August 12, 2019).

Feldman, M. P., and N. Massard, eds. 2002. *Institutions and systems in the geography of innovation.* New York: Kluwer Academic Publishers.

Fiume, M., M. Cupak S. Keenan, J. Rambla, S. de la Torre, S. O. M. Dyke, A. J. Brookes, K. Carey, D. Lloyd, P. Goodhand, M. Haeussler, M. Baudis, H. Stockinger, L. Dolman, I. Lappalainen, J. L. Törnroos, J. D. Spalding, S. Ur-Rehman, A. Page, P. Flicek, S. Sherry, D. Haussler, S. Varma, G. Saunders, and S. Scollen. 2019. Federated discovery and sharing of genomic data using Beacons. *Nature Biotechnology* 37(3):220–224.

Flach, J., C. S. Ribeiro, M. B. van der Waal, R. X. van der Waal, E. Claassen, L. H. M. van de Burgwal. 2019. The Nagoya protocol on access to genetic resources and benefit sharing: Best practices for users of lactic acid bacteria. *PharmaNutrition* 9:100158. doi: 10.1016/j. phanu.2019.100158.

Fredrikson, M., E. Lantz, S. Jha, S. Lin, D. Page, and T. Ristenpart. 2014. *Privacy in pharmaco-genetics: An end-to-end case study of personalized warfarin dosing.* San Diego, CA: USENIX Association. https://www.usenix.org/system/files/conference/usenixsecurity14/sec14-paper-fredrikson-privacy.pdf (accessed October 19, 2019).

Galdzicki, M., C. Rodriguez, D. Chandran, H. M. Sauro, and J. H. Gennari. 2011. Standard biological parts knowledgebase. *PLoS One* 6(2):e17005. doi: 10.1371/journal. pone.0017005.

Greenemeier, L. 2008. Heparin scare: Deaths from tainted blood-thinner spur race for safe replacement. *Scientific American*, November 4. https://www.scientificamerican.com/article/heparin-scare-deaths (accessed September 5, 2019).

Gryphon Scientific and Rhodium Group. 2019. *China's biotechnology development: The role of U.S. and other foreign engagement: A report prepared for the U.S.-China Economic and Security Review Commission.* https://www.uscc.gov/sites/default/files/Research/US-China%20Biotech%20Report.pdf (accessed July 1, 2019).

Guhr, A., S. Kobold, S. Seltmann, A. E. M. Seiler Wulczyn, A. Kurtz, and P. Löser. 2018. Recent trends in research with human pluripotent stem cells: Impact of research and use of cell lines in experimental research and clinical trials. *Stem Cell Reports* 11(2):485–496. doi: 10.1016/j.stemcr.2018.06.012.

Harris, G. 2008. U.S. identifies tainted heparin in 11 countries. *The New York Times*, April 22. https://www.nytimes.com/2008/04/22/health/policy/22fda.html (accessed July 5, 2019).

Hiemstra, S. J., M. Brink, and T. van Hintum. 2019. *Digital Sequence Information (DSI): Options and impact of regulating access and benefit sharing—stakeholder perspectives.* CGN Report 42. Wageningen, Netherlands: Wageningen University & Research. https://library.wur.nl/WebQuery/wurpubs/fulltext/470286 (accessed September 5, 2019).

Hiscox. 2018. *Small Business Cyber Risk Report*^{TM}. https://www.hiscox.com/documents/2018-Hiscox-Small-Business-Cyber-Risk-Report.pdf (accessed October 16, 2019).

Hodgson, J. 2019. Genentech trade secrets theft highlights risk for biotechs. *Nature Biotechnology* 37(1):9–10.

Hyde, C. L., M. W. Nagle, C. Tian, X. Chen, S. A. Paciga, J. R. Wendland, J. Y. Tung, D. A. Hinds, R. H. Perlis, and A. R. Winslow. 2016. Identification of 15 genetic loci associated with risk of major depression in individuals of European descent. *Nature Genetics* 48(9):1031–1036. doi: 10.1038/ng.3623.

Ilic, D., and C. Ogilvie. 2017. Concise review: Human embryonic stem cells—What have we done? What are we doing? Where are we going? *Stem Cells* 35(1):17–25. doi: 10.1002/stem.2450.

InterAcademy Partnership. 2016. *Doing global science: A guide to responsible conduct in the global research enterprise.* Princeton, NJ: Princeton University Press. https://www.interacademies.org/33345/Doing-Global-Science-A-Guide-to-Responsible-Conduct-in-the-Global-Research-Enterprise (accessed October 19, 2019).

IOM (Institute of Medicine). 2012. *Adverse effects of vaccines: Evidence and causality.* Washington, DC: The National Academies Press. https://doi.org/10.17226/13164.

Jefferson, O. A., D. Köllhofer, T. H. Ehrich, and R. A. Jefferson. 2015. Gene patent practice across plant and human genomes. *Nature Biotechnology* 33(10):1033–1038.

Jouvenal, J. 2018. To find alleged Golden State Killer, investigators first found his great-great-great-grandparents. *The Washington Post*, April 30. https://www.washingtonpost.com/local/public-safety/to-find-alleged-golden-state-killer-investigators-first-found-his-great-great-great-grandparents/2018/04/30/3c865fe7-dfcc-4a0e-b6b2-0bec548d501f_story.html (accessed October 16, 2019).

Flach, J., C. S. Ribeiro, M. B. van der Waal, R. X. van der Waal, E. Claassen, L. H. M. van de Burgwal. 2019. The Nagoya protocol on access to genetic resources and benefit sharing: Best practices for users of lactic acid bacteria. *PharmaNutrition* 9:100158. doi: 10.1016/j. phanu.2019.100158.

Laestadius, L. I., J. R. Rich, and P. L. Auer. 2017. All your data (effectively) belong to us: Data practices among direct-to-consumer genetic testing firms. *Genetics in Medicine* 19(5):513–520.

Lai, H.-E., C. Canavan, L. Cameron, S. Moore, M. Danchenko, T. Kuiken, Z. Sekeyová, and P. S. Freemont. 2019. Synthetic biology and the United Nations. *Trends in Biotechnology* 37(11):1146–1151. https://www.sciencedirect.com/science/article/pii/S0167779919301337 (accessed September 5, 2019).

Law Library of Congress. 2014. *Restrictions on genetically modified organisms*. https://www.loc.gov/law/help/restrictions-on-gmos/restrictions-on-gmos.pdf (accessed June 17, 2019).

Le Feuvre, R. A., and N. S. Scrutton. 2018. A living foundry for synthetic biological materials: A synthetic biology roadmap to new advanced materials. *Synthetic and Systems Biotechnology* 3(2):105–112. doi: 10.1016/j.synbio.2018.04.002.

Ledford, H. 2019. Gene-edited animal creators look beyond U.S. market. *Nature* 566:433–434. doi: 10.1038/d41586-019-00600-4.

Levine, D. S., and T. Sichelman. 2018. Why do startups use trade secrets? *Notre Dame Law Review* 94(2):751–820.

Majumder, M. A. 2018. United States: Law and policy concerning transfer of genomic data to third countries. *Human Genetics* 137(8):647–655. doi: 10.1007/s00439-018-1917-9.

Mantle, J. L., J. Rammohan, E. F. Romantseva, J. T. Welch, L. R. Kauffman, J. McCarthy, J. Schiel, J. C. Baker, E. A. Strychalski, K. C. Rogers, and K. H. Lee. 2019. Cyberbiosecurity for biopharmaceutical products. *Frontiers in Bioengineering and Biotechnology* 7:116. doi: 10.3389/fbioe.2019.00116.

Martin, C. 2018. Privacy and consumer genetic testing don't always mix. *Science News*, June 5. https://www.sciencenews.org/blog/science-public/privacy-and-consumer-genetic-testing-dont-always-mix (accessed October 16, 2019).

Mervis, J. 2019a. DOE to limit foreign research collaborations. *Science* 363(6428):675–676.

Mervis, J. 2019b. NIH probe of foreign ties has led to undisclosed firings—and refunds from institutions. *Science*, June 26. https://www.sciencemag.org/news/2019/06/nih-probe-foreign-ties-has-led-undisclosed-firings-and-refunds-institutions (accessed August 12, 2019).

Mervis, J. 2019c. Powerful U.S. senator calls for vetting NIH grantees at hearing on foreign influences. *Science*, June 6. https://www.sciencemag.org/news/2019/06/powerful-us-senator-calls-vetting-nih-grantees-hearing-foreign-influences (accessed August 12, 2019).

Miller, H. I., and J. J. Cohrssen. 2018. FDA overreach on genetically engineered animals. *Issues in Science and Technology* 34(3).

Millett, P., T. Binz, S. W. Evans, T. Kuiken, K. Oye, M. J. Palmer. C. van der Vlugt, K. Yambao, and S. Yu. 2019. Developing a comprehensive, adaptive, and international biosafety and biosecurity program for advanced biotechnology: The iGEM experience. *Applied Biosafety* 24(2):64–71. doi: 10.1177/1535676019838075.

Monteiro, R. L. 2018. The new Brazilian General Data Protection Law—a detailed analysis. *IAPP*, August 15. https://iapp.org/news/a/the-new-brazilian-general-data-protection-law-a-detailed-analysis (accessed September 6, 2019).

Morrison, W. 2019. Enforcing U.S. trade laws: Section 301 and China. Congressional Research Service "In Focus" IF10708, updated June 26, 2019. https://fas.org/sgp/crs/row/IF10708.pdf (accessed October 1, 2019).

Murch, R. S., W. K. So, W. G. Buchholz, S. Raman, and J. Peccoud. 2018. Cyberbiosecurity: An emerging new discipline to help safeguard the bioeconomy. *Frontiers in Bioengineering and Biotechnology* 6:39. doi: 10.3389/fbioe.2018.00039.

NAS, NAE, and IOM (National Academy of Sciences, National Academy of Engineering, and Institute of Medicine). 2007. *Rising above the gathering storm: Energizing and employing America for a brighter economic future.* Washington, DC: The National Academies Press. https://doi.org/10.17226/11463.

NAS, NAE, and IOM. 2009. *On being a scientist: A guide to responsible conduct in research*, 3rd edition. Washington, DC: The National Academies Press. https://doi.org/10.17226/12192.

NAS, NAE, and IOM. 2010. *Rising above the gathering storm, revisited: Rapidly approaching category 5.* Washington, DC: The National Academies Press. https://doi.org/10.17226/12999.

NASEM (National Academies of Sciences, Engineering, and Medicine). 2016a. *Gene drives on the horizon: Advancing science, navigating uncertainty, and aligning research with public values.* Washington, DC: The National Academies Press. https://doi.org/10.17226/23405.

NASEM. 2016b. *Genetically engineered crops: Experiences and prospects.* Washington, DC: The National Academies Press. https://doi.org/10.17226/23395.

NASEM. 2017a. *Preparing for future products of biotechnology.* Washington, DC: The National Academies Press. https://doi.org/10.17226/24605.

NASEM. 2017b. *Securing advanced manufacturing in the United States: The role of manufacturing USA: Proceedings of a workshop.* Washington, DC: The National Academies Press. https://doi.org/10.17226/24875.

NASEM. 2017c. *Software update as a mechanism for resilience and security: Proceedings of a workshop.* Washington, DC: The National Academies Press. https://doi.org/10.17226/24833.

NASEM. 2017d. *Undergraduate research experiences for STEM students: Successes, challenges, and opportunities.* Washington, DC: The National Academies Press. https://doi.org/10.17226/24622.

NASEM. 2018a. *Biodefense in the age of synthetic biology.* Washington, DC: The National Academies Press. https://doi.org/10.17226/24890.

NASEM. 2018b. *Graduate STEM education for the 21st century.* Washington, DC: The National Academies Press. https://doi.org/10.17226/25038.

NASEM. 2018c. *Indicators for monitoring undergraduate STEM education.* Washington, DC: The National Academies Press. https://doi.org/10.17226/24943.

NASEM. 2019. *Minority serving institutions: America's underutilized resource for strengthening the STEM workforce.* Washington, DC: The National Academies Press. https://doi.org/10.17226/25257.

NIH (National Institutes of Health). 2018. *Foreign influences on research integrity.* 117th Meeting of the Advisory Committee to the Director, December 13. https://acd.od.nih.gov/documents/presentations/12132018ForeignInfluences.pdf (accessed August 12, 2019).

Noyce, R. S., S. Lederman, and D. H. Evans. 2018. Construction of an infectious horsepox virus vaccine from chemically synthesized DNA fragment. *PLoS One* 13:e0188453.

NRC (National Research Council). 1996. *Understanding risk: Informing decisions in a democratic society.* Washington, DC: National Academy Press. https://doi.org/10.17226/5138.

NRC. 2001. *Opportunities in biotechnology for future Army applications.* Washington, DC: National Academy Press. https://doi.org/10.17226/10142.

NRC. 2004. *Capturing the full power of biomaterials for military medicine: Report of a workshop.* Washington, DC: The National Academies Press. https://doi.org/10.17226/11063.

NRC. 2012. *Research frontiers in bioinspired energy: Molecular-level learning from natural systems: Report of a workshop.* Washington, DC: The National Academies Press. https://doi.org/10.17226/13258.

NSB and NSF (National Science Board and National Science Foundation). 2018. *Science and engineering indicators 2018.* NSB-2018-1. Alexandria, VA: National Science Foundation. https://www.nsf.gov/statistics/indicators (accessed October 16, 2019).

Ochs, C., J. Geller, Y. Perl, and M. A. Musen. 2016. A unified software framework for deriving, visualizing, and exploring abstraction networks for ontologies. *Journal of Biomedical Informatics* 62:90–105. doi: 10.1016/j.jbi.2016.06.008.

Oliveira, A. L. 2019. Biotechnology, big data and artificial intelligence. *Biotechnology Journal* 14(8):1800613.

Peccoud, J., J. E. Gallegos, R. Murch, W. G. Buchholz, and S. Raman. 2018. Cyberbiosecurity: From naive trust to risk awareness. *Trends in Biotechnology* 36:4–7. doi: 10.1016/j.tibtech.2017.10.012.

Powell, P. 2008. Heparin's deadly side effects. *Time*, November 13. https://web.archive.org/web/20121216232624/http://www.time.com/time/magazine/article/0,9171,1858870-1,00.html (accessed July 5, 2019).

Reif, R. 2019. Letter to the MIT community: Immigration is a kind of oxygen. *MIT News Office*, June 25. http://news.mit.edu/2019/letter-community-immigration-is-oxygen-0625 (accessed July 3, 2019).

Richardson, L. C., N. D. Connell, S. M. Lewis, E. Pauwels, and R. S. Murch. 2019. Cyberbiosecurity: A call for cooperation in a new threat landscape. *Frontiers in Bioengineering and Biotechnology* 7:99. doi: 10.3389/fbioe.2019.00099.

Robinson, G. E., C. M. Grozinger, and C. W. Whitfield. 2005. Sociogenomics: Social life in molecular terms. *Nature Reviews Genetics* 6(4):257–270.

Ronquillo, J. G., J. E. Winterholler, K. Cwikla, R. Szymanski, and C. Levy. 2018. Health IT, hacking, and cybersecurity: National trends in data breaches of protected health information. *JAMIA Open* 1(1):15–19.

Saey, T. H. 2018. Genealogy databases could reveal the identity of most Americans. *Science News*, October 12. https://www.sciencenews.org/article/genealogy-databases-could-reveal-identity-most-americans (accessed October 16, 2019).

Shabani, M., and P. Borry. 2018. Rules for processing genetic data for research purposes in view of the new EU General Data Protection Regulation. *European Journal of Human Genetics* 26(2):149–156. doi: 10.1038/s41431-017-0045-7.

Shields, M. 2017. ChemChina clinches landmark $43 billion takeover of Syngenta. *Reuters*, May 5. https://www.reuters.com/article/us-syngenta-ag-m-a-chemchina/chemchina-clinches-landmark-43-billion-takeover-of-syngenta-idUSKBN1810CU (accessed September 5, 2019).

Smith, S., and J. Marchesini. 2007. *The craft of the system security*. Boston, MA: Person Education.

Stark, Z., L. Dolman, T. A. Manolio, B. Ozenberger, S. L. Hill, M. J. Caulfied, Y. Levy, D. Glazer, J. Wilson, M. Lawler, T. Boughtwood, J. Braithwaite, P. Goodhand, E. Birney, and K. N. North. 2019. Integrating genomics into healthcare: A global responsibility. *American Journal of Human Genetics* 104(1):13–20.

Taylor, D. O. Forthcoming. Patent eligibility and investment. SMU Dedman School of Law Legal Studies Research Paper No. 414. *Cardoza Law Review*. http://dx.doi.org/10.2139/ssrn.3340937 (accessed November 1, 2019).

Toga, A. W., and I. D. Dinov. 2015. Sharing big biomedical data. *Journal of Big Data* 2:7. doi: 10.1186/s40537-015-0016-1.

Tollefson, J. 2019. Chinese Americans uneasy as tensions disturb research. *Nature* 570:13.

Tucker, T. 2019. U.S. Army making synthetic biology a priority. *Government Executive*, July 1. https://www.govexec.com/defense/2019/07/us-army-making-synthetic-biology-priority/158145 (accessed July 3, 2019).

Tumpey, T. M., C. F. Basler, P. V. Aguilar, H. Zeng, A. Solórzano, D. E. Swayne, N. J. Cox, J. M. Katz, J. K. Taubenberger, P. Palese, and A. García-Sastre. 2005. Characterization of the reconstructed 1918 Spanish influenza pandemic virus. *Science* 310(5745):77–80.

U.S. Chamber of Commerce. 2017. *Made in China: Global ambitions built on local protections*. https://www.uschamber.com/sites/default/files/final_made_in_china_2025_report_full.pdf (accessed October 19, 2019).

U.S. Department of Commerce. 2018. Review of controls for certain emerging technologies. *Federal Register* 83(Nov. 19):58201–58202.

USGCRP (U.S. Global Change Research Program). 2018. *Impacts, risks, and adaptation in the United States: Fourth national climate assessment*, Vol. II. Washington, DC: U.S. Global Change Research Program. doi: 10.7930/NCA4.2018.

USPTO (U.S. Patent and Trademark Office). 2014. *2014 Interim guidance on patent subject matter eligibility. Federal Register* 79:74618–74633. https://www.govinfo.gov/content/pkg/FR-2014-12-16/pdf/2014-29414.pdf (accessed September 6, 2019).

USPTO. 2015. *July 2015 update: Subject matter eligibility.* Alexandria, VA: USPTO. https://www. uspto.gov/sites/default/files/documents/ieg-july-2015-update.pdf (accessed October 19, 2019).

USPTO. 2017. *Patent eligible subject matter: Report on views and recommendations from the public.* July. https://www.uspto.gov/sites/default/files/documents/101-Report_FINAL.pdf (accessed September 6, 2019).

USPTO. 2019a. *2019* Revised patent subject matter eligibility guidance. *Federal Register* 84(4):50–57. https://www.govinfo.gov/content/pkg/FR-2019-01-07/pdf/2018-28282. pdf (accessed September 6, 2019).

USPTO. 2019b. *October 2019 update: Subject matter eligibility (issued October 17, 2019).* https:// www.uspto.gov/sites/default/files/documents/peg_oct_2019_update.pdf (accessed October 17, 2019).

USTR (U.S. Trade Representative). 2018a. *Findings of the investigation into China's acts, policies, and practices related to technology transfer, intellectual property, and innovation under Section 301 of the Trade Act of 1974.* Executive Office of the President. https://ustr.gov/sites/ default/files/Section%20301%20FINAL.PDF (accessed March 12, 2020).

USTR. 2018b. *Update concerning China's acts, policies and practices related to technology transfer, intellectual property, and innovation,* November 20. Executive Office of the President. https://ustr.gov/sites/default/files/enforcement/301Investigations/301%20 Report%20Update.pdf (accessed March 12, 2020).

USTR. 2019. *2018 Report to Congress on China's WTO compliance.* https://ustr.gov/sites/ default/files/2018-USTR-Report-to-Congress-on-China%27s-WTO-Compliance.pdf (accessed September 5, 2019).

Van Noorden, R. 2013. White House announces new U.S. open-access policy. *Nature Newsblog,* February 22. http://blogs.nature.com/news/2013/02/us-white-house-announces-open-access-policy.html (accessed September 5, 2019).

Vest, C. M. 2013. *Testimony before the U.S. House of Representatives Committee on Science, Space and Technology, Subcommittee on Oversight, "Espionage Threats at Federal Laboratories: Balancing Scientific Cooperation while Protecting Critical Information,"* May 16. https://docs.house. gov/meetings/SY/SY21/20130516/100836/HHRG-113-SY21-Wstate-VestC-20130516. pdf (accessed March 12, 2020).

Vlassov, V. 2007. Russian clinical research is threatened by ban on export of samples. *British Medical Journal* 334(7606):1237. doi: 10.1136/bmj.39241.621863.DB.

Wee, S. 2019. China uses DNA to track its people, with the help of American expertise. *The New York Times,* February 21. https://www.nytimes.com/2019/02/21/business/china-xinjiang-uighur-dna-thermo-fisher.html (accessed October 16, 2019).

White House Office of the Press Secretary. 2013. *Presidential policy directive—critical infra-structure security and resilience.* https://obamawhitehouse.archives.gov/the-press-of-fice/2013/02/12/presidential-policy-directive-critical-infrastructure-security-and-resil (accessed October 16, 2019).

Williams, P. A., and A. J. Woodward. 2015. Cybersecurity vulnerabilities in medical devices: A complex environment and multifaceted problem. *Medical Devices (Auckland, N.Z.)* 8:305–316. doi: 10.2147/MDER.S50048.

Zaveri, M. 2019. Wary of Chinese espionage, Houston cancer center chose to fire 3 scientists. *The New York Times,* April 22. https://www.nytimes.com/2019/04/22/health/md-an-derson-chinese-scientists.html (accessed June 18, 2019).

Zhang, S. 2016. DNA got a kid kicked out of school—and it'll happen again. *Wired,* February 1. https://www.wired.com/2016/02/schools-kicked-boy-based-dna (accessed October 16, 2019).

Zheng, S. 2019a. China issues official warning to students hoping to go to U.S. *South China Morning Post,* June 3. https://www.scmp.com/news/china/diplomacy/article/3012884/ china-issues-official-warning-students-hoping-go-us (accessed July 3, 2019).

Zheng, S. 2019b. Chinese told to raise safety awareness in U.S. travel advisory. *South China Morning Post,* June 4. https://www.scmp.com/news/china/diplomacy/article/3013046/ chinese-travellers-told-raise-safety-awareness-us-travel (accessed July 3, 2019).

第4部分 护航美国生物经济的战略

报告的最后一部分以前三个部分为基础，综合并提出委员会的总体结论和建议，并为这些结论和建议给出了背景和委员会的理由。在研究了生物经济的定义和范围、评估了其测量指标、确定了地平线扫描的方法，并列举了相关的经济和国家安全风险及政策缺口之后，委员会得出了一些总体结论。这些结论促使委员会针对联邦政府、政策制定者和所有生物经济利益相关者（即所有与生命科学研究体系相关的个人研究人员、机构、公司和相关人士）提出了建议。

8 总体结论和建议

工程实践和原理的整合，以及计算与信息科学的进步，改变了生命科学和生物技术，为发现、创新、创造就业机会和经济增长开辟了新途径，同时也提出了一些安全问题。正是在这种背景下，委员会被要求分析当前的美国生物经济，考虑如何定义和测量它，并确定需要解决的风险和政策差距，以护航其持续发展。

在前几章中，委员会审查了生物经济的定义和该定义所涵盖的范围。委员会还审查和评估了用于确定生物经济价值和美国生物经济在全球生物经济背景下的领导地位的指标。委员会探索了美国生物经济的生态系统以及地平线扫描和预见的方法。最后，委员会确定了相关的经济和国家安全风险，以及政策缺口。本章提供了委员会的总体结论和建议，在更高层次上整合了报告中涵盖的各种主题，并在保持创新和增长的同时为护航美国生物经济提供了途径。

8.1 定义美国生物经济

委员会被要求"概述美国生物经济的概况"，这需要审查过去对生物经济的描述（国际研究和基于美国的研究）。委员会利用其成员自身的专业知识、信息收集会议，以及对过去定义生物经济的尝试的审查，立即认识到植根于生命科学和生物技术或与之相融合的活动和学科十分广泛。因此，委员会得出以下结论。

结论：美国生物经济是一个广泛而多样化的体系，跨越许多科学学科和部门，包括范围广泛且动态变化的利益相关者。

除了探索与生命科学相关的学科和活动的范围外，委员会还全面审查了将基础生物学研究转化为产品和服务的生态系统。基础生命科学研究通常始于对院校和联邦研究机构或公司研发部门的科学家的研究工作及进行培训的公共投资。除了这些传统的利益相关者之外，许多大型研究机构也刺激了当地创新生态系统的发展，带来了更广泛的利益相关者，如公民科学实验室、孵化基地、初创公司、小微企业，以及与大型工业公司的合作伙伴关系。这些创新生态系统有加速将基础研究或新概念转化为农业、人类健康、能源和工业制造业的实际应用的潜力。

大型生物数据集的生成、分析、共享和应用与生物经济中计算能力和信息科学的使用增加有关。信息学的这些进步，以及生物研发中工程原理的采用和当前的基因组编辑革命，正在为生物技术和生命科学研究开辟新的应用领域。总的来说，这些发展正在把生物经济的范围扩大到许多不同的领域。因此，需要一个新的定义来更好地反映美国生物经济的活力。

建议 1：为界定美国生物经济的范围并为评估生物经济及其资产建立一个统一的框架，美国政府应采用以下对美国生物经济的定义：

美国生物经济是由生命科学和生物技术的研究与创新驱动，并由工程、计算与信息科学的技术进步实现的经济活动。

正如第 2 章中更详细讨论的那样，这个定义承认了其他学科对推进生物学研究的贡献日益增长，并包括了生物学发现对过去不被视为"生物学"的领域的贡献。在第 2 章中，几个例子说明了生物经济的范围和边界。由于认识到美国生物经济的定义需要足够灵活，以允许未来纳入新的发展，上述定义没有将生物经济的范围限制在特定领域、技术或过程。

有一个能够反映这一动态体系的广度和深度的定义，为达成关于生物经济的边界及其跨学科性质的共识提供了一个起点。有一个标准且一致的定义还可以使美国政府能够更好地评估生物经济的现状，制定支持和保障其持续增长的战略，设计指标和数据收集工作以追踪其增长并进行经济评估，以及让决策者跟上可能构成新的国家或经济安全挑战的进展。

8.2　测量美国生物经济

委员会还被要求概述评估生物经济价值的方法，并识别利用哪些方法可能无法很好地捕捉到的无形资产。本委员会回顾总结了之前评估美国生物经济的尝试，并讨论了这些方法的一些缺陷。然而，现有的生物经济研究并未涵盖本报告中提出的生物经济定义所包含的活动。为了评估生物经济的价值，委员会使用上述定义来确定生物经济的主要部分（组成部分或领域）以及评估生物经济全部价值所需的数据。鉴于生物经济的广度和范围，确定评估其价值所需的数据来源和组成部分是一项庞大的工作，委员会因此得出以下结论。

结论：测量生物经济是具有挑战性的，因为它已经超出了传统的以生物为基础的农业、生物医学科学和工业生物技术领域。

充分评估生物经济对更大的美国经济的经济贡献，有助于提高人们对美国生物经济重要性以及监测和保护生物经济必要性的认识。对生物经济的投入和产出进行全面评估，也有助于未来分析基础研究投资与这一领域生产率的关系，从而更好地追踪公共投资的结果。这种强化的追踪可作为该领域健康状况的指标，允许评估政策变化对生物经济（或其分领域）的经济潜力的影响，并有助于从安全角度识别值得保护的增长领域。

在第 3 章中，委员会讨论了可用于确定生物经济价值的各种概念框架以及每种框架的优点和局限性。除了美国生物经济的三个主要领域（农业、生物工业和生物医学）之外，委员会还需要确定这些主要领域的子集，以获取经济活动数据。因此，委员会在商品和服务这一大类内确定了六个部分，其中包括材料、商业服务和消费品等。在这个层面上，以下六个部分被视为生物经济的近似值，这是根据现有数据所能确定的最好结果，但要认识到它们不能完全反映委员会所定义的生物经济：基因工程作物/产品；生物基工业材料（包括用于发酵和其他下游过程的农业原料）；生物药物、生物制剂和其他药品；生物技术消费品；生物技术研发商业服务，包括实验室检测和购买的设备服务；生物数据驱动的患者医疗保健解决方案设计。此外，生物经济利用专门的设备和服务并产生无形资产，所有这些都需要考虑和核算，以确定生物经济的全部价值。

在进行这一经济学分类之后，为了获得每个用户驱动部分的附加价值数据，委员会确定相关的北美行业分类系统（NAICS）代码，对特定部分所包含的活动中有多少与生物经济相关进行了估计，并根据现有数据列出了每个部分的价值之和（如信息栏 8-1 所汇总）。根据这一分析，委员会确定，2016 年美国生物经济约占国内生产总值（GDP）的 5.1%，即 9592 亿美元（关于这一过程的更详细讨论，见第 3 章）。然而，鉴于创新可能导致传统产品被生物基产品或与生物经济相关的产品取代，这一数字可能被低估了。在分析过程中，委员会认定，当前的分类和报告机制造成了巨大的数据缺口，这肯定会对美国生物经济未来估值的结果产生影响。

信息栏 8-1　生物经济的估值框架

1. 为生物经济的定义设定边界，以确定感兴趣的主要领域（见第 2 章）。

2. 确定拟纳入的主要领域的子集，包括相关的生物经济专用设备投资（如测序仪）和服务（如生物技术专利和法律服务），以及为该领域使用而生产和/或策划的无形资产（如基因组数据库）。

3. 确定与划定的生物经济领域相对应的相关生产数据。

   a. 第 3 章中的表 3-2 提供了一个基于北美行业分类系统（NAICS）代码的绘图，该代码目前被美国人口普查局用于收集关于生产价值的详细数据。

   —某些生物经济活动本质上比现有的 NAICS 代码更狭窄，测量这些活动需要基于辅助的信息来源（或新的 NAICS 代码）进行估算，或根据机构层面的调查或行政微观数据构建新的聚合。

> ——对于每个生物基生产活动，确定当前与潜在（在现有技术下）生物基的份额（例如，确定多大比例的塑料是通过生物基过程生产的）。
>
> b. 根据国民核算中使用的相同方法和数据（"按行业划分的 GDP"），估算每个相关生物经济活动的附加价值。
>
> c. 确定适当的行业间联系和供应来源（即国内与国外），并根据这些联系估算相关的投入-产出"乘数"。
>
> 4. 估算的附加价值之和是生物经济生产对美国经济的直接影响；投入-产出乘数所隐含的额外附加价值估计了生物经济对美国经济的总贡献。

结论：现有的用于测量经济活动的数据收集机制不足以全面监测生物经济。需要改进数据收集机制以更好地：了解美国生物经济的范围和边界；对美国生物经济进行全面的价值评估；支持美国在生物经济方面的决策；确定领导地位和全球联系的指标。

建议 2：美国商务部和美国国家科学委员会应扩大并加强与委员会定义的美国生物经济的经济贡献相关的数据收集工作。

委员会制定了一组最有可能扩大和加强数据收集工作的建议，以促进未来生物经济的估值。

建议 2-1：美国商务部和其他参与收集美国经济数据的相关机构及实体应扩大生物经济数据的收集和分析范围。美国商务部应从科学机构的合作伙伴和非政府生物经济利益相关者那里获得输入信息，以补充和指导这些工作。

这些扩大的数据收集工作可以为美国商务部内与生物经济相关的其他活动提供信息基础。在第 3 章中，委员会提到了美国商务部目前监督的一些其他行动或活动，这些行动或活动可能得益于对生物经济活动，以及产品、过程和服务的渗透情况进行的扩大收集和分析。以下两项建议具体涉及其中两项活动。

建议 2-2：应修订现有的北美行业分类系统（NAICS）和北美产品分类系统（NAPCS）代码，以更准确地反映和追踪与生物科学相关的商业活动和投资，并追踪生物经济的各部分（如化学品和材料的生物生产）的增长。此外，美国商务部的技术评估办公室应开展一项研究，旨在对以生物为基础的产品、过程和服务在美国经济中的渗透情况进行更丰富的描述。这样一项研究将大大促进 NAICS 和 NAPCS 代码的修订。此外，美国人口普查局应完善并定期收集生物经济活动的全面统计数据。

目前，有一些代码完全包含在本研究对生物经济的定义中，如生物技术研发

（NAICS 541714）和生物质发电（NAICS 221117）。然而，其他组成部分（如大豆油墨生产），目前在似乎不属于生物经济的大类（如印刷油墨制造[NAICS 325910]）中找不到。此外，美国生物经济的一些组成部分（如合成生物学）值得追踪，因为在科学界内有明显的增长和扩张感，但目前没有反映在任何单个代码或一组代码中，以实现准确的经济评估。鉴于该分类系统对于追踪与各种活动相关的经济数据非常重要，我们可以想象专门追踪合成生物学进展的代码将十分有用，这些进展包括合成生物学研发服务、消费者生物技术、合成生物学设备和生物技术自动化。

通过征求和审查公众建议等过程，NAICS 和 NAPCS 代码每 5 年更新一次[①]。除了这一正常过程之外，委员会建议，对生物经济产品、过程和服务的普遍性进行详细研究可能有助于为今后的修订提供信息。美国商务部技术评估办公室利用受访者被依法要求作出回应的特定行业调查等技术，对"重要的国防相关领域的关键技术和工业能力"[②]进行了分析[③]。委员会认为，生物经济对国防的重要性使得进行这项分析非常必要，并且应将其结果用于为 NAICS 和 NAPCS 代码的未来修订提供信息。

建议 2-3：美国商务部经济分析局应领导创建与美国中央国民经济账户相关联的生物经济卫星账户。这些卫星账户应包括作为资产的生物信息数据库，并应随着时间的推移扩大到包括生物经济所带来的环境和健康惠益。

如第 3 章所述，卫星帐户是一个经济数据系统，描述由一组指定活动所产生的支出、生产和收入。创建和使用生物经济卫星账户可以提供一种灵活的追踪机制，这种机制是可定制的，并且在各部门之间是灵活的。委员会认为这种工具在追踪美国生物经济的增长和活力方面潜力巨大，特别是考虑到它可以用来探索新的数据收集和报告方法及开发新的会计程序，这种新的会计程序一旦被接受，可以成为标准国民收入会计程序的一部分。

建议 2-4：美国国家科学委员会应指示美国国家科学基金会为《科学与工程指标》报告进行新的数据收集工作和对生物经济创新进行分析，以便更好地描述和反映生物经济的深度与广度，重点是确定能够洞察美国领导力和竞争力的指标。

《科学与工程指标》（S&E）报告是委员会分析生物经济及开展关于认识领导

[①] 更多信息，请参见 https://www.census.gov/eos/www/naics/reference_files_tools/NAICS_Update_Process_Fact_Sheet.pdf。
[②] 请参见美国商务部工业和安全局网站上的"工业基础评估"页面，网址是 https://www.bis.doc.gov/index.php/other-areas/office-of-technology-evaluation-ote/industrial-base-assessments。
[③] 美国商务部技术评估办公室根据《国防生产法》行使总统授予商务部长的权力，以获取执行或管理该法案可能"必要或适当"的信息。更多信息请参阅 50 U.S.C.§4555（a），经修订的 1950 年国防生产法案第 705（a）节（P.L. 81-774）；行政命令 13603.n 信息栏 8-1。

力的指标的工作所使用的一个宝贵工具。然而，正如第 4 章所指出的，委员会在评估过程中遇到了许多数据缺口，特别是在生命科学的新趋势和领域方面。这在很大程度上与特定活动的分类有关。例如，生物医学工程等领域是属于"工程"还是属于"生命科学"并不总是很清楚。这些限制在概念上与委员会审议 NAICS 代码时遇到的限制并无不同。虽然委员会认识到，改变标准和分类制度的性质会使得与过去做比较变得非常困难，但仍需努力捕捉新兴领域的动态。随着许多研究学科不断变化并与其他学科发生会聚，S&E 报告必须调整自身的数据收集，以捕捉这些变化，以使其可以继续作为追踪和了解生物经济当前（及以后）状态的有用工具。

8.3 护航美国生物经济

8.3.1 成立协调机构

在本研究过程中，委员会不断听到需要"整个政府"或"整个社会"的努力来应对美国生物经济面临的一些挑战的声音，特别是在潜在的国家或经济安全问题方面。虽然委员会认识到生物经济中的所有利益相关者都可以发挥作用，但还需要有领导力和战略方向。考虑到本报告中所讨论的生物经济的广度横跨许多领域，生命科学研究分布在美国政府的许多机构和部门也就不足为奇了（如第 5 章所述）。这种分散的分布对大规模协调提出了重大挑战，尤其是在没有明确的候选机构来担任领导的情况下。每个机构和部门都有其确定的任务空间及相关的科学领域；因此，没有任何政府机构有权全面监督和评估美国的生物经济，更不用说制定促进和保护生物经济的战略了。

结论：鉴于生物经济缺乏一个明显的政府主导机构，委员会认为有必要建立一种机制，让科学、经济和安全机能能够弥补沟通和协调方面的差距。

建议 3：总统执行办公室应建立一个政府层面的战略协调机构，负责保护和实现美国生物经济的潜力。为了取得成功，这个协调机构应由白宫高层领导主持，代表来自科学、经济、监管和安全机构。该机构应负责相关的预见活动，并听取各种相关外部利益相关者的意见。

设立一个协调机构将克服对没有单独机构负责全面监测生物经济的担忧。鉴于生物经济中专业知识的增长和学科的会聚，尽管各机构有能力支持各自的任务空间，但它们很难确定能够共同加强美国生物经济的政策、优先资助事项和机会领域。因此，需要一个由非政府生物经济利益相关者提供信息的美国政府协调机构来制定和实施一项维持及发展生物经济的国家战略。此外，纳入专业的安全机构代表可以使政策的制定在保护美国生物经济和缓解潜在的负面影响之间取得适当的平衡。这些讨论不仅要让科学和安全机构参与，还要让负责追踪生物经济增长和健康指标的经济机构参与，这一点至关重要。

委员会没有规定美国政府如何组织这样一个协调机构，但指出存在先例。跨政府协调可以通过独立设立的跨机构工作组来完成，也可以在白宫政策制定办公室之一（例如，科学技术政策办公室、国家安全委员会、国家科学技术委员会、国家经济委员会）的领导下完成。或者，这个协调机构可以通过国会授权设立，就像国家纳米技术计划一样，该计划是美国政府对涉及纳米技术的 20 个部门和机构的研发活动进行协调的机制[①]。

在其信息收集会议期间，委员会在 2019 年 5 月的第三次此类会议上获悉，总统执行办公室（EOP）内部正在积极讨论一些协调活动，并处于早期规划阶段。2019 年 9 月，EOP 发布了收集利益相关者意见的信息请求[②]，随后于 2019 年 10 月召开了美国生物经济白宫峰会（EOP，2019）。但是，这些活动并没有描述或详细说明参与这项工作的机构的结构、战略或成员。

此外，委员会还确定了与非政府利益相关者接触以为这一过程提供信息的重要性。潜在接触策略的例子包括：建立正式的联邦咨询委员会，定期举行公众召集活动，有针对性地与不同的科学界和社团联系，使用公私伙伴关系协议。使行业领导者和学术带头人能够参与，将有助于制定一项满足生物经济需求的战略和支持性政策。

8.3.2 维持和发展美国的生物经济

除了建议建立一个跨联邦政府并包括非政府利益相关者的协调机构外，委员会还制定了一系列更具体的建议，旨在帮助维持和发展美国的生物经济。

建议 3-1：协调机构应制定、采纳并定期更新一项以维持和发展美国生物经济为目标的生存战略。这一战略的信息来源应包括每个相关科学机构正在进行的、正式的地平线扫描过程，以及工业界、非政府组织和学术界。此外，通过这一战略，协调机构应确定美国政府促进生物经济的手段并提高人们对此的认识，包括政府采购生物基产品等现有手段。

在相关政府和非政府生物经济利益相关者的指导下，为生物经济制定一个统一的战略，将有助于各机构的努力进行有意义协作和协调，以追求一个共同目

---

① 国家纳米技术计划（NNI）最初由克林顿政府于 2000 年提出，并于 2003 年正式设立，并通过了《21 世纪纳米技术研发法案》（P. L. 108-153）。国家科学技术委员会的纳米科学、工程和技术小组委员会协调 NNI 的规划、预算、项目实施和审查。国家纳米技术协调办公室提供技术和行政支持以及公共宣传。见 www.nano.gov/about-nni。

② 参见 https://www.federalregister.gov/documents/2019/09/10/2019-19470/request-forinformation-on-the-bioeconomy。

标：维持、发展和保护美国的生物经济。这一战略的要素可能包括：支持创新的、多学科交叉的和会聚性研究，以推动生物学发现；维持强大的人才基础，为加入生物经济从业人员队伍做好充分准备；优先发展和维护最能满足所有生物经济利益相关者需求的现代、安全、互联的研究基础设施；建立保护生物经济及其资产的机制。

尽管制定美国生物经济战略将为相关联邦机构提供强有力的政策工具，但委员会强调，必须持续追踪生物经济的发展，并积极将这些发展纳入战略和政策机构。因此，委员会强调必须建立一个持续的地平线扫描和预见过程，以识别可能引起新问题或需要新政策的科学和技术新发展。与地平线扫描过程相关联的美国生物经济战略将允许采取一种前瞻性方法，以识别新问题或对可能产生最大科学、经济和政策影响的问题进行优先排序。目前，决策者无法跟上科技快速发展的步伐，政策往往是被动的，有时甚至明显滞后。正如第 7 章所讨论的，政策和监管的不确定性也有可能抑制创新。

第 6 章列举了实施强有力的地平线扫描过程的最佳实践。简而言之，委员会建议每个与生物经济相关的科学机构都建立一个地平线扫描过程，重点是确定其特定领域的新问题、主题和技术发展。如第 6 章所述，建立地平线扫描过程有 4 个关键因素：方法、范围、过程和时间框架（信息栏 8-2）。这些机构将每两年向建议 3 中要求的更大的政府范围内的协调机构报告，从而使生物经济的整个范围得到全面扫描。在每个相关科学机构内开展这些活动，将确保有主题专家参与扫描；然而，除非努力引入非技术专家，否则这些活动的效果可能会受到限制（详见第 6 章）。这些行动的最终目标是：①识别新技术、市场和数据源，以（从政策、安全或经济评估视角）提供对生物经济的洞察；②及时识别生物经济的具体机会；③识别破坏性事件或其他威胁。最后，鉴于委员会建议设立的协调机构要求将经济机构包括在内，因此委员会计划将此处描述的地平线扫描活动与改进建议 2 中讨论的数据源和经济指标的努力联系起来，并在第 3 章和第 4 章中进行更深入的讨论。

信息栏 8-2　生物经济的地平线扫描和预见中的关键考虑因素

1. **方法**：目标是设计一种能够将信息输入到情景规划和问题识别过程的地平线扫描活动。
2. **范围**：应在两个层次上考虑生物经济的范围。
   a. **定义生物经济**——鉴于生物经济的范围很广，并且越来越多地渗透到

> 新的技术领域和经济领域，因此需要进行广泛的地平线扫描工作以持续监测其范围。
>
>   b. 追踪特定的发展路线或政策问题——可以使用详细的咨询过程（如德尔菲法）来深入研究特定的主题或解决特定的问题。
>
> 3. 过程：在短期内，地平线扫描活动可能是由人驱动的；但自动收集数据的工具正在进步，可以用来为元审查输入信息。
>
> 4. 时间框架：结合地平线扫描和预见方法，可以识别近期进展（预见）和长期进展（地平线扫描）。

建议 3-1 的最后一部分要求联邦政府评估目前可以采取的有助于美国生物经济增长和维持的行动。在这些行动中，最重要的可能是利用联邦采购的权力，通过生物制剂的战略采购来推动生物经济。例如，美国农业部"生物优先"项目的政府和行业采购办公室进行的战略性生物基采购，将促进新市场和新就业机会的创造。该项目旨在增加源自农业、海洋和林业材料的生物基产品的开发、使用和购买。尽管《农业法案》规定，联邦机构和承包商在购买生物基产品时不能施加惩罚性成本或性能，但并没有定期报告可以反映生物基采购的进展或规模。更新生物基产品联邦采购的报告机制，制定采购目标，并增加对该项目的投资以提高意识和标准化报告（如面向公众的报告联邦生物基采购进展的实时汇总表），都将大大有助于刺激生物经济和支持原材料集中的农村地区的就业。鼓励私营零售商在其产品中以"生物优先"产品为主将进一步推进这些目标。

8.3.3 应对与生物经济有关的经济和国家安全风险

委员会的任务是"概述潜在的经济和国家安全风险，并确定与收集、汇总、分析和共享生物经济的数据等产出有关的政策缺口"，以及考察生物经济的特定特征是否需要不同的保护机制。委员会在第 7 章介绍了一些已确定的风险及其潜在影响。在可能的情况下，委员会还讨论了可用于应对已确定的风险的相关政策工具。应当指出的是，委员会完全是根据可公开获得的资料来进行这项分析的。

委员会确定了：①可能会损害生物经济的持续增长或阻碍其目前运行所在的创新生态系统的风险；②知识产权或关键生物经济信息被窃取或被对称获取所带来的风险，这将以牺牲美国生物经济为代价给另一方带来竞争优势；③滥用或劫持生物经济产出或实体所带来的风险。为了应对这些风险，委员会将建议重点放在人才、对美国研究的外国投资和网络安全方法上。

结论：既要保护美国的生物经济，又要保持支持生物经济所需的开放、协作环境，这需要经过深思熟虑的平衡。

美国生物经济历来受益于参与开放、全球性和协作的科学环境，这种环境依赖于个人的学术诚信及他们遵守研究规范和价值观的意愿（IAP，2016；NAS et al.，2009；NASEM，2018）。然而，一些联邦官员越来越担心美国科学体系的开放性会将其完整性和竞争力置于危险之中。通过更深入地了解基础科学研究的公开实施和参与如何推动美国国内及其经济竞争对手中企业家的自主创新，以及反过来，对开放性的限制如何影响科学研究环境，能够促进在保护创新和增长的同时护航美国的生物经济。这两个目标之间的紧张关系要求政策制定者努力实现一种平衡，既要最大限度地发挥科学开放性的益处，又要保护美国的经济和安全利益免受不正当地利用美国的开放性对美国的损害。

8.3.3.1 资助和支持生物经济研究体系

结论：美国生物经济依赖于一个强健且资金充足的研究体系，从而为创新提供种子，并支持技术熟练且多样化的从业人员队伍。

第 3 章、第 4 章和第 5 章探讨了科学和工程研究方面的公共投资在推动美国研究体系方面所发挥的基础性作用，这些投资建立了大学研究和教育体系，不断培养出比任何其他国家都多的博士毕业生。这些投资直接有利于美国的生物经济，因为合成生物学等不断发展的领域需要不断涌入的新人才来继续推动创新和发现。通过行业与高中、社区学院和大学之间的合作关系，创新生态系统正在为培训和建立一个能够推动生物经济的人才库创造机会。这些合作关系正在扩大博士水平研究人员之外的潜在从业人员队伍。然而，随着其他国家加大对本国生命科学研究事业的投资，并开始增加其科学产出，人们开始担心美国是否有能力保持其领导地位。目前，美国在生物科学公共投资方面仍处于世界领先地位，但政府投资支持的减少令人担忧。因此，委员会提出以下建议。

建议 4：为了保持美国在全球生物经济中的竞争力和领导地位，美国政府应优先投资基础生物科学、工程、计算与信息科学。此外，培养各级人才以支持这些研究领域应成为未来公共投资的高度优先事项。

缺乏跨理科和工科的协调资金以支持美国生物经济战略，有可能削弱使研究和知识转化为创新商品和服务的生态系统。委员会对过去和当前投资进行的分析表明，联邦投资的速度已经停滞。要确保美国未来在生物经济领域的领导地位，可能需要回到 20 世纪 90 年代和 21 世纪初时的典型投资水平。联邦投资目前的停滞与其他国家不断增加的投资形成了对比。许多国家正在制定和实施自己的生物经济战略，往往投入大量资金和资源来支持这些举措，这对美国持续的领导地位构成了挑战。

联邦政府对美国大学和生物经济培训项目投入的资金不足，可能削弱培养和留住熟练的技术从业人员的能力。联邦政府加大对科学、技术、工程和数学（STEM）教育的支持，并在社区学院与行业之间建立旨在培养技术熟练从业人员的合作关系，可以为美国那些传统就业机会可能发生变化的地区创造就业机会。例如，如第 5 章所述，在农村地区发展生物技术能力是有前景的，对这些地区的培训项目和设施的投资可以在发展生物经济的同时为这些群体创造新的机会。

　　除了重视培养国内生物经济从业人员外，美国历史上一直受益于吸引世界各地的学生和科学家进入其大学的能力。国际学生在美国高校招生人数中占很大比例，尤其是研究生阶段的 STEM 学科的学生；外国出生的雇员也构成了美国 STEM 从业人员队伍的重要组成部分。这些研究人员为美国目前充满活力的研究体系做出了巨大贡献。然而，正如第 7 章所探讨的，一些国内和国际因素可能会使美国吸引和留住国际科学家和工程师的能力变得复杂。随着其他国家越来越重视它们的生物经济，并为企业开展业务创造有吸引力的地点，学生和研究人员留在其祖国的机会将增加。在美国国内，签证政策的变化以及针对与外国政府、人才项目和资金有关联的研究人员的调查，也有可能阻碍世界各地有才华的研究人员来到美国，甚至阻碍他们与美国科学家开展合作。为此，委员会提出以下建议。

　　建议 4-1：美国政府应继续支持那些吸引和留住能够为美国生物经济做出贡献的世界各地科学家的政策，应认识到开放的学术交往一直对美国的科技体系非常有益，即使它本质上也为其他国家提供了潜在的益处。旨在减轻美国研究机构的外国研究人员所带来的经济和安全风险的政策，应由美国安全、科学和任务机构密切合作，并通过与一批公认的科学领袖进行持续接触来制定。让这个小组能够充分了解威胁环境将极大地促进这些讨论，因为可能需要访问机密、专有或其他非公开信息。

　　如有必要，这种讨论可以通过若干现有机制来完成，在这些机制下，科学和行业领袖可以在保密的基础上提供咨询意见。例如，美国国家生物安全科学咨询委员会或其他联邦咨询委员会，或责成 JASON 或总统科学技术顾问委员会等组织负责对这一主题进行初步的重点研究①。这些讨论和/或研究可用于许多目的。他们将允许科学专家和联邦官员针对所提议的安全政策的理由进行充分而坦率的讨论。政策制定者将从那些拥有从事和/或管理最先进科学研究或技术企业的第一手经验的人那里获得关于潜在安全政策的直接和间接后果的意见。此外，无法参与这些讨论的广大科学界成员可能有一定的信心，相信这些接受咨询的是对科学体系如何运作有深刻理解的同行。因此，科学家和政策制定者都应该有一定把握，来自这两个领域的专家都有能力对拟议安全政策背后的证据进行评估，并对这些政策的潜在后果进行知情讨论。

---

　　① 美国国家科学基金会已经公布了 JASON 集团的一项研究，旨在告知与此类担忧相关的潜在政策变化。

8.3.3.2 确保价值链安全和审查外国投资

结论：要保持美国生物经济的持续增长，必须确保对其至关重要的价值链的安全。

委员会认识到，维持美国的生物经济需要能够确保推动其发展的价值链的安全。随着生物经济持续渗透到新的领域，不断开发生物路线来生产以前的非生物基产品将破坏现有的价值链。如果生物经济价值链的关键部分被破坏，美国将面临潜在的风险，例如，由于供应短缺、运输中断或对单一来源的依赖而造成的破坏。如果单一来源地位于海外，从而受到外国出口制度、政治关系变化或其他美国无法控制的因素的影响，后者将尤为重要。生物经济价值链的关键组成部分、美国经济所固有的且需要完全在国内加以维持的关键能力和供应来源，以及确保这些能力和来源安全的机制仍有待确定。

结论：在审查涉及外国投资者的交易时，需要生物经济领域的专业知识。

正如第 5 章所指出的，在过渡空间中，研究过于适用于大学层面的开发，对于判断商业应用投资的合理性仍然太过冒险，这一过渡空间代表了风险投资帮助初创公司蓬勃发展的机会。然而，可能需要对这些早期到中期阶段开发者的风险投资来源进行更多的审查，特别是考虑到其他国家对美国生物经济公司和初创企业的投资越来越多的趋势。在第 7 章委员会列举的几个例子中，非美国国内机构（私人资本支持或政府支持的）对美国生物经济企业（既包括非常成功的大型企业，也包括规模较小的企业和初创企业）的投资是以获取知识产权为目标的。

美国外国投资委员会[①]（CFIUS）负责审查对美国公司的潜在外国投资和收购。2018 年 8 月，《外国投资风险审查现代化法》签署成为法律，扩大了 CFIUS 的权限。鉴于生物经济的专门性，本委员会认为，CFIUS 可能需要更多的主题专业知识，以充分评估对美国生物经济实体的特定投资的影响。

建议 5：美国政府应从能够访问相关机密信息的政府科学和经济机构中召集代表，以便为安全机构提供主题专业知识，从而：①识别生物经济全球价值链中对美国利益至关重要且必须确保访问的各个方面；②协助美国外国投资委员会评估涉及美国生物经济的外国交易对国家安全的影响。

8.3.3.3 优先考虑网络安全和信息共享

结论：生物学数字化和生物技术自动化是推动生物经济发展的关键驱动力。网络安全实践和保护的不足使生物经济面临重大的新风险。

生命科学研究是由大量数据的收集和分析驱动的，这些数据通常是通过使用

---

① 见 https://home.treasury.gov/policy-issues/international/the-committee-on-foreign-investment-in-the-united-states-cfius。

自动化和联网的仪器产生的。高通量实验室技术、计算处理能力、信息交换和存储能力使处理这些数据的能力日益增强。相关的趋势包括使用机器学习来识别模式、整合不同生命科学数据集的信息，以及数据的轻松存储和共享等，这些趋势越来越多地支持着药物和农产品开发、个性化医疗、疾病监测、合成生物学中基因电路和生物合成途径的改进设计、大规模生态系统研究、生物制造等，以及许多领域的创新。

建议 6： 所有生物经济利益相关者都应采取最佳实践，以保护信息系统（包括存储信息、知识产权、私人专有信息以及公共和私营数据库的信息系统）免受数字入侵、泄露或操纵。

虽然大公司往往已经意识到传统的网络问题，并拥有提供保护的信息技术基础设施，但较小的公司和学术机构并不总是能够意识到自己也是网络入侵的目标。因此，委员会建议所有利益相关者（各种规模的公司、学术机构、政府机构等）采用最佳实践，以创建一种促进和重视网络安全的组织文化。可以通过许多不同的方式来推动采用这些最佳实践，例如，培训生物经济领域的所有研究人员，以提高对网络安全威胁和漏洞的认识；采用美国国家标准与技术研究所的网络安全框架（该框架适用于各种规模和类型的组织）；对于某些组织来说，需要任命首席信息安全官。

建议 7： 为了保护生物信息数据库的价值和用途，美国科学基金机构应该对这些数据库的现代化、管理和完整性进行投资。

生物数据集日益成为推动美国生物经济的许多进步的基础。接受联邦资助的研究人员通常被要求在公共数据库中分享他们的数据，从而使这些至关重要的数据库迅速扩大。然而，正如第 5 章所探讨的，冗余、不准确甚至相互冲突的条目造成了一个严重的问题，该问题随着数据的持续泛滥而日益严重。合并、管理和验证数据库及冗余条目的尝试表明，需要付出相当大的努力，但是这对研究的潜在净效益是巨大的。虽然委员会认识到资助科学的机构正面临着越来越少的预算，但用于获取数据的投资（在时间和资源上）为增加维护数据库的投资提供了足够令人信服的理由。很难设想出生命科学数据的所有潜在下游应用；因此，委员会建议增加对数据库的投资，而不是重复地重新创建数据集。虽然有些人可能会认为在资助新的研究与资助数据库的现代化、管理和完整性之间的权衡过多，但委员会认为这种观点是短视的。本报告阐明了大型生物信息数据库对于推动创新和驱动生物经济发展的重要性，因为它们是新发现的来源，同时也使机器学习和其他计算工具得到改进。委员会在建议 4 中阐明了增加对生命科学和有关学科的投资的重要性，这项建议进一步强调需要更多的资金来更加专注于生物经济的这一重要组成部分。

建议 8： 生物经济利益相关者应争取成为一个或多个相关"信息共享和分析

中心"或"信息共享与分析组织"的成员，或考虑为生物经济成员创建一个新的基于行业的信息共享组织。美国国土安全部的网络安全与基础设施安全局应召集生物经济领域的利益相关者参加会议，以提高对网络威胁信息共享模式的认识。与会人员应考虑是否需要一个活跃的存储库来托管和维护与生物经济相关的关键开源软件、算法组件和数据集。

生物经济依赖于使用开源软件，这意味着软件及其源代码对任何人都是开放的。然而，软件行业已经认识到，简单地将代码开源对保证其质量、鲁棒性和安全性几乎没有任何助益。在生物经济领域，许多公司、大学和国家实验室都在使用一些主要的开源程序。此外，许多研究人员开发了高度个性化的定制软件，用于特定的研究工作或应用，然后将其提供给其他人。在有些情况下，开源软件只能下载，任何后续的修改都将由研究人员个人完成，以满足他们的特定需求。然而，在其他一些情况下，生物经济中使用的源代码可以被任何希望修改的人轻易修改。这就产生了滥用的可能性，例如，一个恶意行为者故意在源代码中引入一个漏洞，使第三方能够进行未经授权的访问。通过为生物经济建立更正式的开源软件库、控制源代码更改的正式制度、代码更改的测试方案以及对有权更改者的限制，这些担忧可能能够得到缓解。可以为改进相关软件制定计划和激励措施。生物经济利益相关者需要确定哪种类型的实体最适合管理这种制度。虽然目前没有任何实体在这一领域发挥这种作用，但一个信息共享与分析团体，或者可能是一个特殊目的的联盟，可以充当这样一个实体。

参与信息共享团体还可以推动生物经济利益相关者分享在检测、缓解和防止网络入侵方面的经验，就像他们在许多基础设施领域所做的那样。网络威胁行为者可能会对一家公司或整个行业展开行动。当整个领域成为攻击目标时，整个领域范围内的信息共享活动可以通过实现快速沟通和共享对抗攻击的补丁或策略，来有效减轻此类行动的影响。

8.4　国际参与的机会

最后，委员会认识到，美国生物经济存在于更广泛的全球生物经济背景中。科学是一项日益全球性的事业，正如本报告所讨论的那样，参与一项能够推动并接纳思想和讨论的自由流动、已发表成果的广泛传播以及跨学科和跨国界合作的科学事业，可以获得巨大的价值。所有参与者都可以享受到这样一个系统的好处。此外，未来的挑战将是全球性的，需要协调一致的全球性应对。这将需要同积极发展和投资于本国生物经济的国家进行合作，特别是那些同样致力于开放科学、开放经济发展以及负责任的研究和创新的国家。美国必须继续在国际合作中发挥作用，并在全球生物经济中发挥积极作用。

当然，我们必须认识到，并非所有的东西都可以或应该被共享，系统内的某些行为者试图利用目前的开放状态。正是出于这些原因，制定了与负责任的科学和道德行为有关的政策、指导方针和报告机制，以防止该系统被滥用。第 7 章探讨了对不平等的贸易实践、样本和数据共享实践缺乏互惠性，甚至是使企业更难将其产品推向非国内市场的监管制度的担忧。这些做法以及其他类似的做法有可能阻碍研究的进展、创新方法和思想的传播，以及新产品社会和经济效益的实现。这些实践也可能破坏合作者之间的信任，并可能导致过激政策和决定，从而阻碍美国的生物经济（在第 7 章对这些观点和潜在后果进行了更彻底的讨论）。因此，为了在安全与参与之间取得平衡，委员会提出以下建议：

建议 9：美国政府应通过世界贸易组织、经济合作与发展组织等实体，以及其他双边和多边参与，与组成全球生物经济的其他国家共同努力，促进交流与合作。这种国际合作的目标将是：①推动经济增长；②在尊重国际法和国家主权与安全的框架内加强治理机制建设；③创造公平竞争的环境。

负责国际参与和国际协议的美国机构可以发挥核心作用，推动国家间讨论以增加开放的研究体系对所有国家的好处，并激励所有国家遵守商定的准则。

参 考 文 献

EOP (Executive Office of the President). 2019. *Summary of the White House summit on America's bioeconomy.* Washington, DC. https://www.whitehouse.gov/wp-content/uploads/2019/10/Summary-of-White-House-Summit-on-Americas-Bioeconomy-October-2019.pdf (accessed October 22, 2019).

IAP (InterAcademy Partnership). 2016. *Doing global science: A guide to responsible conduct in the global research enterprise.* https://www.interacademies.org/33345/Doing-Global-Science-A-Guide-to-Responsible-Conduct-in-the-Global-Research-Enterprise (accessed September 6, 2019).

NAS, NAE, and IOM (National Academy of Sciences, National Academy of Engineering, and Institute of Medicine). 2009. *On being a scientist: A guide to responsible conduct in research, 3rd edition.* Washington, DC: The National Academies Press. https://doi.org/10.17226/12192.

NASEM (National Academies of Sciences, Engineering, and Medicine). 2018. *Open science by design: Realizing a vision for 21st century research.* Washington, DC: The National Academies Press. https://doi.org/10.17226/25116.

附录 A 委员会成员简介

托马斯·M. 小康纳利（Thomas M. Connelly，Jr）博士（美国国家工程院） 主席，美国化学学会执行董事兼首席执行官。他目前还担任美国国家科学院、工程院和医学院地球与生命研究部主任。他曾在杜邦公司担任执行副总裁、首席创新官和公司首席执行官办公室成员，于 2014 年 12 月从杜邦退休。在杜邦，他负责美国以外区域的科学技术和地理区域，以及包括运营、采购、物流和工程在内的综合业务。他在杜邦还领导美国、欧洲和亚洲领导的商业及研发机构。Connelly 博士以最高荣誉毕业于普林斯顿大学，获得化学工程和经济学学位。作为温斯顿·丘吉尔学者，他在剑桥大学获得了化学工程博士学位。他是印度上市公司 Grasim Industries 的董事。他曾担任美国政府和新加坡共和国的顾问。

史蒂文·M. 贝洛文（Steven M. Bellovin）博士（美国国家工程院） 哥伦比亚大学计算机科学教授，哥伦比亚大学数据科学研究所网络安全和隐私中心成员，哥伦比亚大学法学院附属教员。他从事安全和隐私以及相关公共政策问题的研究。他获得了哥伦比亚大学的学士学位，以及北卡罗来纳大学教堂山分校的计算机科学硕士学位和博士学位。他曾担任联邦贸易委员会的首席技术专家，以及隐私和公民自由监督委员会的技术学者。他是美国国家工程院的成员，目前任职于美国国家科学院、工程院和医学院的计算机科学和电信委员会。他过去是美国国土安全部的科学技术咨询委员会和选举援助委员会技术指南制定委员会的成员。

帕特里克·M. 博伊尔（Patrick M. Boyle）博士 银杏生物工程公司（Ginkgo Bioworks）的代码库主管，这是一家总部位于波士顿的合成生物学公司，生产和销售工程生物体。他负责银杏公司的代码库，这是该公司可重用生物资产的完整组合。代码库包括新菌株、酶、基因片段和多样的基因库，其中包括数百万个工程 DNA 序列。银杏的生物工程师们通过几十个菌株工程项目对该代码库进行开发、维护和利用。在领导代码库之前，Boyle 博士在银杏创立了设计小组，该小组现在每年生产数亿个 DNA 碱基对的设计以支持银杏的项目。2006 年，他在麻省理工学院获得生物学学士学位。2012 年，他在哈佛医学院获得博士学位，研究合成生物学在细菌、酵母和植物中的应用。

凯瑟琳·查莱特（Katherine Charlet）女士 卡内基技术和国际事务项目的首任董事。她主要研究技术演进的安全和国际影响，重点研究网络安全与网络冲突、生物技术和人工智能。Charlet 女士最近担任国防部负责网络政策的代理副助理部长，管理美国国防部网络政策和战略的制定、网络能力的发展，以及国际网络关系的扩展。Charlet 女士是国防部长荣誉文职服务奖的获得者，曾在国防科学委员会网络威慑工作组、网络作为战略能力工作组和加强国家网络安全总统委员会担任高级顾问职务。在研究网络空间问题前，Charlet 女士曾担任国家安全委员会的战略规划主管，领导美国国防部的团队研究阿富汗战略和政策，并在战略与国际研究中心对科学与安全的关系问题进行了研究。

卡罗尔·科拉多（Carol Corrado）博士　世界大型企业联合会的知名经济学首席研究员，乔治城大学麦克多诺商学院商业和公共政策中心的高级政策学者。她的主要研究重点是测量无形资本和数字创新，并分析它们在经济增长中的作用。Corrado 博士撰写了多篇关于无形投资和资本在现代经济中作用的论文，其中一篇论文获得了 2010 年国际收入和财富研究协会肯德里克奖（"无形资本与美国经济增长"）。她最近的研究还涉及信息技术投资品、消费者数字服务和教育服务的价格测量，她与人合著的一篇关于重塑国内生产总值的论文获得了 2017 年首届靛蓝奖。她于 2003 年获得美国统计协会享有盛誉的朱利叶斯·希斯金经济统计奖，并于 1998 年获得美国联邦储备委员会的特别成就奖，以表彰她在测量高科技价格和工业产能方面的贡献。她获得了宾夕法尼亚大学的经济学博士学位和卡内基梅隆大学的管理科学学士学位。

J. 布拉德利·迪克森（J. Bradley Dickerson）博士　领导位于新墨西哥州阿尔伯克基市的桑迪亚国家实验室（SNL）的全球化学和生物安全小组（GCBS）。GCBS 小组开发并应用基于系统的解决方案，以在全球范围内降低意外释放或故意滥用危险生物和化学材料的风险。Dickerson 博士曾在美国政府担任多个领导职务，负责化学和生物安全。在加入 SNL 之前，他曾担任美国司法部（DOJ）国家安全部门的首席科学官员。特别是，他曾担任司法部外国投资委员会的首席科学和技术顾问。在此之前，Dickerson 博士曾担任美国国土安全部（DHS）卫生事务办公室的高级生物防御顾问，以及国土安全部政策办公室的化学安全政策主任。在国土安全部，他负责制定和执行与生物防御、化学防御、大流行病防范、与传染病有关的边境问题等有关的政策。Dickerson 博士在美国疾病控制与预防中心（CDC）领导了公共卫生准备与响应办公室的政策和战略部分，该部分由 CDC 的应急行动部、州和地方准备部、管制生物剂和毒素部、国家战略储备部组成，期间完成了一份详细资料。他获得了布鲁金斯学会的立法国会奖学金及美国科学促进会的国防和全球安全政策奖学金。他拥有化学学士学位、生物医学工程硕士学位和生物化学博士学位。

黛安·迪尤利斯（Diane DiEuliis）博士　美国国防大学（NDU）的高级研究员。她的研究重点是新兴生物技术、生物防御和应对生物威胁的准备。DiEuliis 博士还研究与两用研究有关的问题、灾难恢复，以及与威慑和准备的重要方面有关的行为科学、认知科学和社会科学。在加入 NDU 之前，DiEuliis 博士曾担任美国卫生与公众服务部负责准备与响应的助理部长办公室的政策副主任。她还曾任职于白宫科学技术政策办公室，并曾担任美国国立卫生研究院的项目主任。她对新兴技术的政策影响和监管此类技术的新政策制定过程中的复杂问题有广泛的了解。DiEuliis 博士获得特拉华大学生物科学博士学位。

杰拉尔德·爱泼斯坦（Gerald Epstein）博士 美国国防大学大规模杀伤性武器研究中心的杰出研究员。他在科学、技术和安全政策的交叉领域工作，尤其关注先进生命科学、生物技术及其他新兴和会聚技术的治理和安全影响。此前，他曾在白宫科学技术办公室（OSTP）担任生物安全与新兴技术助理主任，这是他在美国国土安全部（DHS）担负化学、生物、辐射和核政策的副助理部长时担任的一个职位。在加入国土安全部之前，Epstein 博士曾在美国科学促进会、战略与国际研究中心、国防分析研究所和国会技术评估办公室任职。他在哈佛大学指导了一个关于军事技术与商业技术关系的项目，并曾在普林斯顿大学和乔治城大学任教。在此前的白宫任命中，他曾同时担任 OSTP 国家安全助理主任和国家安全委员会工作人员中的科学技术高级主管。他拥有麻省理工学院物理学和电气工程学学士学位，以及加州大学伯克利分校的物理学硕士和博士学位。

史蒂文·L. 埃文斯（Steven L. Evans）博士 陶氏农业科学公司（Dow AgroSciences，现在是 Corteva Agriscience 的一部分）最近退休的研究员。他在发现研究与开发、生物技术监管，以及作物性状与生物和生化农药的商业化方面有 30 年的经验。在过去的 10 年中，他一直致力于推进公私合作关系中的合成生物学领域。他曾在美国国家科学基金会的合成生物学工程研究中心担任行业领袖，目前就职于位于加州埃默里维尔市的非营利性工程生物研究联盟的执行领导团队。他在 2018 年之前一直担任生物合成生物学工作组的联合主席，并参与了农业先进技术的技术和政策影响，包括环境释放和生物安全，以及《联合国生物多样性公约》的合成生物学评估。作为陶氏农业科学公司的成员，Evans 博士参与了 Herculex™产品线上几种植物性状的开发、生物分析科学的能力开发，以及 EXZACT™锌指技术的实现。他曾任职于"2016 年 NASEM 提高生物技术监管体系能力的未来生物技术产品和机会委员会"。

乔治·B. 弗里斯沃尔德（George B. Frisvold）博士 目前是亚利桑那大学农业和资源经济学系的教授和推广专家。他曾是印度海得拉巴国家农村发展研究所的访问学者、约翰霍普金斯大学的讲师，以及美国农业部经济研究局资源与环境政策处负责人。他的研究兴趣包括国内和国际环境政策，以及农业技术变革的原因和后果。1995 年至 1996 年，Frisvold 博士担任总统经济顾问委员会的高级职员，负责农业、自然资源和国际贸易问题。他是《害虫管理科学》和《水经济学与政策》杂志的副主编。他于 1983 年获得自然资源政治经济学学士学位，

1989 年获得农业与资源经济学博士学位，两个学位均来自加州大学伯克利分校。

杰弗里·L. 弗曼（Jeffrey L. Furman）博士 波士顿大学战略与创新副教授，美国国家经济研究局（NBER）助理研究员。他的研究涉及创新、科学政策和科技公司的战略管理。他的研究发表在一系列领先学术期刊上，包括《美国经济评论》（*American Economic Review*）、《经济学与统计评论》（*Review of Economics and Statistics*）、《组织科学》（*Organization Science*）、《研究政策》（*Research Policy*）、《自然》（*Nature*）。最近的项目包括研究制度对累积创新的影响、科技企业的战略管理，以及科技与创新政策。Furman 博士联合组织了 NBER 的生产力研讨会，最近分别完成了作为管理学院战略部门和技术与创新部门执行委员会成员的任期，以及波士顿大学奎斯特罗姆商学院本科课程学术主任的 6 年任期。他获得了麻省理工学院斯隆管理学院的博士学位，并完成了宾夕法尼亚大学的文理学院和沃顿商学院的本科学位。

琳达·卡尔（Linda Kahl）博士 一位敬业且经验丰富的公益生物技术倡导者。她是 SciScript 通讯公司的创始人和负责人，该公司为生物标志物发现、癌症研究、基因组学、传染病和慢性病、医学经济学、分子诊断、合成生物学等领域的生物技术公司、政府机构、非营利性组织、大学和研究机构提供提供战略规划和学术写作服务。Kahl 博士还担任 Perspectives Law Group 的法律顾问，并且是一名获准在加州和美国专利商标局执业的专利律师。她曾担任 BioBricks 基金会的高级法律顾问，在那里领导制定了"开放材料转让协议"。Kahl 博士被任命为剑桥大学法学院 Herbert Smith Freehills 访问学者、剑桥大学科学与政策中心政策研究员、斯坦福大学访问研究员。她最初是一名研究科学家，在加州大学洛杉矶分校获得生物学学士学位，在普林斯顿大学获得细胞生物学和生物化学硕士及博士学位。她在圣克拉拉大学法学院以优异成绩获得法学博士学位，并获得了以知识产权法为重点的高科技法律证书。

艾萨克·S. 科纳（Isaac S. Kohane）博士 现任哈佛大学生物医学信息学系主任。在过去的 30 年中，他的研究议程一直受到这样一种愿景的推动：如果数据能够更迅速地转化为知识、知识能够更迅速地转化为实践，那么生物医学研究人员可以做些什么才能找到新的治疗方法、提供新的诊断并提供现有的最佳医疗服务。Kohane 博士设计并领导了多项国际公认的工作，以"指导"医疗保健企业进行发现研究，并推动创新决策工具应用到医疗点。他致力于对自闭症、类风湿性关节炎和癌症等疾病进行重新定性和分类。在许多这类研究中，成千上万个基因的发育轨迹是揭示复杂疾病的有力工具。

凯尔文·H. 李（Kelvin H. Lee）博士 特拉华大学化学和生物分子工程学系的 Gore 教授。他目前担任美国国家生物药物制造创新研究所（一家"美国制造业"研究所）主任，此前他曾担任特拉华生物技术研究所主任。他获得了普林斯顿大学化学工程学士学位，以及加州理工学院化学工程硕士和博士学位。他还在加州理工学院生物学部完成了博士后研究，并在瑞士苏黎世联邦理工学院生物技术研究所工作了几年。此前，他曾在康奈尔大学任教，并在那里获得以下头衔：Samuel C. and Nancy M. Fleming 讲座教授、化学与生物分子工程学院教授、康奈尔大学生物技术研究所主任和纽约州生命科学企业中心主任。他是美国科学促进会及美国医学和生物工程师协会的成员。他的研究专长是应用于生物药物生产的系统和合成生物学，以及阿尔茨海默病的诊断和治疗。

玛丽·E. 麦克森（Mary E. Maxon）博士 伯克利国家实验室负责生物的副实验室主任。她负责管理实验室的生物系统和工程、环境基因组学和系统生物学、分子生物物理学与综合生物成像等部门以及能源部联合基因组研究所。她持有纽约州立大学奥尔巴尼分校的生物学和化学学士学位，以及加州大学伯克利分校的分子细胞生物学博士学位。她曾在生物技术和制药行业的私营部门及公共部门工作。她在公共部门的服务突出表现是在总统执行办公室的白宫科学技术政策办公室担任生物研究助理主任期间制定了《美国国家生物经济蓝图》。

莫琳·麦肯（Maureen McCann）博士 普渡大学生物科学教授，美国植物生物学学会当选主席，由海军研究办公室资助的普渡大学 NEPTUNE 动力与能源中心主任。她的研究目标是了解植物细胞壁的分子机制如何促进细胞生长和特化，从而影响植物的最终高度和形态。她目前任职于美国能源部（DOE）的生物和环境修复咨询委员会，此前曾任职于美国农业部-能源部生物质研究与开发技术咨询委员会和美国能源部科学办公室、化学和生物化学科学委员会。2018—2019 年，McCann 博士作为 14 名被提名的个人之一，参加了美国能源部的"奥本海默科学与能源领导力"项目，为未来的领导者提供对美国能源部和国家实验室系统的概述。2009 年至 2018 年，她担任生物质直接催化转化生物燃料中心（C3Bio）主任，该中心是美国能源部科学办公室资助的能源前沿研究中心。在C3Bio 中，McCann 博士的实验室探索了合成生物学和基因工程方法，以优化用于化学转化过程的细胞壁和生物质结构。她还曾担任普渡大学能源中心主任，代表 200 多名从事能源相关研究的隶属教员。在加入普渡大学之前，她曾在英国诺维奇约翰英纳斯中心担任项目负责人，该中心是一家由政府资助的植物和微生物科学研究机构，由英国皇家学会资助，并拥有大学研究奖学金。她获得了剑桥大学自然科学学士学位和英国东安格利亚大学植物学博士学位。

皮尔斯·D. 米利特（Piers D. Millett）博士 iGEM 安全保障主任、iGEM 安全委员会联合主席。他是经过认证的生物风险管理专家，擅长生物安全。2014 年 6 月以前，他是生物武器公约执行支助股的副主管，他为该公约工作了十多年。他最初是一名微生物学家，现在是一名特许生物学家，与公民科学运动、合成生物学家、生物技术行业以及政府密切合作。他与联合国系统内外的一系列政府间组织进行了合作，涉及卫生（人和动物）、人道主义法、裁军、安全、边境管制、执法和大规模杀伤性武器。他还联合创立了一家咨询公司，该公司与政府、行业界和学术界合作，以确保生物学作为制造技术的安全、可靠和可持续利用。他与牛津大学人类未来研究所和华盛顿特区伍德罗威尔逊国际学者中心合作，在那里他研究流行病和蓄意疾病以及生物技术的影响。他还为世界卫生组织提供咨询，支持该组织的研究和开发工作。

附录 B 特邀演讲者

以下个人应邀在会议和委员会的数据收集会议上发言：

丹尼斯·安德森（Denise Anderson）
美国国家卫生信息共享与分析中心

杰夫·贝克（Jeff Baker）
美国食品药品监督管理局

卡维塔·伯格（Kavita Berger）
Gryphon Scientific 有限责任公司

帕特里克·博伊尔（Patrick Boyle）
银杏生物工程公司

阿图尔·巴特（Atul Butte）
加利福尼亚大学，旧金山

罗布·卡尔森（Rob Carlson）
Bioeconomy Capital 公司

尼克·卡拉瑟斯（Nick Carruthers）
杨森研究与发展公司

约翰·坎伯斯（John Cumbers）
SynBioBeta

朱莉娅·多尔蒂（Julia Doherty）
美国贸易代表办公室

玛丽·爱德华兹（Mary Edwards）
美国国家情报总监办公室

山姆·韦斯·埃文斯（**Sam Weiss Evans**）
塔夫茨大学

玛丽安·费尔德曼（**Maryann Feldman**）
北卡罗来纳大学

丹尼尔·弗林（**Daniel Flynn**）
美国国家情报总监办公室

阿维·戈德法布（**Avi Goldfarb**）
多伦多大学

彼得·哈雷尔（**Peter Harrell**）
新美国安全中心

詹姆斯·海恩（**James Hayne**）
PhRMA

科里·哈德森（**Corey Hudson**）
美国桑迪亚国家实验室

马克·卡兹米尔扎克（**Mark Kazmierczak**）
Gryphon Scientific 有限责任公司

扬·科宁克斯（**Jan Koninckx**）
杜邦工业生物科学公司

吉恩·莱斯特（**Gene Lester**）
美国农业部

尼古拉斯·费德里科·马丁（**Nicolas Federico Martin**）
伊利诺伊大学厄巴纳-香槟分校

亚历山大·**T. 麦克雷**（**Alexa T. McCray**）
哈佛医学院

兰德尔·默奇（Randall Murch）
弗吉尼亚理工大学

金伯利·奥尔（Kimberly Orr）
美国工业和安全局

埃列诺尔·鲍威尔斯（Eleonore Pauwels）
联合国大学政策研究中心

本·佩特罗（Ben Petro）
美国国防部

丹尼尔·洛克（Daniel Rock）
麻省理工学院

拉里萨·鲁登科（Larisa Rudenko）
麻省理工学院

黛安·L. 苏瓦因（Diane L. Souvaine）
塔夫茨大学

大卫·斯皮尔曼（David Spielman）
国际食物政策研究所

黛布拉·K. 斯坦尼斯拉夫斯基（Debra K. Stanislawski）
美国国家情报总监办公室

斯科特·施特恩（Scott Stern）
麻省理工学院

威廉·萨瑟兰（William Sutherland）
剑桥大学

迈克尔·塔洛夫（Michael Tarlov）
美国国家标准与技术研究所

伊恩·沃森（Ian Watson）
美国科学和技术政策办公室

莎琳韦·瑟瓦克斯（Sharlene Weatherwax）
美国能源部

爱德华·H. 尤（Edward H. You）
美国联邦调查局

附录 C 参与委员会

生命科学委员会

詹姆斯·P.柯林斯（James P. Collins），主席，亚利桑那州立大学

A. 阿隆索·阿吉雷（A. Alonso Aguirre），乔治梅森大学

恩里奎塔·C.邦德（Enriqueta C. Bond），Burroughs Wellcome 基金

多米尼克·布罗萨德（Dominique Brossard），威斯康辛大学麦迪逊分校

罗杰·D.康（Roger D. Cone），密歇根大学

南希·D.康奈尔（Nancy D. Connell），约翰霍普金斯大学健康安全中心

肖恩·M.迪凯特（Sean M. Decatur），凯尼恩学院

约瑟夫·R.埃克（Joseph R. Ecker），索尔克生物研究所

斯科特·V.爱德华兹（Scott V. Edwards），哈佛大学

杰拉尔德·L.爱泼斯坦（Gerald L. Epstein），美国国防大学

罗伯特·J.富勒（Robert J. Full），加利福尼亚大学伯克利分校

伊丽莎白·海特曼（Elizabeth Heitman），德克萨斯大学西南医学中心

玛丽·E.马克森（Mary E. Maxon），劳伦斯伯克利国家实验室

罗伯特·纽曼（Robert Newman），独立顾问

斯蒂芬·J.奥布莱恩（Stephen J. O'Brien），诺瓦东南大学

克莱尔·波默罗伊（Claire Pomeroy），艾伯特-玛丽拉斯克基金会

玛丽·E.鲍尔（Mary E. Power），加利福尼亚大学伯克利分校

苏珊·朗德尔·辛格（Susan Rundell Singer），罗林斯学院

拉娜·斯柯博尔（Lana Skirboll），赛诺菲

戴维·R.沃尔特（David R. Walt），哈佛医学院

工作人员

弗朗西丝·沙普尔斯（Frances Sharples），主任

凯蒂·鲍曼（Katie Bowman），高级项目官员

安德烈亚·霍奇森（Andrea Hodgson），项目官员

乔·赫斯本兹（Jo Husbands），高级学者

基根·索耶（Keegan Sawyer），高级项目官员

奥黛丽·泰维农（Audrey Thevenon），项目官员

史蒂文・M. 莫斯（Steven M. Moss），副项目官员

杰西卡・德莫伊（Jessica De Mouy），高级项目官员

科萨纳・扬（Kossana Young），高级项目官员

农业和自然资源委员会

查尔斯・W. 赖斯（Charles W. Rice），主席，堪萨斯州立大学

沙恩・C. 伯吉斯（Shane C. Burgess），亚利桑那大学

苏珊・M. 卡帕尔博（Susan M. Capalbo），俄勒冈州立大学

盖尔・L. 卡内基-莫尔登（Gail L. Czarnecki-Maulden），雀巢普瑞纳宠物护理

格比萨・埃杰塔（Gebisa Ejeta），普渡大学

詹姆斯・S. 法米列蒂（James S. Famiglietti），萨斯喀彻温大学

弗雷德・古尔德（Fred Gould），北卡罗来纳州立大学

道格拉斯・B. 杰克逊-史密斯（Douglas B. Jackson-Smit）H，俄亥俄州立大学

詹姆斯・W. 琼斯（James W. Jones），佛罗里达大学

斯蒂芬・S. 凯利（Stephen S. Kelley），北卡罗来纳州立大学

简・E. 利奇（Jan E. Leach），科罗拉多州立大学

吉尔・J. 麦克拉斯基（Jill J. Mccluskey），华盛顿州立大学

卡伦・I. 普劳特（Karen I. Plaut），普渡大学

吉姆・E. 里维埃（Jim E. Riviere），堪萨斯州立大学

工作人员

罗宾・舍恩（Robin Schoen），主任

卡拉・兰尼（Kara Laney），高级项目官员

卡米拉・扬多克・阿布尔（Camilla Yandoc Ables），高级项目官员

詹纳・布里斯科（Jenna Briscoe），研究助理

莎拉・权（Sarah Kwon），项目助理

科学、技术和经济政策委员会

亚当・B. 贾菲（Adam B. Jaffe），主席，布兰迪斯大学

诺埃尔・巴赫蒂安（Noel Bakhtian），爱达荷国家实验室

杰夫・宾格曼（Jeff Bingaman），美国参议院（退休）

布伦达·J. 迪特里希（Brenda J. Dietrich），康奈尔大学

布莱恩·G. 休斯（Brian G. Hughes），HBN Shoe 有限责任公司

阿德里安娜·库格勒（Adrianna Kugler），乔治城大学

阿拉蒂·普拉巴卡尔（Arati Prabhakar），国防高级研究计划局（退休）

凯瑟琳·L. 肖（Kathryn L. Shaw），斯坦福大学

斯科特·斯特恩（Scott Stern），麻省理工学院

约翰·C. 沃尔（John C. Wall），Cummins 公司（退休）

工作人员

盖尔·E. 科恩（Gail E. Cohen），执行主任

大卫·迪尔克海德（David Dierksheide），项目官员

安妮塔·艾森施塔特（Anita Eisenstadt），项目官员

史蒂文·肯德尔（Steven Kendall），项目官员

弗雷德·莱斯蒂娜（Fred Lestina），研究助理

克拉拉·萨维奇（Clara Savage），财务官

健康科学政策委员会

杰弗里·卡恩（Jeffrey Kahn），主席，约翰霍普金斯大学

大卫·布雷兹（David Blazes），比尔-梅琳达盖茨基金会

罗伯特·卡里夫（Robert Califf），杜克大学

阿拉文达·查克拉瓦蒂（Aravinda Chakravarti），纽约大学

R. 阿尔塔·沙罗（R. Alta Charo），威斯康星大学麦迪逊分校

琳达·霍斯·克莱弗（Linda Hawes Clever），加利福尼亚太平洋医疗中心

巴里·S. 科勒（Barry S. Coller），洛克菲勒大学

伯纳德·A. 哈里斯（Bernard A. Harris），Vesalius Ventures

玛莎·N. 希尔（Martha N. Hill），约翰霍普金斯大学护理学院

弗朗西斯·E. 詹森（Frances E. Jensen），宾夕法尼亚大学佩雷尔曼医学院

帕特里夏·A. 金（Patricia A. King），乔治城大学法律中心

斯托里·C. 兰迪斯（Story C. Landis），美国国家神经疾病与中风研究所

弗兰克·R. 林（Frank R. Lin），约翰霍普金斯大学耳蜗听力与公共卫生中心

苏泽特·M. 麦金尼（Suzet M. Mckinney），伊利诺伊州医疗区

布雷·帕特里克·莱克（Bray Patrick-Lake），杜克临床研究所

琳内·D. 里夏尔松（Lynne D. Richardson），西奈山卫生系统

迪特拉姆·舍弗勒（Dietram Scheufele），威斯康星大学麦迪逊分校

乌迈尔·沙阿（Umair A. Shah），哈里斯县公共卫生

罗宾·I. 斯通（Robyn I. Stone），LeadingAge

莎伦·特里（Sharon Terry），遗传学联盟

工作人员

安德鲁·M. 波普（Andrew M. Pope），高级董事

斯科特·沃莱克（Scott Wollek），高级项目官员

马里亚姆·谢尔顿（Mariam Shelton），研究助理

网络弹性论坛

弗雷德·施奈德（Fred Schneider）博士，主席，康奈尔大学

亚伊尔·阿米尔（Yair Amir），约翰霍普金斯大学

鲍勃·布莱克利（Bob Blakley），花旗集团

弗雷德·凯特（Fred Cate），印第安纳大学

凯瑟琳·夏莱特（Katherine Charlet），卡内基国际和平基金会

大卫·克拉克（David Clark），麻省理工学院

理查德·丹齐克（Richard Danzig），新美国安全中心

埃里克·格罗斯（Eric Grosse），独立顾问

保罗·科克（Paul Kocher），Cryptography Research 公司

巴特勒斯·兰普森（Butles Lampson），微软公司

苏珊·兰道（Susan Landau），塔夫茨大学

约翰·兰斯伯里（John Launchbury），Galois 公司

史蒂文·B. 利普纳（Steven B. Lipner），独立顾问

约翰·曼弗德利（John Manferdelli），美国东北大学

戴尔德丽·K. 马利根（Deirdre K. Mulligan），加州大学伯克利分校

奥黛丽·普朗克（Audrey Plonk），英特尔公司

托尼·斯格（Tony Sger），互联网安全中心

彼得·斯怀尔（Peter Swire），乔治亚理工学院

帕里萨·大不里士（Parisa Tabriz），谷歌公司

玛丽·埃伦·祖尔科（Mary Elleen Zurko），麻省理工学院林肯实验室

工作人员

莱内特·I. 米利特（Lynette I. Millett），主任

卡蒂里亚·奥尔蒂斯（Katiria Ortiz），副项目官员

（SCPC-BZBDZD23-0023）

内容简介

　　美国国家科学院、工程院和医学院受美国国家情报总监办公室委托组建特设专家委员会对美国生物经济发展状况进行全面系统评估。为加速美国生物经济发展并保持其世界领先地位，特设专家委员会着重围绕评估范围、测评方法、潜在风险与政策缺陷、发展战略规划与措施建议等方面形成了咨询评估报告。本报告定义了生物经济的概念与范围，创建了测量框架与评估方法，论证了发展方向与趋势，分析了美国的优势与风险，提出了战略规划以及参与国际合作的机制。

新生物学丛书

《二十一世纪新生物学》
《基因组科学的甲子"羽化"之路——从人类基因组测序到精确医学》
《延续生命——生物多样性与人类健康》
《生物工业化路线图：加速化学品的先进制造》
《新一代测序数据分析》
《RNA-seq数据分析实用方法》
《人类白细胞抗原》
《药物基因组学理论与应用》
《T细胞受体概论》
《食品系统效应评估框架》
《共生总基因组：人类、动物、植物及其微生物区系》
《人类基因组编辑：科学·伦理·管理（中英对照）》
《间充质干细胞基础与临床（第二版）》
《生物安全与生物恐怖：生物威胁的遏制和预防（原书第二版）》
《合成生物学时代的生物防御》
《可遗传人类基因组编辑》
《护航生物经济》

www.sciencep.com

科学出版社　生物分社
联系电话：010-64012501
E-mail：lifescience@mail.sciencep.com
网址：http://www.lifescience.com.cn

销售分类建议：生物学

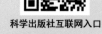

科学出版社互联网入口

生命科学订阅号
赛拉艾芙

ISBN 978-7-03-072430-4

9 787030 724304 >

定价：218.00 元